大数据与人工智能技术丛书

Python
从入门到数据分析应用 项目案例·微课视频版

刘亚辉 郭祥云 赵庆聪 编著

U0386550

清华大学出版社

北京

内 容 简 介

本书深入浅出地阐述 Python 程序设计的基础知识,同时着重介绍 NumPy 库、Pandas 数据分析方法和 Matplotlib/Seaborn 可视化的内容,并提供上机实验指导。通过丰富的实例与实验设计,将 Python 理论与实践有机结合,让编程变得不再枯燥,易学有趣。

全书内容分为三篇:第 1~8 章为基础篇,着重介绍 Python 编程的基础知识;第 9~11 章为进阶篇,主要介绍数据分析中常用的 NumPy、Pandas 与 Matplotlib 库的使用;第 12 章和第 13 章为实践篇,着重介绍实践案例与上机实验。本书内容由浅入深、通俗易懂,实例丰富,同时配有教学大纲、教学课件、电子教案、程序源码、习题答案、期末试卷和 450 分钟的微课视频。

本书可作为高等院校计算机、信息管理等相关专业教材,也可供有意从事数据分析工作的初学者、开发人员以及研究人员参考。

图书在版编目(CIP)数据

Python 从入门到数据分析应用:项目案例:微课视频版/刘亚辉,郭祥云,赵庆聪编著.—北京:清华大学出版社,2023.10(2024.8 重印)

(大数据与人工智能技术丛书)

ISBN 978-7-302-62576-6

Ⅰ. ①P⋯ Ⅱ. ①刘⋯ ②郭⋯ ③赵⋯ Ⅲ. ①软件工具－程序设计 Ⅳ. ①TP311.561

中国国家版本馆 CIP 数据核字(2023)第 022867 号

策划编辑:魏江江
责任编辑:王冰飞
封面设计:刘　键
责任校对:时翠兰
责任印制:曹婉颖

出版发行:清华大学出版社
　　　　网　　　址:https://www.tup.com.cn,https://www.wqxuetang.com
　　　　地　　　址:北京清华大学学研大厦 A 座　　邮　　编:100084
　　　　社 总 机:010-83470000　　　　　　　　邮　　购:010-62786544
　　　　投稿与读者服务:010-62776969,c-service@tup.tsinghua.edu.cn
　　　　质量反馈:010-62772015,zhiliang@tup.tsinghua.edu.cn
　　　　课件下载:https://www.tup.com.cn,010-83470236
印 装 者:大厂回族自治县彩虹印刷有限公司
经　　销:全国新华书店
开　　本:185mm×260mm　　印　　张:18.25　　　　字　　数:422 千字
版　　次:2023 年 10 月第 1 版　　　　　　　　印　　次:2024 年 8 月第 3 次印刷
印　　数:3501~5500
定　　价:49.80 元

产品编号:087717-01

前　言

党的二十大报告指出：教育、科技、人才是全面建设社会主义现代化国家的基础性、战略性支撑。必须坚持科技是第一生产力、人才是第一资源、创新是第一动力，深入实施科教兴国战略、人才强国战略、创新驱动发展战略，开辟发展新领域新赛道，不断塑造发展新动能新优势。高等教育与经济社会发展紧密相连，对促进就业创业、助力经济社会发展、增进人民福祉具有重要意义。

本书从 Python 入门基础知识起步，循序渐进地介绍利用 Python 语言编写程序的方法以及数据分析工具的使用，旨在培养读者利用编程理论知识解决实际问题的能力。

本书共 13 章，分为三篇：基础篇（第 1～8 章），主要内容有 Python 开发环境介绍、程序设计的基本结构、数据的容器、函数、面向对象编程、字符串与正则表达式以及文件读写；进阶篇（第 9～11 章），主要内容包括 NumPy 库、Pandas 库与 Matplotlib/Seaborn 库；实践篇（第 12 章和第 13 章），主要内容包括数据分析综合案例与上机实验指导等。此外，附录中还包含常用的函数和方法，便于读者查阅。

本书的写作目标有以下几点。

（1）通俗易懂。初学编程时，容易陷入纷杂的语法中，而难以体会编程的乐趣。基础篇尽量采用简练的语言表述，由浅入深地从编程思维引导入手，让初学者了解怎样用程序解决简单的问题。

（2）易于实践。进阶篇和实践篇主要介绍用 NumPy、Pandas 和 Matplotlib/Seaborn 等第三方库进行数据分析的方法，并配有详细的实例讲解。

（3）为了方便 Python 实践教学，本书在实践篇中设计了多个上机实验与综合实例，可在 48 学时或 64 学时 Python 相关课程的实验教学中使用。

为便于教学，本书提供丰富的配套资源，包括教学大纲、教学课件、电子教案、程序源码、习题答案、期末试卷和 450 分钟的微课视频。

资源下载提示

素材（源码）等资源：扫描目录上方的二维码下载。

微课视频：扫描封底的文泉云盘防盗码，再扫描书中相应章节的视频讲解二维码，可以在线学习。

本书第 1～6 章、第 11 章由刘亚辉编写；第 7～10 章由郭祥云编写；第 12 章和附录由郭祥云、赵庆聪编写与整理；第 13 章、上机实验、习题及答案部分由赵庆聪编写。

衷心感谢清华大学出版社的支持与合作，感谢参与第 10 章视频录制的李莉老师、提出宝贵意见的都云程老师以及参与校对的刘靖航、李泠杉、焦佳佳、郭欣雅和高雁伟同学。

由于编者水平有限，书中不当之处敬请同行和读者批评指正。

编　者

2023 年 8 月

目 录

源码下载

基 础 篇

进 阶 篇

实 践 篇

基 础 篇

第 1 章

初识Python

学习目标

- 了解 Python 语言的特点与应用。
- 了解程序执行的过程。
- 熟悉 Python 开发环境。
- 运行"Hello,world!"程序。

1.1 计算与问题求解

计算机是一台存储程序和数据且能自动执行程序的机器。世界上第一台通用计算机(ENIAC,Electronic Numerical Integrator and Computer)是由美国宾夕法尼亚大学的物理学家约翰·莫克利(John Mauchly)和工程师克雷斯伯·艾克特(J. Presper Eckert)合作研制。在第二次世界大战新式武器研制的弹道导弹计算过程中,它能每秒执行 5000 次加法计算,3 毫秒完成一次乘法计算,大大减少了手工计算量。随着计算机技术的发展,现代的计算机能够帮助人类完成海量计算与越来越复杂的任务。

如何与计算机进行沟通呢? 这要通过编程语言。编程语言分为低级语言和高级语言,低级语言可以被微处理器直接执行,但很难被人类所理解;高级语言包括 Java、C、C++ 和 Python 等语言,它们的指令更容易被人类所理解,如 input(输入)、print(打印输出)open(打开文件)等。任务可以被分解为一系列指令,被称作程序,其能够以编程语言表示。程序的大小从几条指令到几百万条指令不等,运行程序是指执行指令的过程。

当求解一个问题时,首先明确给定或输入的数据是什么? 需要得到的输出结果是什么? 然后设计数据处理过程,最后生成输出结果。

例如,给定底和高,需要计算三角形的面积,那么求解步骤是怎样的呢?

对于这个问题,给定的数据是三角形的底和高,需要得到的输出结果是三角形的面积,即可用三角形面积公式进行计算,最终得到输出结果。求解步骤如图 1.1 所示,

输入:底和高
求面积:三角形面积公式
输出:三角形的面积

图 1.1 计算三角形面积的求解步骤

其中每个步骤都可以用程序表示。

1.2 Python 语言的发展

Python 语言是一种面向对象、解释型且带有动态语义的高级语言。1989 年,在圣诞节期间,Guido van Rossum 构思并开发了一个新的脚本解释程序——Python。

Python 2.0 版本于 2000 年 10 月发布,稳定版本是 Python 2.7。自 2004 年以后,Python 在 TIOBE(The Importance of Being Earnest)编程语言排行榜中的指数稳步上升,即用户使用率持续增长。2019 年 6 月,Python 在 TIOBE 排行榜中排名第三。

Python 3.0 于 2008 年 12 月发布,其不完全兼容 Python 2 版本。本书的所有示例代码都是在 Anaconda3 的 Spyder 环境下运行与调试的,安装包为 Anaconda3-2020.11-Windows-x86.exe,对应 Python 版本为 Python 3.8。

1.3 Python 语言的特点及应用

1.3.1 Python 语言的特点

Python 语言具有简洁性、易读性、开源性、可扩展性和可移植性等特点,可以从以下几方面了解 Python 语言。

1. 语法优雅、易于使用、程序可读性好

相比较而言,Python 语言代码比其他语言代码量小。与 C 语言和 Java 语言不同,Python 语言通过强制缩进以提高程序的可读性。例如,对于输出"Hello,world!",Python 语言的语句比 C 语言的语句更为简洁,如表 1.1 所示。

表 1.1 C 语言与 Python 语言对比示例

C 语言	Python 语言
# include "stdio. h" int main( ) { printf("Hello,world! \n"); return 0; }	print("Hello,world!")

在 Python 语言中,如果执行下列代码:

```
x = 3
    print(x)
```

则会出现错误提示:

```
  File "D:\1.py", line 8
    print(x)
    ^
IndentationError: unexpected indent
```

这是由于 print(x)错误缩进导致的，修改为如下代码，将得到正确的输出结果 3。

```
x = 3
print(x)
```

2. Python 语言的标准库与第三方库

Python 的标准库提供的组件涉及范围十分广泛，包含多个内置模块（以 C 语言编写），Python 程序员依靠它们实现系统级功能，如文件 I/O。此外，还有大量以 Python 语言编写的模块，提供了编程中许多问题的标准解决方案。其中有些模块通过将特定平台功能抽象化为平台中的 API 以满足 Python 程序的可移植性，如文本处理、操作系统服务、数据库接口、GUI、网络和进程间的通信、互联网协议以及多媒体服务等。

Python 的应用领域中，数据分析与挖掘是最热门的领域之一。Python 在数据分析领域的生态圈包含丰富的第三方库。

（1）基础库主要有 Pandas、NumPy、Matplotlib/Seaborn 和 Scipy 等。Pandas 常用于处理二维表格数据；NumPy 是矩阵计算与其他框架数据处理的基础；Matplotlib/Seaborn 是专业的可视化库；SciPy 包含较多的科学计算工具包与算法。

（2）在机器学习领域中，比较常用的是 Scikit-learn 库。机器学习研究如何通过计算的手段，利用经验改善系统自身的性能。2007 年，在 Google Summer of Code 项目中，David Cournapeau 开发了 Scikit-learn。后来 Matthieu Brucher 加入该项目，并开始将其用作论文工作的一部分。2010 年，法国国家信息与自动化研究所（INRIA）参与其中，并于 2010 年 1 月下旬发布了第一个公开版本。Scikit-learn 库主要用 Python 语言编写，可以实现分类、聚类、回归、数据降维、模型选择与评估及数据预处理等功能。

3. 开放源代码

Python 语言受版权保护，但是允许在开放源代码许可下使用。可以免费下载、使用或将 Python 包含在用户的应用程序中，也可以自由修改和重新分发。

4. 跨平台与可移植性

Python 适用于 macOS、Windows、Linux 和 UNIX 在内的多个操作系统，且非官方版本也可用于 Android 和 iOS 操作系统。

5. 可扩展性

Python 语言被称为"胶水语言"，它能方便地调用其他编程语言所编写的程序，如 C/C++编写的代码运行速度比 Python 更快，当一段关键代码需要采用 C/C++编写时，在 Python 中调用这段程序即可。

Python 语言也有不足之处。一方面，Python 的运行速度慢于 C/C++和 Java，Python 是解释型程序，一边运行一边翻译源代码，Python 作为高级语言，需要屏蔽较多的底层细节作为代价。随着计算机硬件性能的提升，在一定程度上也可以弥补软件性能的不足。另一方面，对 Python 的加密比较困难，Python 语言是直接运行源代码的，不同于编译型语言,编译型语言的源代码会被编译成可执行程序再执行,如 C 语言。

1.3.2 Python 语言的应用

目前,Python 语言是多学科应用中普遍使用的编程语言之一。Python 在金融、交通、健康医疗和能源等多领域都有广泛应用,如 Python 可被用于人工智能、Web 开发、系统管理应用、网络爬虫、云计算、网络编程、游戏开发、科学计算与数据分析及自动化运维等领域,如图 1.2 所示。在人工智能领域的应用主要涉及自然语言处理、语音识别及计算机视觉等方向。

众多科学计算软件包都提供了 Python 调用接口,如计算机视觉库 OpenCV、三维可视化(VTK,Visualization Toolkit)和医学图像处理类库(ITK,the Insight Toolkit)等。特别是 Python

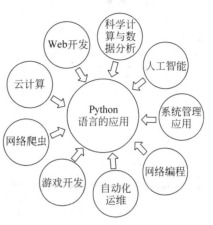

图 1.2 Python 语言的应用

的科学计算扩展库,如 NumPy、SciPy 和 Matplotlib 等,在 Python 语言中,通过调用第三方库能够实现数据分析中的矩阵处理、数值运算和可视化绘图等功能。

1.4 Python 的开发环境

扫一扫

视频讲解

Python 程序的运行环境可以选择 IDLE、IPython、Jupyter Notebook、Anaconda 或 PyCharm 等。集成开发和学习环境(IDLE,Integrated Development and Learning Environment)是 Python 内置的集成开发环境,具备基本的集成开发环境(IDE,Integrated Development Environment)功能,它是由 Python 和 Tkinter GUI 工具包编写而成。IPython 为交互式计算提供了一个丰富的架构,它具有交互式 shell、支持交互式数据可视化、可以使用 GUI 工具箱、易于使用及内置多个功能函数等特点。

Jupyter Notebook 是一个基于 Web 的交互式笔记本,支持 Python、R、Julia 与 Scala 等 40 多种编程语言。使用 Jupyter 可以创建共享文档,支持实时代码,其输出形式多样,如图像、视频、HTML 或 LaTex 等。Anaconda 是一个集成开发环境,可用于开源的 Python 发行版,其中包含许多科学计算和数据分析包,减少了运行环境搭建时烦琐的软件安装的工作量。PyCharm 是一种 Python IDE,可以帮助用户在使用 Python 进行开发时提高效率。PyCharm 常用功能包括调试、语法高亮、Project 管理、代码跳转及自动提示等。此外,PyCharm 还提供了一些高级功能用于支持 Django 框架下的专业 Web 开发。由于 Anaconda 支持用户方便地安装各种包,通常与 PyCharm 结合使用。

本书主要使用了两种开发环境,Anaconda3 中的 Spyder 和 Jupyter Notebook。本章以 Windows 10 操作系统下 Anaconda3 中的 Spyder、Jupyter Notebook 和 IPython 为例,详细介绍怎样运行第一个 Python 程序"Hello,world!"。

1.4.1　Anaconda3 的安装

1. 下载与安装

在浏览器的地址栏中输入 https://www.anaconda.com/distribution/，然后在网站页面中单击 Get Started 按钮并选择 Download Anaconda Installers 选项，根据操作系统下载对应的安装包，如图 1.3 所示。本书的运行环境是 Python 3.8 版本的安装包。

Anaconda Installers

Windows ⊞	MacOS	Linux ⌂
Python 3.8	**Python 3.0**	**Python 3.8**
64-Bit Graphical Installer (457 MB)	64-Bit Graphical Installer (435 MB)	64-Bit (x86) Installer (529 MB)
32-Bit Graphical Installer (403 MB)	64-Bit Command Line Installer (428 MB)	64-Bit (Power8 and Power9) Installer (279 MB)

图 1.3　Anaconda 下载

例如，如果 PC 是 Windows 10＋64 位环境，则下载 Windows 下的 64-Bit Graphical Installer(457MB)安装包。下载后，双击可执行文件 Anaconda3-2020.11-Windows-x86_64.exe 进行安装，安装步骤如图 1.4 所示。依次单击 Next | I Agree | Next 按钮。然后，选择安装路径，单击 Next 按钮。选择默认设置，环境路径可以稍后配置，单击 Install 按钮开始安装，单击 Finish 按钮完成安装。

2. 配置环境变量

以 Windows 10 为例，在桌面上右击"此电脑"图标，选择"属性"中的"高级系统设置"的"环境变量"。如果仅是当前用户使用，则选中"用户变量"的 Path，单击"编辑"按钮，如图 1.5 所示。

添加以下环境变量。

```
H:\anaconda3
H:\anaconda3\Library\bin
H:\anaconda3\Library\mingw-w64
H:\anaconda3\Scripts
```

单击"开始"菜单，单击 Anaconda3 下的 Anaconda Prompt，在提示符>后输入命令：

```
conda -- version
```

运行结果：

```
conda 4.10.1
```

在提示符后输入命令"Python"，如果能正确显示 Python 的版本号，则环境变量配置完成。

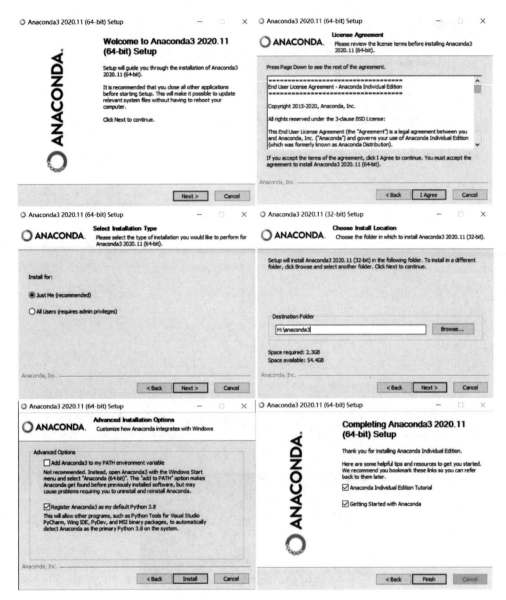

图 1.4　Anaconda3 的安装步骤

1.4.2　Spyder 的用法

运行 Anaconda 3 时，单击 Windows 10 操作系统的"开始"菜单 ⊞｜Anaconda3（64-bit）｜Spyder（Anaconda），如图 1.6 所示。默认背景是黑色，也可以自定义界面颜色，一般不必修改。

单击菜单上的新建 ⬚ 图标，新建扩展名为 .py 的源文件，输入代码：

```
print("Hello, world!")
```

运行代码，详细的使用环境介绍可参阅 13.1 节，这里仅了解运行程序的简单方法，如

图 1.5　配置环境变量

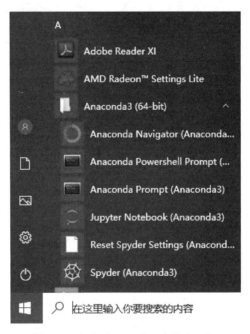

图 1.6　启动 Anaconda3 中的 Spyder

图 1.7 所示。

方法一：选中代码，按 Shift＋Enter 组合键运行。

方法二：选中代码，右击，在弹出的快捷菜单中选择 Run cell 或 Run selection or current line。做简单编程练习时，可以将多段代码放入一个.py 源文件中进行分段测试，无须新建多个源文件。

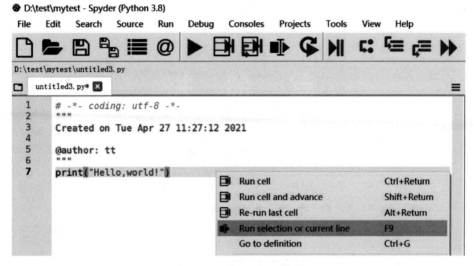

图 1.7 运行 Python 代码

方法三：单击 Projects 菜单中的 New Project 新建工程。在项目开发时，源文件往往有多个，这就需要新建工程，然后创建多个源文件并保存在该工程下，如图 1.8 所示，在弹出的对话框中输入工程名与保存路径。

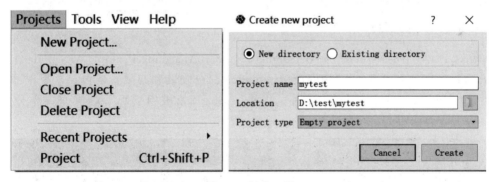

图 1.8 新建工程

1.4.3 Jupyter Notebook 的用法

Anaconda 内已经集成了 Jupyter Notebook。单击"开始"菜单，选择 Anaconda3（64-bit）｜Anaconda Prompt（Anaconda3），在提示符后面输入命令 jupyter notebook，如图 1.9 所示。

启动 Jupyter Notebook 后，单击 New 下拉按钮，选择 Python3，进入如图 1.10 所示

界面。在图 1.11 的代码框中输入 print("Hello,world!")，然后按下 Shift＋Enter 组合键，运行代码。Jupyter Notebook 类似一个记事本，可以嵌入文本与插图，这里不再赘述。

图 1.9　启动 Jupyter Notebook

图 1.10　Jupyter 界面

图 1.11　使用 Jupyter Notebook 运行程序

1.4.4　pip 与 import

1. pip 命令的使用

类似 1.4.3 节的操作，单击 Anaconda3(64-bit)｜Anaconda Prompt(Anaconda3)，在 Anaconda3 Prompt(Anaconda3)中使用 pip/pip3 命令安装和卸载安装包。这里以 jieba 库为例，讲解用 pip 命令安装第三方库的方法。jieba 库常被用于处理文本，如文本分词。jieba 库的安装如图 1.12 所示。

图 1.12　jieba 库的安装

安装和卸载命令分别为 pip install jieba 和 pip uninstall jieba。如果安装包较大，下载速度会比较慢，这时可以选择从国内的一些网站上下载镜像文件，进行本地安装。本书后续章节的实例中涉及第三方库 jieba 和 WordCloud，需要读者自行安装。

2. 模块/库的导入

一个".py"文件可被看作一个模块,其中包含用户定义的函数、变量、类和其他导入的模块,多个模块可以组成一个包。包是一个包含__init__.py文件的目录,一个"包"下有一个__init__.py文件和一个或多个模块。库是具有相关功能模块的集合。导入模块/库用import语句,当解释器执行到import语句时,如果模块/库在当前的搜索路径则会被导入。一般模块/库的导入语句放在脚本的最前面,解释器会根据搜索路径中的目录列表进行搜索。

例如,计算−1.5的绝对值。

下面用4种方法实现:

import math x＝math.fabs(−1.5) print(x)	import numpy x＝numpy.fabs(−1.5) print(x)	import numpy as np x＝np.fabs(−1.5) print(x)	from numpy import fabs x＝fabs(−1.5) print(x)

运行结果:

```
1.5
```

其中fabs()是求绝对值的函数。NumPy库常被用于科学计算,特别是矩阵运算,NumPy将在第9章中详细介绍。

模块导入的常用方式如下。

- import 模块名

使用方法:模块名.函数名/常量名。

例如:

```
import math
math.pi            #3.141592653589793
math.fabs(-1.5)    #1.5,求-1.5的绝对值
```

井号(#)后的文本是被注释的内容。注释是对代码的解释和说明,不会被计算机执行。注释的作用主要是为了提高代码的可读性。

- import 模块名 as 别名

为了简洁,可使用别名代替模块名。

使用方法:别名.函数名。

例如:

```
import numpy as np
np.array([4,6,7,3,0,1])        #array([4, 6, 7, 3, 0, 1])是一个一维数组
```

- from 模块名 import 函数名

如果只导入模块中的某个具体函数,可以使用这种模式。

例如:

```
from math import fabs
fabs(-1.5)
```

1.4.5 IPython 的使用

单击"开始"菜单 | Anaconda3(64-bit) | Anaconda Prompt(Anaconda3)，输入命令 ipython，按 Enter 键，进入 IPython 编辑环境。输入代码"Hello,World!"，按 Enter 键查看运行结果，如图 1.13 所示。

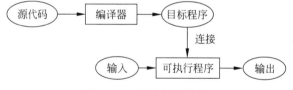

```
IPython: C:Users/susie

(base) C:\Users\susie>ipython
Python 3.8.5 (default, Sep  3 2020, 21:29:08) [MSC v.1916 64 bit (AMD64)]
Type 'copyright', 'credits' or 'license' for more information
IPython 7.19.0 — An enhanced Interactive Python. Type '?' for help.

In [1]: print("Hello,world!")
Hello,world!
```

图 1.13 IPython 运行环境

使用命令 exit，退出 IPython 环境。

1.5 编译与解释

Python 语言易于入门，可读性强且具有较好的可扩展性，它能在 Windows、macOS 和 Linux 等操作系统上运行。Python 也是一种解释型、面向对象和动态的高级程序设计语言。高级语言运行主要有两种方式：一种是先编译后运行，如 C/C++语言；另一种是解释型，即边解释边运行。下面通过图示的方式说明这两种运行方式的区别。

编译是将源代码转换成目标代码的过程。一般而言，源代码是高级语言代码，目标代码是机器语言代码，执行编译的计算机程序称为编译器。程序员编辑源代码的文件称为源文件，把源文件内容通过编译器进行编译，翻译成计算机能够识别的机器语言，并保存在目标文件里。再连接库文件或自定义文件，执行程序后得到输出结果，如图 1.14 所示。

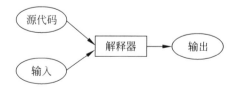

图 1.14 编译高级语言

解释和编译的区别：编译是一次性翻译，一旦程序被编译，可重复运行，不再需要编译器或源代码，运行速度较快；解释是每次程序运行时都需要解释器和源代码，具有灵活的编程环境，可以交互式开发和运行，如图 1.15 所示。

图 1.15 解释高级语言

1.6 习题

一、单选题

1. 下列选项中错误的是( )。

    A. Python 语言是一种解释型编程语言

    B. Python 语言编写的程序执行速度比 C++和 Java 语言编写的程序慢

    C. 高级语言编写的程序可以直接运行

    D. Python 语言在金融、交通、医疗等多领域都有广泛应用

2. Python 源程序执行的方式是( )。

    A. 先编译后执行   B. 边解释边运行

    C. 直接执行   D. 边编译边执行

3. 关于 Jupyter Notebook 和 IPython,下列说法错误的是( )。

    A. Jupyter Notebook 本质是一个 Web 应用程序

    B. Jupyter Notebook 是一个交互式笔记本,IPython 是一个交互式计算系统

    C. IPython 是一个可交互式编程的原始工程,Jupyter Notebook 是由它衍生的

    D. Jupyter Notebook 不支持 Python 以外的语言

4. 下列说法正确的是( )。

    A. Python 属于低级语言   B. Python 是面向过程的

    C. Python 属于解释性语言   D. Python 是非开源的

5. 下列选项中,不是 Python IDE 的是( )。

    A. PyCharm   B. Jupyter Notebook

    C. Spyder   D. R studio

二、填空题

1. Python 安装扩展库常用的是_____工具,其中安装扩展库的命令是_____,卸载扩展库的命令是_____。

2. Python 语句既可以采用交互式的_____执行方式,又可以采用_____的执行方式。

3. Python 导入模块的命令是_____。

三、简答题

1. 简述 Python 语言的特点。

2. 简述程序编译和解释的含义及两者的区别。

3. 简述运行 Python 程序的几种方式。分别用这几种方式实现输出"Hello, world!"。

4. 简述模块导入的常用方式有哪几种,试列举。

第 2 章

编写简单的程序

学习目标

- 了解编写 Python 程序的基本语法规则。
- 了解编写简单的程序的过程。
- 掌握用 turtle 库画有趣的图案。

2.1 变量

在 Python 中,每个变量在使用前必须赋值,变量赋值后,该变量才会被创建。通过直接赋值可创建不同类型的变量。变量本身没有类型,所谓的"类型"指的是变量所指的内存中对象的类型。赋值符号为"="。例如,a=5 的含义：a 是变量名,5 是变量的值,5 的数据类型是整型,如图 2.1 所示。

内置函数 type()的功能是返回变量所指向对象的类型,例如,< class   'int'>的含义,a=5 中的 a 指向整型数据 5,而 a= 'Hello,world!'中的 a 指向字符串'Hello,world!'。

图 2.1 变量

```
a = 5
print(type(a))
a = 'Hello,world!'
print(type(a))

# 输出结果
< class 'int'>
< class 'str'>
```

如果一个变量未赋值,则会出现如下错误提示。

```
k
Traceback (most recent call last):
File "< ipython - input - 11 - 141b3ea3f03f >", line 1, in < module >
    k
```

```
NameError: name 'k' is not defined
```

在高级语言中,变量、符号常量、函数等命名的有效字符序列统称为标识符,简而言之,标识符就是一个对象的名字。Python 的标识符命名规则如下。

（1）标识符由字母、数字或下画线组成,且首字母必须是字母或下画线。

（2）标识符区分大小写,如 sum、SUM、Sum 是不同的标识符。

（3）不能使用保留字作为标识符。

2.2 保留字

保留字也称为关键字,一般是指被编程语言内部定义并保留使用的标识符。编程时不能定义与保留字同名的标识符。在导入 keyword 模块后,可使用 keyword.kwlist 语句查看 Python 3.x 的保留字,Python 中的保留字如图 2.2 所示。

输入下面两条语句查看 Python 中的保留字。

True	import	in	with
False	as	lambda	assert
None	from	try	async
and	def	except	await
or	class	finally	del
not	while	nonlocal	pass
if	for	global	raise
elif	break	return	yield
else	continue	is	

图 2.2　保留字

扫一扫
视频讲解

```
import keyword
keyword.kwlist

#输出结果
['False', 'None', 'True', 'and', 'as', 'assert', 'async', 'await', 'break', 'class', 'continue', 'def',
'del', 'elif', 'else', 'except', 'finally', 'for', 'from', 'global', 'if', 'import', 'in', 'is',
lambda, 'nonlocal', 'not', 'or', 'pass', 'raise', 'return', 'try', 'while', 'with', 'yield']
```

2.3 运算符

2.3.1 算术运算符

扫一扫
视频讲解

在 Spyder 里,可以像使用计算器一样输入表达式,进行加、减、乘、除、乘方等算术运算,运算符＋、－、*、/、** 都属于算术运算符。Python 的算术表达式是指利用算术运算符和括号将运算对象连接起来且符合 Python 语法规则的式子。运算对象可以是常量、变量和函数等。

例如:如果 x＝3,y＝2,运算结果如表 2.1 所示。

表 2.1　算术运算符

运　算　符	描　　述	举　　例
＋	加	x＋y 输出结果:5
－	减	x－y 输出结果:1
*	乘	x * y 输出结果:6

续表

运　算　符	描　　述	举　　例
/	除	x/y 输出结果：1.5
%	取模——返回除法的余数	x%y 输出结果：1
**	幂——返回 x 的 y 次幂	x ** y 输出结果：9
//	整除	x//y 输出结果：1

【例 2.1】 算术运算。

在除法运算时，运算符"/"用于两个数相除运算，得到的结果是浮点数；而运算符"//"用于两个数整除运算，得到的结果是一个整数。

```
2020 + 2020
Out[1]: 4040

3 % 2
Out[2]: 1

(100 - 2 * 10)/4
Out[3]: 20.0

9/5
Out[4]: 1.8

9//5
Out[5]: 1

15 ** 2
Out[6]:225
```

在交互模式下，如果将上一次输出的表达式值赋给变量"_"。继续下面计算时，会相对简单。

例如：

```
tax = 5.5/100
cost = 500.5
cost * tax
Out[1]: 27.5275

cost + _   # "cost + _"等价于"cost + 27.5275"
Out[2]: 528.0275

round(_, 2)   # round(_, 2)是对_所代表的数保留2位小数。
Out[3]: 528.03
```

2.3.2　关系运算符

常见的关系运算符如表 2.2 所示。

表 2.2 关系运算符

操 作 符	操作符含义	操 作 符	操作符含义
<	小于	>=	大于或等于
<=	小于或等于	==	等于
>	大于	!=	不等于

由关系运算符将两个数值或数值表达式连接的式子称作关系表达式,如5>3。
关系运算符的值是布尔值,即逻辑值,"真"值为1,"假"值为0。例如:

5==5,结果为"真",则值为1。

0!=0,结果为"假",则值为0。

5>3,结果为"真",则值为1。

2.3.3 逻辑运算符

Python的逻辑运算符有与(and)、或(or)和非(not)。逻辑表达式的运算结果 T(True)表示"真",F(False)表示"假",如表2.3所示。

(1) and:两个操作数或表达式都为"真"时,结果为"真",否则为"假"。

(2) or:两个操作数或表达式都为"假"时,结果为"假",否则为"真"。

(3) not:取反,"真"值取反运算,结果为"假";"假"值取反,运算结果为"真"。

表 2.3 逻辑运算符

运 算 符	运 算	结 果	值
	T and T	T	1
and	T and F	F	0
	F and T	F	0
	F and F	F	0
	T or T	T	1
or	T or F	T	1
	F or T	T	1
	F or F	F	0
not	not T	F	0
	not F	T	1

2.4 赋值语句

扫一扫

视频讲解

1. 单变量赋值

赋值符号"="使用的基本格式为:变量=表达式。

在一些编程语言的赋值过程中,如 C 语言,在定义变量时,首先开辟内存空间,然后将值存入。变量名实际上是以一个名字代表一个存储地址。例如,当 x 的赋值改变为 4 时,原来的值 3 被覆盖,内存单元不变。Python 语言中,变量保存的是值的地址,如 x=3, x 保存的是内存中数值 3 的地址,当执行 x=4 时,由于 3 和 4 分别存储在不同的内存单元,x 中保存的为 4 的地址,如表 2.4 所示。x 类似一个便笺纸,"贴"在对象 3 上,并说"这是 x",即它是现有对象的别名,也称作引用。当执行语句 x=4 时,x 则 "贴"在对象 4 上,本质上是 x 的地址发生了改变。

表 2.4　C 语言与 Python 语言的对比

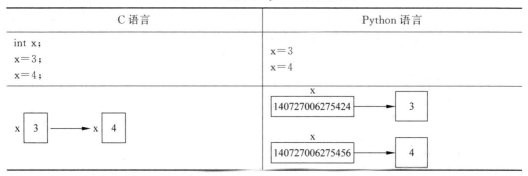

用 id(x)函数查看变量地址,当 x 分别为 3 和 4 时,地址发生了改变,说明 x 指向了不同的内存单元。

```
x = 3
id(x)
Out[1]: 140727006275424

x = 4
id(x)
Out[2]: 140727006275456
```

2. 同时赋值

Python 中允许给多个变量同时赋值,基本格式如下。

变量 1,变量 2,…,变量 n = 表达式 1,表达式 2,…,表达式 n

其中,表达式 1 赋值给变量 1,表达式 2 赋值给变量 2,……,以此类推。

例如,将 a+b 和 a-b 的值分别赋值给 sum 和 diff。

sum, diff = a + b, a - b

【例 2.2】　将 x 赋值为 3,y 赋值为 4,交换 x 和 y 的值。

```
x,y = 3,4
x,y = y,x
print(x,y)
#运行结果
4 3
```

Python 变量不需要声明,但是每个变量在使用前需要赋值。在 Python 中,变量类似于一个标签,它的类型由变量所指的内存中对象的类型决定。

```
x = 2
print(x)
x = 2.5
```

```
print(x)
x = "hello"
print(x)

#运行结果
2
2.5
hello
```

赋值符号"＝"左边是变量名,右边是存储在变量中的值,允许多个变量同时赋值。例如,a＝b＝c＝15,首先创建一个整型对象值为 15,然后从右向左赋值,三个变量分别被赋予相同的数值。

【例 2.3】 同时为三个变量赋值不同类型的数据。

```
a,b,c = 15,20.0,"Python"
print(a,b,c)

#运行结果
15 20.0 Python
```

整型对象 15 和实型对象 20.0 分别被赋值给变量 a 和变量 b,字符串对象"Python"赋值给变量 c。

3. 复合赋值运算符

复合赋值运算符主要有＋＝、－＝、＊＝、＊＊＝、/＝、//＝、%＝,其中 ＊＊＝是进行幂运算,//＝是进行整除运算。

例如:

```
a += 5        等价于 a = a + 5
y * = x + 5   等价于 y = y * (x + 5)
y % = 3       等价于 y = y % 3
```

2.5 缩进与注释

扫一扫

视频讲解

2.5.1 缩进

缩进用于表示代码之间的层次关系。一般代码是顶格缩写,当需要缩进时,按 Tab 键或按多次空格键(常用 4 个空格)实现。

```
i = 1
while i < 10:
    if(i == 5):
        print(i)
    i = i + 1

#运行结果
5
```

2.5.2 注释

注释是在代码中加入的说明信息，常用于说明函数的功能或某行、段代码的含义，以增强代码的可读性。计算机不执行注释的内容。

单行注释以"#"开头；多行注释以 3 个单引号(''' ''')或双引号(""" """)开头和结尾，还可以选中一段代码，单击 Edit 菜单中的 Add block comment 命令添加多行注释，如图 2.3 所示。

【例 2.4】 编程实现：求 1～10 的累加和，观察缩进与注释的使用方法。

图 2.3 添加多行注释

```
# - * - coding: UTF - 8 - * -
"""
Created on Mon Jul 20 15:14:06 2020
@author: tt
"""
#求和
i = 1
sum = 0
while i < = 10:
    sum = sum + i
    i = i + 1
print(sum)
```

扫一扫

视频讲解

2.6 输入与输出

2.6.1 print()函数

print()函数是一个内置函数，其中参数为 0 个或多个表达式。当无参数时，print()输出空行。

基本格式：print(<表达式 1>,<表达式 2>,…,<表达式 N>)。

【例 2.5】 print()函数的使用。

```
print(5 + 6)
print(5,6,5 + 6)
print( )
print("sum = ",3 + 4)

#运行结果
11
5 6 11

sum =  7
```

默认情况下，print()函数在输出文本的末尾添加"\n"(换行符)作为结束符。也可以

用 end＝"\n"显示默认值。end 是命名参数的关键字,当用 end＝" "(空格)时,输出结果不发生换行。

> print(<表达式 1>,<表达式 2>, …,< 表达式 N>,end = "\n")

比较下列代码的差别。

```
print("sum = ",end = "\n")
print(5 + 6)
print("sum = ",end = " ")
print(5 + 6)

# 运行结果
sum =
11
sum =  11
```

2.6.2　input()函数

input()函数是输入函数,常用一个字符串字面常量提示用户输入。

基本格式:变量＝input(字符串表达式)。

```
id = input("Please enter your ID:")
id
# 运行结果
Please enter your ID:20200202
'20200202'
```

程序运行时,会输出"Please enter your ID:"提示输入,当输入 20200202 后得到输出的 id 值。如果需要输出的是一个数值,则可以使用内置函数 eval()。

下面两个例子,分别输入数值 18 和表达式"5 * 6－2",输出结果分别为 18 和 28。

示例一:

```
age = eval(input("Please enter your age: "))
age
# 运行结果
Please enter your age: 18
18
```

示例二:

```
expr = eval(input("Please enter an expression: "))
expr
# 运行结果
Please enter an expression: 5 * 6 - 2
28
```

2.6.3　格式化输入输出

1. 格式化字符串的函数 str.format()

str 是由一系列槽组成,槽用大括号{}表示,用于控制输出参数的位置。

(1) {}中为空,则按照参数出现顺序输出。

(2) 序号从 0 开始,用 0,1,2,…,n 对应参数的位置,因此,参数的顺序是任意的,输出时,按序号的顺序输出。

```
"{} {}".format("study", "hard")
Out[1]: 'study hard'

"{0} {1}".format("study", "hard")        #{0}对应 study,{1}对应 hard
Out[2]: 'study hard'

"{1} {0} {1}".format("study", "hard")
Out[3]: 'hard study hard'
```

2. 数字格式化

在数字格式化中,常用的符号见表 2.5。

表 2.5　数字格式化常用符号

符　号	含　义	符　号	含　义
:	引导符号	+	在正数前显示正号(+)
<	左对齐	-	在负数前显示负号(-)
>	右对齐	空格	正数前加空格
^	居中对齐		

表 2.6 中常用符号的用法见表 2.6。

表 2.6　数字格式化常用符号的用法

数　字	格　式	输出结果	含　义
2.71828	{:.0f}	3	输出整数部分,不保留小数位
2.71828	{:.2f}	2.72	输出结果保留两位小数
2.71828	{:+.2f}	+2.72	在正数前显示正号(+)
-2.71828	{:-.2f}	-2.72	在负数前显示负号(-)
12	{:0>3d}	012	输出数据宽度为 3,用数字 0 左填充
12	{:x<3d}	12x	输出数据宽度为 3,用 x 右填充
123456	{:,}	123,456	数字的千位分隔符","
0.12	{:.2%}	12.00%	输出百分数,保留两位小数

示例代码如下。

```
"{:.2f}".format(2.71828)
Out[1]: '2.72'
```

```
"{:+.2f}".format(2.71828)
Out[2]: '+2.72'
"{:-.2f}".format(-2.71828)
Out[3]: '-2.72'
"{:.0f}".format(2.71828)
Out[4]: '3'
"{:0>3d}".format(12)
Out[5]: '012'
"{:x<3d}".format(12)
Out[6]: '12x'
"{:0>3d}".format(12)
Out[7]: '012'
"{:,}".format(123456)
Out[8]: '123,456'
"{:.2%}".format(12)
Out[9]: '1200.00%'
"{:.2%}".format(0.12)
Out[10]: '12.00%'
```

2.7 列表

列表(list)是包含 0 或多个对象引用的有序序列,详细内容将在 4.5 节介绍。列表包括正向索引(序号递增)和反向索引(序号逆向递减),如图 2.4 所示。

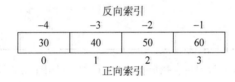

图 2.4 列表的索引

【例 2.6】 列表的访问。

```
FirstList = [30,40,50,60]
FirstList[2]
#运行结果
50

FirstList[2] = 100
FirstList
#运行结果
[30, 40, 100, 60]
```

2.8 Turtle 库

Turtle 库是 Python 内置的图形化模块,属于标准库之一,位于 Python 安装目录的 lib 文件夹下。Turtle 库中常用函数如表 2.7 所示。

表 2.7 Turtle 库中常用函数

功　能	函　数
画笔控制	penup()：抬起画笔 pendown()：落下画笔 pensize(width)：画笔宽度 pencolor(color)：画笔颜色
运动控制	forward(d)或 fd(d)：直行 d 个像素 circle(r，extent ＝ None)：绘制半径为 r、角度为 extent 的弧形，圆心默认在海龟左侧距离为 r 的位置
方向控制	setheading(angle)或 seth(angle)：改变前进方向 left(angle)：左转 right(angle)：右转

【例 2.7】 利用 Turtle 库绘制一朵太阳花，运行结果如图 2.5 所示。

```python
from turtle import *
color('red', 'yellow')
begin_fill( )
while True:
    forward(150)
    left(150)
    if abs(pos( )) < 1:
        break
end_fill( )
done( )
```

扫一扫

视频讲解

【例 2.8】 利用 Turtle 库绘制一条小蛇，运行结果如图 2.6 所示。

```python
import turtle
def drawSnake(radius, angle, length):
    turtle.seth( - 40)                   #前进的方向
    for i in range(length):
        turtle.pencolor("pink")
        turtle.circle(radius, angle)
        turtle.pencolor("grey")
        turtle.circle( - radius, angle)
    turtle.circle(radius, angle/2)
    turtle.forward(radius/2)
    turtle.circle(15, 180)
    turtle.forward(radius/4)
turtle.penup( )
turtle.forward( - 200)
turtle.pendown( )
turtle.setup(700, 300, 150, 150)
turtle.pensize(25)                       #画笔尺寸
drawSnake(40, 80, 3)
```

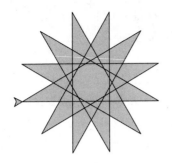

图 2.5 绘制太阳花

图 2.6 绘制小蛇

2.9 习题

一、单选题

1. 下列选项中,关于变量名的说法错误的是(　　)。

   A. 变量名的第一个字符必须是字母或下画线

   B. 不能将保留字作为变量名

   C. 变量名除第一个字符外可以包含数字

   D. 变量名对大小写不敏感

2. 下列选项中,符合 Python 语言变量命名规则的是(　　)。

   A. *i　　　　　　　B. 3_1　　　　　　　C. AB!　　　　　　D. Temp

3. 下列选项中,不是 Python 语言保留字的是(　　)。

   A. except　　　　　B. do　　　　　　　C. pass　　　　　　D. while

4. 关于 Python 语言的变量,下列选项中说法正确的是(　　)。

   A. 随时声明、随时使用、随时释放

   B. 随时命名、随时赋值、随时使用

   C. 随时声明、随时赋值、随时变换类型

   D. 随时命名、随时赋值、随时变换类型

5. 关于 Python 语言的注释,下列选项中描述错误的是(　　)。

   A. Python 语言的单行注释以 # 开头

   B. Python 语言的单行注释以单引号(')开头

   C. Python 语言的多行注释以三个单引号(''')开头和结尾

   D. Python 语言有两种注释方式:单行注释和多行注释

6. Python 语言中语句块的标记是(　　)。

   A. 分号　　　　　　B. 逗号　　　　　　C. 缩进　　　　　　D. /

7. Python 程序中一般都是缩进(　　)个空格。

   A. 两个　　　　　　B. 三个　　　　　　C. 四个　　　　　　D. 六个

8. 下列选项中,对 Python 程序中缩进格式描述错误的是(　　)。

   A. 不需要缩进的代码顶格写,前面不能留空白

B. 缩进可以用 Tab 键实现,也可以用多个空格键实现

C. 严格的缩进可以约束程序结构,可以多层缩进

D. 缩进被用于美化 Python 程序的格式

9. 关于 Python 语言算术运算符,下列选项中描述错误的是( )。

A. x//y 表示 x 与 y 之整数商,即不大于 x 与 y 之商的最大整数

B. x ** y 表示 x 的 y 次幂,其中 y 必须是整数

C. x%y 表示 x 与 y 之商的余数,也称为模运算

D. x/y 表示 x 与 y 之商

10. 关于 Python 程序的格式框架,下列选项中描述错误的是( )。

A. Python 语言不采用严格的缩进来表明程序的格式框架

B. Python 单层缩进代码属于之前最邻近的一行非缩进代码,多层缩进代码根据缩进关系决定所属范围

C. Python 语言的缩进可以采用 Tab 键实现

D. 判断、循环、函数等语法形式能够通过缩进包含一批 Python 代码,进而表达对应的语义

11. 下列选项中对 Python 程序设计风格描述错误的是( )。

A. Python 中不允许把多条语句写在同一行

B. Python 语句中,增加缩进表示语句块的开始,减少缩进表示语句块的退出

C. Python 可以将一条长语句分成多行显示,使用续航符"\"

D. Python 中允许把多条语句写在同一行

12. 关于 Python 赋值语句,下列选项中不合法的是( )。

A. x=(y=1)   B. x,y=y,x   C. x=y=1   D. x=1;y=1

13. 在 Python 中用于获取用户输入的函数是( )。

A. get()   B. print()   C. eval()   D. input()

14. 下列运算中,运算结果为逻辑假的是( )。

A. True and True   B. True and False

C. True or False   D. not False

15. 下面代码的执行结果是( )。

```
a = 1357902468
b = "*"
print("{0:{2}>{1},}".format(a,20,b))
```

A. ******* 1,357,902,468   B. **** 1,357,902,468 *****

C. **** 1,357,902,468   D. 1,357,902,468 *********

二、填空题

1. 表达式 3 ** 2 的值为_____,表达式 3 * 2 的值为_____。

2. 写出下列输出语句及结果。

(1) 输出 3.141569 保留两位小数,输出语句为_____,输出结果为_____。

(2) 输出 0.15 对应的百分数数值,输出语句为＿＿＿＿＿＿＿＿＿,输出结果为＿＿＿＿。

(3) 输出 20201023 的带有千位分隔符的数值,输出语句为＿＿＿＿＿＿＿＿＿,输出结果为＿＿＿＿。

(4) 写出下列语句的输出结果:

```
print("{:>10s}:{:<3.2f}".format("Python",2020.36901))
```

输出结果为＿＿＿＿＿＿＿＿＿。

3. 假设 x＝2,y＝3,写出下列表达式的运算结果。

(1) x＞y

(2) x＝＝y

(3) x!＝y

(4) x＋＝2

(5) y－＝2

三、编程题

1. 通过键盘输入一个人的身高和体重,以英文逗号隔开,在屏幕上显示输出这个人的身体质量指数(BMI),BMI 的计算公式是 BMI＝体重(kg)/身高^2(m^2)。

2. 编写程序:通过键盘输入变量 x 和 y,分别计算 x＋y、x－y 和 x＋2y 的值。

3. 编写程序:依次输入学生的姓名和三门科目成绩(语文、数学、英语),计算该学生的平均成绩并输出运算结果(平均成绩保留一位小数)。计算该学生语文成绩占总成绩的百分比并输出运算结果。

4. 计算圆的周长、面积和球体的表面积、体积。

5. 设有列表 List1＝["new","year","Happy","!"],分别按正向序号和反向序号的方式输出列表中的对应元素,使得输出"Happy new year!"。

6. 用 Turtle 库绘制一个 n 边形(n 值由键盘录入)。

7. 将 3.14159 按下列格式输出。

(1) 输出整数,无小数位。

(2) 输出结果保留 4 位小数。

(3) 在数字前显示加号(＋)。

(4) 输出数据宽度为 10,用数字 0 左填充。

四、简答题

1. 简述 Python 标识符的命名规则。

2. 简述 Python 中的反向索引的含义。

3. 简述查看 Python 保留字的方法。

第 3 章

程序的控制结构

学习目标
- 掌握传统流程图或伪代码描述算法的方法。
- 掌握顺序结构、选择结构和循环结构的用法。

扫一扫

视频讲解

3.1 程序设计的基本结构

3.1.1 算法的描述

从广义上讲,算法是解决一个问题所采取的方法与步骤。常用自然语言、传统流程图和伪代码表示算法。例如,怎样求一个三角形的面积? 可以将这个问题分成三个步骤:输入、处理过程和输出,即 IPO(Input,Process,Output)模式,如图 3.1 所示。

输入:三角形的底和高
处理过程:三角形面积=底*高/2
输出:三角形的面积

图 3.1　求三角形面积的步骤

IPO 模式是系统分析和软件工程中广泛使用的方法,用于描述信息处理程序或其他过程的结构。

(1) 输入(Input):主要包括从文件读入、控制台输入、随机数据输入、交互界面输入、网络输入和程序内部参数输入等几种方式。

(2) 处理过程(Process):对输入数据的处理方法也称为"算法",如求三角形的面积,可以用底乘高,再除以 2,也可以用"海伦公式",这是不同的算法。

(3) 输出(Output):包括控制台输出、写出到文件中、网络输出以及操作系统内部变量输出等方式。

上面求三角形面积的例子是采用自然语言的方式描述算法的,但是对于复杂的问题,用自然语言描述时,如果程序发生多次跳转,则会降低程序的可读性。以下面三道例题为例,讲解描述算法的不同方法。

【例 3.1】　将变量 a 和 b 的值交换(a 和 b 的初值为 a=8,b=5)。

【例 3.2】　计算 z 的值,z=|a−b|(输入 a、b 的值)。

【例 3.3】　求 1~5 的累加和。

1. 自然语言

例 3.1	例 3.2	例 3.3
S1：a＝8，b＝5 S2：a＝5，b＝8 S3：输出 a 和 b 的值。	S1：输入 a 和 b 的值。 S2：判断 a＞b? 　是：S21：z＝a－b， 　　　转到 S3 步。 　否：S22：z＝b－a， 　　　转到 S3 步。 S3：输出 z 的值。	S1：i＝1，s＝0 S2：当 i≤5 时，执行 　　S21 和 S22，否则执行 S3。 S21：s＝s＋i S22：i＝i＋1，执行 S2。 S3：输出 s 的值。

2. 传统流程图

常用的传统流程图的符号如表 3.1 所示。

表 3.1　传统流程图的符号

图　形	含　义	图　形	含　义
▭	起止框	⋯▭	注释框
◇	判断框	← → ↑↓	流向线
▭	处理框	◯	连接点
▱	输入/输出框		

用传统流程图表示例题结果如图 3.2 所示。

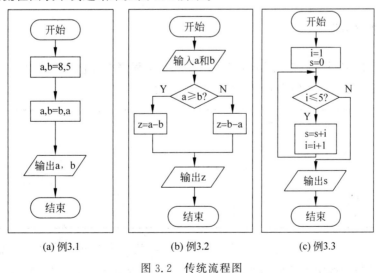

(a) 例3.1　　　　　(b) 例3.2　　　　　(c) 例3.3

图 3.2　传统流程图

3. 伪代码

例 3.1	例 3.2	例 3.3

a＝8　b＝5
a＝5　b＝8
print(a,b)
	input(a,b)
	if　a＞＝b then
	　z＝a－b
	else
	　z＝b－a
	endif
	print(z)
		i＝1　s＝0
		while　i＜＝5
		　s＝s+i
		　i＝i+1
		end
		print(s)

　　自然语言描述算法虽然简单,但当循环较多时,不易直观地表述清楚;传统流程图比较直观,但当算法复杂时,传统流程图占篇幅较多,而且当程序转向较多时,难以阅读与修改。伪代码介于自然语言与计算机语言之间,用文字和符号描述算法,易于修改,其表达近似于编程语言,便于向程序过渡。

3.1.2　三种基本结构

　　在图 3.2 中,三个流程图分别对应程序设计中的三种基本结构:顺序结构、选择结构和循环结构。三道例题分别用 Python 实现的代码如下。

例 3.1	例 3.2	例 3.3

a,b＝8,5
a,b＝b,a
print(a,b)
	a = input('a＝')
	b = input('b＝')
	if a＞＝b:
	　　print(a)
	else:
	　　print(b)
		i＝1
		s＝0
		while　i＜＝5:
		　　s＝s+i
		　　i＝i+1
		print(s)

扫一扫

视频讲解

3.2　顺序结构

　　顺序结构是按照语句的先后顺序执行,几乎每个程序中都包含顺序结构。

【例 3.4】　将输入的摄氏温度转化为华氏温度。

```
c = float(input("请输入摄氏温度:"))
f = 9/5 * c + 32
print("华氏温度为:",f)

# 运行结果
请输入摄氏温度:30
华氏温度为: 86.0
```

　　input()函数的返回值是字符型,通过 float()函数转换为实数类型并赋值给变量 c。根据摄氏温度与华氏温度之间的转换公式计算对应的华氏温度并输出结果。

3.3　选择结构

3.3.1　单分支结构

单分支结构格式：

```
if <表达式>:
    <语句块>
```

表达式可为算术表达式、关系表达式和逻辑表达式。当表达式成立时,执行语句块;当表达式不成立时,则不执行语句块。

【例 3.5】　比较 x 和 y 的值,如果 x＞y,则输出 x 的值。

```
x,y = 4,3
if x > y:
    print(x)
```

3.3.2　双分支结构

双分支结构类似于当走到有两条分支的岔路口时,只能选择其中一条岔路前进的情景,如图 3.3 所示。

双分支结构的格式：

```
if <表达式>:
    <语句块 1>
else:
    <语句块 2>
```

图 3.3　双分支结构

当表达式成立时,执行语句块 1;当表达式不成立时,执行语句块 2。语句块中的语句由一条或多条语句组成,要注意缩进格式,如当语句块 1 由多条语句组成时,所有的语句同时缩进。

【例 3.6】　根据输入 AQI 的值,判断是否适宜户外运动。

```
AQI = eval(input("请输入 PM2.5 的值: "))
if AQI >= 75:
    print("不适宜户外运动")
else:
    print("适宜户外运动")

# 运行结果
请输入 PM2.5 的值: 80
不适宜运动
```

其中 input()函数的返回值是字符型。eval()函数用于执行一个字符串表达式,并返回表达式的值。简单地理解为,eval()函数将 input()的结果转化为数值赋给变量 AQI。

3.3.3　多分支结构

多分支结构类似于当面前有多条岔路时，只能选择其中一条岔路前进，如图3.4所示。

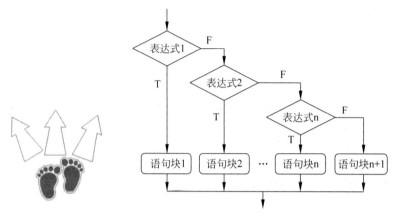

图3.4　多分支结构

多分支结构的格式：

```
if <表达式 1>:
    <语句块 1>
elif <表达式 2>:
    <语句块 2>
elif <表达式 n>:
    <语句块 n>
        ⋮
else:
    <语句块 n+1>
```

（1）首先判断表达式1是否成立？如果成立，则执行语句块1。

（2）当表达式1不成立时，判断表达式2是否成立？如果成立，则执行语句块2。同理，判断表达式n是否成立？如果成立，则执行语句块n。

（3）如果前面的表达式都不成立，则执行语句块n+1。

【例3.7】　求解分段函数。

$$y = \begin{cases} 1, & x > 0 \\ 0, & x = 0 \\ -1, & x < 0 \end{cases}$$

```
x = int(input("请输入一个数:"))
if x > 0:
    y = 1
elif x == 0:
    y = 0
else:
    y = -1
print("y = ",y)
```

　　这个分段函数有三种可能,分别是 x 小于 0、x 等于 0、x 大于 0,在使用 if…elif…else 结构时,注意以下几点。

　　(1) 每个保留字后面有冒号":"。

　　(2) else 与 if 的配对原则：else 与离它最近的未配对的 if 配对。

　　(3) 每个保留字后边的一条或多条语句的缩进层次相同。

3.3.4　紧凑结构

```
if <表达式>:
    <语句块 1>
else:
    <语句块 2>
```

分支选择的 if…else…形式,可以写成等价的紧凑形式：

<语句块 1> if <表达式> else <语句块 2>

紧凑形式的含义为,判断表达式是否成立,如果成立,则执行语句块 1,否则执行语句块 2。

【例 3.8】　if…else…紧凑形式示例一。

```
a,b = 5,4
c = a if a > b else b
print(c)
# 等价于
a,b = 5,4
if a > b:
    c = a
else:
    c = b
print(c)
```

【例 3.9】　if…else…紧凑形式示例二。

```
count = 2
"存在" if count!= 0 else "不存在"   # 如果 count!= 0 成立,则显示"存在",否则显示"不存在"

# 运行结果
'存在'
count = 0
"存在" if count!= 0 else "不存在"

# 运行结果
'不存在'
```

扫一扫

视频讲解

3.4　循环结构

　　循环结构类似于小朋友跳绳,将一个动作反复执行。Python 中的循环语句主要包括 for 语句和 while 语句,同时常结合 break 语句和 continue 语句一起使用。

3.4.1　for 语句

for 语句常与保留字 in 一起使用，同时用 range()函数控制循环次数。

1. range()函数用法一

range(start，stop[，step])，range()函数可以创建一个整数列表，一般用在 for 循环中。参数 start，stop，step 分别表示起始值、终止值、步长。range()函数的参数含义如表 3.2 所示。

表 3.2　range()函数的参数含义

参　　数	含　　义
start	起始值，缺省值为 0
stop	终止值，循环变量不取 stop 的值
step	步长，缺省值是 1

【例 3.10】　range()的用法示例。

在语句 for i in range(5,10)中，5 是起始值，10 是终止值，默认步长是 1。i 的取值范围是 5～9，不包括 10。end=' '为控制数据输出时，以空格分隔，并显示在一行。

```
for i in range(5,10):
print(i,end = ' ')
#运行结果
5 6 7 8 9

for i in range(0, 10, 3):
print(i,end = ' ')
#运行结果
0 3 6 9

for i in range( -10, -100, -30):
print(i,end = ' ')
#运行结果
 -10 -40 -70
```

range(0,10,3)表示取值范围为 0～10，以步长为 3 取值，得到一个等差数列。

2. range()函数用法二

格式：

```
for 循环变量 range (循环次数):
    语句块
```

【例 3.11】　累加求和。

for i in range(1,10)，i 的取值范围为 1～9，不包括 10，即循环 9 次。for i in range(10)，i 的取值范围为 0～9，即循环 10 次，对 i 累加求和。

```
sum = 0                        sum = 0
for i in range(1,10):          for i in range(10):
    sum = sum + i                  sum = sum + i
print(sum)                     print(sum)
# 运行结果                      # 运行结果
45                             45
```

3.4.2 while 语句

格式：

```
while <表达式>:
    <语句块 1>
else:
    <语句块 2>
```

while 语句的表达式为真时,则执行语句块 1,否则执行语句块 2。While 循环语句中,一般包含使循环趋于结束的语句,如 $i＝i+1$。

【例 3.12】 用 while 语句计算 1～10 的累加和。

```
i = 1
sum = 0
while i < 11:
    sum = sum + i
    i = i + 1
print(sum)
# 运行结果
55
```

💡 思考：修改程序,求 1～10 的奇数和、偶数和。

【例 3.13】 读程序,观察 while…else 中 i 值的变化。

```
i = 0
while i < 5:
    print(i, " is less than 5")
    i = i + 1
else:
    print(i, " is not less than 5")
# 运行结果
0  is  less than 5
1  is  less than 5
2  is  less than 5
3  is  less than 5
4  is  less than 5
5  is not less than 5
```

💡 一般情况下,for 语句与 while 语句是通用的。当循环次数固定时,用 for 语句比较容易清晰地表示,例如,计算 100～200 的素数；当循环次数不固定时,常用 while 语句,如计算 $1-1/3+1/5-1/7+\cdots$,直到某一项的绝对值小于 10^{-6} 为止(该项不累加)。

3.4.3 循环嵌套

当输出九九乘法表或画图案时，如钻石星形，用一个循环变量难以清晰地同时表示行和列，这时需要循环嵌套来解决问题。

【**例 3.14**】 输出 4×4 的乘法表的值。

```
for i in range(1,5):
    for j in range(1,5):
        print("{:<4d}".format(i * j),end = ' ')
    print('')
#运行结果
1   2   3   4
2   4   6   8
3   6   9   12
4   8   12  16
```

i 控制行，j 控制列，i 和 j 的取值范围均是 1～4。控制输出数据的输出格式，"<"表示左对齐，输出的数据宽度为 4。end＝' '表示数据间以空格分隔。

【**例 3.15**】 修改例 3.14，只输出例 3.14 输出结果的下三角。

```
for i in range(1,5):
    for j in range(1,i + 1):
        print(" {:d}".format(i * j),end = ' ')
    print('')
#运行结果
1
2  4
3  6  9
4  8  12  16
```

3.4.4 break 与 continue 语句

break 和 continue 语句一般与循环语句结合使用。break 语句表示跳出当前循环；continue 语句表示结束本次循环，进行下一次判断。

【**例 3.16**】 计算下列程序段的输出结果。

```
sum = 0
for i in range(1,11):
    if i > 5:
        break
    sum = sum + i
print(sum)
#运行结果
15

sum = 0
for i in range(1,11):
```

```
    if i < = 5:
        continue
    sum = sum + i
print(sum)
#运行结果
40
```

在例 3.16 中,第一个程序 i 取值范围为 1~10,在 i 取值 1~5 时,执行累加。当 i>5 时,则跳出 for 循环。程序执行了 5 次循环,运行结果为 15。第二个程序中,当 i<=5 时,不执行累加求和语句"sum=sum+i",当 i 取值 6~10 时,执行累加求和语句"sum= sum+i",运行结果为 40。

【例 3.17】 字符串输出控制。

```
for ch in "Happy New Year!":
    if ch == "N":
        continue
    print(ch, end = "")
#运行结果
Happy ew Year!

for ch in "Happy New Year!":
    if ch == "e":
        break
    print(ch, end = "")
#运行结果
Happy N
```

例 3.17 中,第一个程序中的变量 ch 遍历字符串 Happy New Year!,当 ch=="N" 时,结束本次循环,然后 ch 取 e 值,进入下一次循环,直至循环结束,因此运行结果中不包含字符 N。第二个程序中的变量 ch 遍历字符串 Happy New Year!,当 ch=="e"时,跳出循环,因此运行结果为 Happy N。

3.5　实例

【例 3.18】 "水仙花数"是指一个三位数,其各位数字的立方之和等于该数本身,例如,$153=1^3+5^3+3^3$。判断数字 153 是否为水仙花数。

这是一个典型的数字分离问题,需要把每一位从数中分离出来,百位为 n//100,十位为 n//10%10,个位是 n%10 取余数。

```
n = 153
i = n // 100
j = n // 10 % 10
k = n % 10
if n == i * i * i + j * j * j + k * k * k:
    print("{:d}是水仙花数".format(n))
else:
```

```
print("{:d}不是水仙花数".format(n))
# 运行结果
153 是水仙花数
```

【例 3.19】　求解分段函数。

有如下分段函数：

$$y=\begin{cases}|x|+1, & x<0 \\ x^2+1, & 0<x<1 \\ \sqrt{2x}-1, & x>1\end{cases}$$

编写程序，输入自变量 x 的值，计算 y 的值并输出。

```
import math
x = eval(input("请输入数据:"))
if x < 0:
    y = abs(x) + 1
elif x > 0 and x < 1:
    y = x ** 2 + 1
else:
    y = math.sqrt(2 * x) - 1
print(y)
```

【例 3.20】　输入一行字符，分别统计其中字母、空格、数字和其他字符的个数。

isalpha()方法用于检测字符串是否只由字母组成。isspace()方法用于检测字符串是否只由空格组成。isdigit()方法用于检测字符串是否只由数字组成。

```
import string
s = input('请输入一个字符串:')
letters, space, digit, others = 0,0,0,0
i = 0
while i < len(s):  # len( )返回字符串长度
    k = s[i]
    i += 1
    if k.isalpha( ):
        letters += 1
    elif k.isspace( ):
        space += 1
    elif k.isdigit( ):
        digit += 1
    else:
        others += 1
print('letters = % d, space = % d, digit = % d, others = % d' % (letters, space, digit, others) )
```

【例 3.21】　冒泡法排序，将列表[9,6,5,3,1]中的数值从小到大排序。

```
arr = [9,6,5,3,1]
n = len(arr)
for i in range(n - 1):
    for j in range(0, n - i - 1):
```

```
        if arr[j] > arr[j + 1] :
              arr[j], arr[j + 1] = arr[j + 1], arr[j]
print(arr)

# 运行结果
[1, 3, 5, 6, 9]
```

冒泡法解题思路：将相邻的两个数进行比较，小数放前面，大数放后面。经过几轮比较与交换位置，将排序后的结果输出，如图3.5所示。

```
9 6 6 6 6      6 5 5 5      5 3 3      3 1
6 9 5 5 5      5 6 3 3      3 5 1      1 3
5 5 9 3 3      3 3 6 1      1 1 5
3 3 3 9 1      1 1 1 6
1 1 1 1 9
   第一轮        第二轮       第三轮     第四轮
```

图 3.5 冒泡法排序

例如，有5个数9,6,5,3,1。

第一轮：

（1）第一次是9和6比较，根据解题规则（两两比较，小数放前，大数放后），9＞6,6放在9前面,5个数的顺序变成6,9,5,3,1。

（2）第二次是9和5比较,9＞5,5放在9前面,5个数的顺序变成6,5,9,3,1。

（3）第三次是9和3比较,9＞3,3放在9前面,5个数的顺序变成6,5,3,9,1。

（4）第四次是9和1比较,9＞1,1放在9前面,5个数的顺序变成6,5,3,1,9。

这样,在第一轮中,找到了5个数中的最大数9。

第二轮：6,5,3,1,比较方法同第一轮,找到第二大数6。

第三轮：5,3,1,同理,找到第三大数5。

第四轮：3,1,同理,找到第四大数3。

说明：

（1）轮数：如果用n表示数的个数,比较的轮数就是n−1,如n＝5,5个数比较n−1轮,即4轮。

（2）每一轮比较次数：n−i−1,i是循环变量,取值0～3。

（3）arr[j],arr[j+1]＝arr[j+1],arr[j],两个变量的值交换,这里不再赘述。

3.6 习题

一、单选题

1. 下列 Python 保留字中,不用于表示分支结构的是(   )。

   A. elif   B. in   C. if   D. else

2. 实现多路分支的控制结构是(   )。

   A. if   B. try   C. if…elif…else   D. if…else

3. 下列选项中,能够实现 Python 循环结构的是(   )。

A. loop　　　　　B. do…for　　　　　C. while　　　　　D. if

4. 关于 Python 的循环结构，下列选项中描述错误的是（　　）。

　　A. break 用来跳出最内层 for 或 while 循环，程序从循环代码后继续执行

　　B. 每个 continue 语句只能跳出当前层次的循环

　　C. 遍历循环中的遍历结构可以是字符串、文件、组合数据类型和 range() 函数等

　　D. continue 结束整个循环过程，不再判断循环的执行条件

5. 执行下列代码，下列选项中描述正确的是（　　）。

```
sum = 0
for i in range(1,11):
    sum += i
    print(sum)
```

　　A. 循环内语句块执行 11 次

　　B. 输出的最后一个数是 66

　　C. 如果 print(sum) 语句不缩进，输出结果不变

　　D. 输出的最后一个数是 55

6. 关于 Python 的控制结构，下列选项中描述错误的是（　　）。

　　A. 每个 if 条件后要使用冒号"："

　　B. 在 Python 中，没有 switch…case 语句

　　C. Python 中的 pass 是空语句，一般用作占位语句

　　D. elif 可以单独使用

7. 执行下列语句，a、b、c 的值分别是（　　）。

```
a = "water"
b = "juice"
c = "milk"
if a > b:
    c = a
    a = b
    b = c
```

　　A. water juice milk　　　　　　　　B. water milk juice

　　C. juice milk water　　　　　　　　D. juice water water

8. 执行下列代码，输出结果是（　　）。

```
for s in "Hello,Python":
    if s == "P":
        continue
    print(s,end = "")
```

　　A. Hello　　　　B. Hello,ython　　　　C. Hello,Python　　　D. Python

9. 执行下列代码，输出结果是（　　）。

```
for s in " Hello,Python":
    if s == "P":
        break
    print(s,end = "")
```

　　A. Hello,　　　　B. Hello,ython　　　　C. Hello,Python　　　D. Python

10. 执行下列代码,输出值的个数是(　　　)。

```
num = 11
start = 1
if num % 2 != 0:
    start = 1
for x in range(start, num + 2, 2):
    print(x)
```

  A. 6　　　　　　　　B. 7　　　　　　　　C. 11　　　　　　　　D. 10

二、编程题

1. 从键盘输入 3 个数作为三角形的边长,输出由这 3 条边构成的三角形的面积(保留两位小数)。

2. 编程实现:学习成绩大于或等于 90 分用 A 表示,60～89 分用 B 表示,60 分以下的用 C 表示。

3. 编程实现:判断输入的一个整数能否同时被 3 和 7 整除,若能整除则输出 Yes,否则输出 No。

4. 编写程序,根据输入的年份(4 位整数)判断该年份是否为闰年。

5. 编程实现:一个简单的出租车计费系统,当输入行程的总里程时,输出乘客应付的车费(保留一位小数)。计费标准具体为起步价 10 元/3km,超过 3km 的费用为 1.2 元/km,超过 10km 的费用为 1.5 元/km。

6. 编程实现:输出 1～100 的奇数。

7. 编程实现:数字逆序输出,从控制台输入三位数,如 123,逆序输出 321。

8. 编程求解:有四个数字 1、2、3、4,能组成多少个互不相同且无重复数字的三位数?请写出结果。

9. 编程实现:求 $1+2!+3!+\cdots+20!$。

10. 编程实现:有一分数序列 2/1,3/2,5/3,8/5,13/8,21/13,…,求这个数列的前 20 项之和。

11. 编程实现:输出钻石图形。

```
   *
  ***
 *****
*******
 *****
  ***
   *
```

12. 编程实现:用 for 循环输出九九乘法表。

13. 编写程序,输出斐波那契数列的前 20 项,要求每行输出 5 项。

14. 编程实现:输出 100～1000 的所有水仙花数。

15. 编写程序,计算 $s = a + aa + aaa + \cdots + \underbrace{aaa\cdots aaa}_{n\text{个}}$ 的值,a 为 1～9 中的某个数字,n 是一个正整数。例如,当 a=2,n=5 时,$s = 2 + 22 + 222 + 2222 + 22222 = 24690$。

第 4 章

基本内置数据类型

学习目标
- 了解 Python 中常见的内置数据类型。
- 重点掌握列表的用法。
- 掌握元组、字典与集合的用法。

4.1 数据类型

1. 常见内置数据类型

Python 3 中的标准数据类型包括 Number(数字)、String(字符串)、List(列表)、Tuple(元组)、Set(集合)和 Dictionary(字典)。这 6 种数据类型中字符串、元组和列表类型中的元素与顺序有关,属于序列类型,可以双向索引,即正向递增索引与反向递减索引。6 种标准数据类型又可以划分为如下两类。

(1) 不可变数据:Number(数字)、String(字符串)、Tuple(元组)。

这 3 种类型一旦创建,其中元素不能再改变,如创建新元组后,一般情况下无法为这个新元组添加、修改或删除元素。Python 提供的数字类型包括 int(整型)、float(浮点型)、complex(复数类型)。整数类型主要有 4 种进制表示:二进制、八进制、十进制和十六进制,默认采用十进制。

(2) 可变数据:List(列表)、Dictionary(字典)、Set(集合)。

这 3 种类型的元素是可以改变的,创建后能够进行添加、修改或删除元素的操作。

此外,数据类型还包括文件、布尔型、空类型(None)等。布尔型的结果是一个逻辑值,"真"值为 1,"假"值为 0,对布尔型数据可进行 and、or 和 not 运算。空类型不是布尔型,而是 NoneType。

2. 查看数据类型

内置的 type()函数,可用于查看变量所指的对象类型。也可以使用 isinstance()进行判断,isinstance()的判断结果是布尔型。

例如,a,b,c,d 被赋值不同类型,用 type()查看对象类型,结果分别为整型、浮点型、布尔型和复数类型;用 isinstance()判断 b 是否为浮点型,结果为真。

```
a,b,c,d = 15,20.5,False,4 + 9j
print(type(a),type(b),type(c),type(d))
isinstance(b,float)
# 运行结果
< class 'int'> < class 'float'> < class 'bool'> < class 'complex'>
True
```

视频讲解

4.2 数字类型

Python 3 中支持的数字类型包括 int(整型)、float(浮点型)和 complex(复数类型)。Python 3 中没有明确地限制整型的取值范围;浮点型由整数部分和小数部分组成,也可以采用指数形式表示,如 1.5e2 表示 1.5×10^2;复数类型的表达式由实部和虚部组成,如 a+bj 或 complex(a,b),a 和 b 分别表示实部和虚部,且均是浮点型。

在混合类型表达式中,系统会把整型转换成为浮点数,执行浮点运算,结果也是浮点型。例如,a=5 * 1.5,整数 5 与浮点数 1.5 相乘的结果是 7.5。

1. 显式类型转换

(1) int、float 之间的转换。

可以将数值的不同类型用内置函数 int()和 float()互相转换,例如:

```
int(6.5)
float(6)
float(6.5)
float(int(6.5))
int(float(6.5))

# 运行结果
6
6.0
6.5
6.0
6
```

转换为 int 时,浮点数的小数部分被截断,而不是四舍五入,如 int(6.5)得到的结果是 6。语句 float(int(6.5))的含义是 6.5 转换为整型值 6,再转换为 float 类型,结果是 6.0。可使用内置函数 round()对数字进行四舍五入。

(2) 字符串与数值之间的转换。

int("56")将把字符串"56"转换为整型数值 56,str(123)将数值 123 转换为字符串"123"。在 4.3 节中将详细介绍字符串的基本使用。

```
int("56")
```

```
float("56.7")
str(123)

# 运行结果
56
56.7
"123"
```

2. round()函数

int()和float()的类型转换,采用的是截断的方式,没有对数据进行四舍五入。如果需要四舍五入或保留小数,可以使用round()函数。

格式：round(x [, n])

x 和 n 均为数值表达式。

使用round()函数时,如果数值距离两边最近的整数一样远,则结果取到的是偶数一边的整数。例如：

```
round(6.5)
round(7.5)

# 运行结果
6
8
```

6.5距6和7一样远,保留值取6；7.5距7和8一样远,保留值取8。round()函数可以指定保留小数的位数,如round(pi,2)的含义是将 pi 的值保留 2 位小数。

```
pi = 3.1415926
round(pi,2)
Out[1]: 3.14

round(pi,3)
Out[2]: 3.142
```

3. int()、float()与 eval()的区别

eval()函数用于执行字符串表达式并返回表达式的值。如 eval(input("输入一个数:")),当输入 2 时,input()返回值类型为字符串类型,eval()函数返回值类型为 int。例如：

```
eval('3 * 5')
type(eval('3 * 5'))
# 运行结果
15
int

eval(input("输入一个数:"))
输入一个数:2
# 运行结果
2
```

在使用 int() 函数时,用户只能输入有效的整数,一旦输入非 int 型数据,则会导致错误提示,从而避免代码注入攻击的风险。因此,应尽可能使用适当的类型转换函数代替 eval()。

```
#示例一:
x = int(input("Please enter a number:"))
print(x)

#运行结果
Please enter a number:23
23

#示例二:
x = int(input("Please enter a number:"))
print(x)

#运行结果
Please enter a number:23.7
Traceback (most recent call last):
  File "< ipython - input - 11 - 0bc4c846ec6b>", line 1, in < module>
    x = int(input("Please enter a number:"))
ValueError: invalid literal for int( ) with base 10: '23.7'
```

同时输入多个数据见示例三和示例四。在示例四中,map() 根据提供的函数对指定序列做映射,将输入的数据分别赋值给 a 和 b;程序中的 split() 函数指定用逗号分隔变量,map() 与 split() 函数的使用分别见附录 B 和附录 D。

```
#示例三:
x, y = eval(input("Please enter two number:"))
print(x, y)

#运行结果
Please enter two number:3,4
3 4

#示例四:
a, b = map(int, input("输入两个数 a,b 并用逗号分隔:").split(","))
print(a, b)

#运行结果
输入两个数 a,b 并用逗号分隔:3,4
3  4
```

4. 常用的数学函数

常用的数学函数见表 4.1。

表 4.1　常用的数学函数

函　　数	描　　述
abs(x)	x 的绝对值
divmod(x, y)	(x//y, x%y),输出元组类型

续表

函　　数	描　　述
pow(x, y[, z])	(x ** y)%z,[ ]表示该参数可选,即 pow(x,y),它与 x ** y 功能相同
round(x[, ndigits])	对 x 四舍五入,保留 ndigits 位小数。round(x)返回四舍五入的整数值
max(x₁, x₂, …, xₙ)	返回 x_1, x_2, …, x_n 的最大值
min(x₁, x₂, …, xₙ)	返回 x_1, x_2, …, x_n 的最小值

扫一扫

视频讲解

4.3　字符串

4.3.1　字符串的定义及表示

字符串是 Python 中常用的数据类型。在 Python 中,字符串是用一对单引号(' ')或一对双引号(" ")括起来的字符序列。同时,可以用三引号(三对单引号或三对双引号)表示多行字符串。

【例 4.1】　字符串的表示示例一。

```
'I am Python'                  #一对单引号
Out[1]: 'I am Python'

"I am Python"                  #一对双引号
Out[2]: 'I am Python'

type("I am Python")
Out[3]: str

'''Hello                       #一对三引号
world
'''
Out[4]: 'Hello\nworld\n'       #输出字符串中,回车符'\n'作为一个字符
```

【例 4.2】　字符串的表示示例二。

如果字符串本身带有引号,如 I'm fine,那么引用字符串的引号要与字符串本身的引号不同,如"His name is "Bob"",字符串"Bob"的双引号与最外层字符串的双引号相同,则程序会报错,可以修改语句为'His name is "Bob"'。

```
"I'm fine"                     #字符串为 I'm fine
Out[1]: "I'm fine"

"His name is "Bob""            #"Bob"的双引号与最外层字符串的双引号相同
  File "< ipython - input - 1 - 16f832a3e6d2 >", line 1
    "His name is "Bob""
                  ^
SyntaxError: invalid syntax
#语句可以修改为:
'His name is "Bob"'
Out[2]: 'His name is "Bob"'
```

【例4.3】 字符串的表示示例三。

在Python中,字符串可以保存在变量中,也可以单独存在。

```
'Hello, Python'
Out[1]: 'Hello, Python'

a = 'Hello, Python'
a
Out[2]: 'Hello, Python'
```

4.3.2 字符串的索引

1. 字符串的索引方式

每个字符都有默认的编号,该编号称为"索引"。字符串有两种索引方式:正向索引,字符串的最左端字符索引为0,向右依次递增;反向索引,字符串的最后一个字符索引为−1,向前依次递减,如图4.1所示。

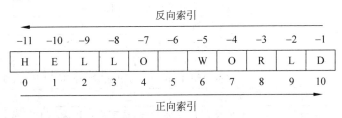

图4.1 字符串的索引

2. 访问字符串中的特定位置

(1) 单个索引访问字符串。

当需要访问字符串中的某个位置的字符时,可以在字符串变量名后面加上索引来提取。

格式:<string>[<索引>]

已知语句:name= 'Python',变量name被赋值为字符串Python,逐步运行程序后,查看语句的对应运行结果。

```
name[0]
name[5]
name[-1]
name[-2]
name[-5]

#运行结果
'P'
'n'
'n'
'o'
'y'
```

（2）切片方式访问字符串。

使用索引可获取字符串中的单个字符，通过切片索引可获取字符串中的多个字符。index 为字符的索引，start 为起始索引，end 为结尾索引，step 为步长，默认为 1。start 和 end 可以省略，省略 start 表示从字符串 0 索引开始，省略 end 表示访问到字符串结尾。start 和 end 都是整型数值，序列从索引 start 开始到索引 end 结束，不包括 end 位置对应的元素。

格式如下。

索引单个字符：[index]
字符串切片：[start:end:step]

前文（1）中的变量 name 被赋值"Python"，相应语句为 name= 'Python'，执行下面字符串切片访问的语句，运行结果见表 4.2。

表 4.2　字符串切片访问及其运行结果

代　　码	运 行 结 果	注　　　释
name[0:4]	'Pyth'	截取字符串第 0～3 个字符
name[2:5]	'tho'	截取字符串序号为 2～4 的字符
name[:5]	'Pytho'	截取字符串序号为 0～4 的字符
name[4:]	'on'	截取序号从 4 开始至末尾的所有字符
name[:]	'Python'	取字符串的所有字符
string[:-2:]	Pyth'	字符串切片，从索引 0 开始，到索引−2 结束，默认步长 1
string[1::2]	'yhn'	步长为 2
string[-1:1:-2]	'nh'	步长为负，表示反向，从字符 n 开始，逆向选取，下一个字符是 h
string[::-1]	'nohtyP'	step 为−1，start 和 end 为默认值时，可以将字符串反转

3. 转义字符

字符串里有一些字符常量是以 \ 开头的字符序列，如换行符 \n、制表符 \t 等都属于转义字符。

```
print("All Roads Lead to Rome")
print("All Roads Lead to\t Rome")
print("All Roads Lead to\n Rome")
print(r"All Roads Lead to\n Rome")          #r 表示""内部的字符串不转义
print("\"大家好\"")                          # 输出单个双引号用"\""

# 运行结果
All Roads Lead to Rome
All Roads Lead to Rome
All Roads Lead to
Rome
All Roads Lead to\n Rome
"大家好"
```

4. 字符串操作

字符串操作主要包括连接、重复、索引、剪切、查看字符串长度、大小写转换及删除空格等，如表 4.3 所示。

表 4.3 字符串常用操作

操 作	含 义
+	连接
*	重复
< string >[]	索引
< string >[:]	剪切
len(< string >)	查看字符串长度
for < var > in < string >	字符串迭代
< string >.upper()	字符串中字母大写
< string >.lower()	字符串中字母小写
< string >.strip()	删除两边空格及删除指定字符
< string >.split()	按指定分隔符分割字符串
< string >.join()	连接两个字符串序列
< string >.find()	搜索指定字符串
< string >.replace()	字符串替换

运行下列示例中的程序并查看结果。

```
#示例一
"egg" + "plant"
3 * "egg"
"plant" * 2
len("plant")

#运行结果
'eggplant'
'eggeggegg'
'plantplant'
5
#示例二
for ch in "plant":
    print(ch, end = " ")
Out[1]: p l a n t

name = "plant"
name.upper( )
Out[2]: 'PLANT'

name = " eggplant "
name.strip( )
Out[3]: 'eggplant'
```

4.3.3　字符串的基本操作

Python 中字符串的基本操作包括字符串连接、字符串重复、查看字符串长度以及判断字符串包含关系等。表 4.4 为 Python 中字符串常见的操作符及函数。

表 4.4　Python 字符串常见的操作符及函数

操作符及函数	含　义
＋	字符串连接
＊	字符串重复，字符串乘整数或整数乘字符串
len()	查看字符串长度
str(x)	返回 x 所对应的字符串
string1 in string2	如果 string1 是 string2 的子串，则返回 True，否则返回 False
string1 not in string2	如果 string1 不是 string2 的子串，则返回 True，否则返回 False

【例 4.4】　字符串的基本操作示例见表 4.5 所示。

表 4.5　字符串的基本操作

代　码	运 行 结 果	注　释
'hello'＋'world'	'helloworld'	字符串连接
'im'＊3	'imimim'	字符串重复
3＊'important'	'importantimportantimportant'	字符串重复
len('Python')	6	查看字符长度
str(99)	'99'	转换为字符串类型
'is' in 'this'	True	is 包含在 this 中为真
'is' in 'that'	False	is 包含在 that 中为假
'is' not in 'that'	True	is 不包含在 that 中为真
'is' not in 'this'	False	is 不包含在 this 中为假

4.4　元组

4.4.1　创建元组

元组（tuple）一旦被创建就不可以再修改。Python 中，元组采用逗号和圆括号（可选）表示。

1. 创建元组

创建空元组用一对括号"()"表示。例如，创建一个空元组并赋值给 tup1 变量：

```
tup1 = ()
```

下面是创建元组的示例：

```
t1 = ('banana', 'apple', 2021, 2020)
t2 = (7, 2, 9, 4, 5)
t3 = ''a'', ''b'', ''c'', ''d''  #不用括号也可以
```

2. 元组的不可变性

不可变性的含义为元组所指向的内存单元中的内容不可变。例如,创建元组 t1,修改 t1[0]的值是不被允许的。

```
t1 = ('banana', 'apple', 2021, 2020)
t1[0] = 'orange'
Traceback (most recent call last):
  File "< ipython - input - 5 - 28a87258abf2 >", line 2, in < module >
    t1[0] = 'orange'

TypeError: 'tuple' object does not support item assignment
```

元组中只包含一个元素时,需要在元素后面添加逗号,否则括号会被当作运算符使用。例如:

```
type(tup1)
Out[1]: int

tup1 = (50,)
type(tup1)
Out[2]: tuple
```

4.4.2　访问元组

元组与字符串类似,下标索引从 0 开始,可以进行截取和组合等操作。

1. 元组的截取

元组是一个序列,可以访问元组中指定位置的元素,也可以截取索引中的一段元素。单步执行下列代码并查看元组截取的运行结果。

```
t1 = ('banana', 'apple', 2021, 2020)
t1[0]
t1[2]
t1[ - 2]
t1[1:]
t1[1:3]

# 运行结果
'banana'
2021
2021
('apple', 2021, 2020)
('apple', 2021)
```

2. 元组的组合

一般而言,元组中的元素一旦被创建,就不允许被修改,但是可以对元组进行连接组合。例如，将 tup1 和 tup2 组合成一个新元组。

```
tup1 = (2, 19.19)
tup2 = ('aaa', 'bbb')
# 创建一个新的元组
tup3 = tup1 + tup2
print (tup3)

# 运行结果
(2, 19.19, 'aaa', 'bbb')
```

3. 删除元组

del 语句用于删除整个元组，当元组删除后，使用 print 语句显示该元组则会报错。

```
t1 = ('banana', 'apple', 2021, 2020)
del t1
```

4. 元组的其他用法

此外，还可以对元组进行复制、取元素个数、判断元素是否存在和遍历元组等。

```
len((1, 2, 3))          # 取元素个数
(1, 2, 3) + (4, 5, 6)    # 连接
('Hi!',) * 4            # 复制
3 in (1, 2, 3)          # 判断元素是否存在
for x in (1, 2, 3):     # 遍历
    print(x,)

# 运行结果
3
(1, 2, 3, 4, 5, 6)
('Hi!', 'Hi!', 'Hi!', 'Hi!')
True
1 2 3
```

4.4.3 元组的内置函数

元组的内置函数主要有 len()、max()、min()及 tuple() 等，如表 4.6 所示。

表 4.6 元组的内置函数

函　　数	描　　述
len()	返回元组元素的个数
max()	返回元组中元素的最大值
min()	返回元组中元素的最小值
tuple()	将列表转换为元组

下面举例说明常见的几个内置函数的用法。

```
t1 = ('banana', 'apple', 2021, 2020)
len(t1)
Out[1]: 4

t2 = (7,2,9,4,5)
max(t2)
Out[2]: 9
L = ['banana', 'apple', 2021, 2020]
tup1 = tuple(L)
tup1
Out[3]: ('banana', 'apple', 2021, 2020)
```

4.5 列表

4.5.1 创建、添加与删除列表元素

1. 创建空列表

在程序初始化时,有时需要先创建空列表,然后在后续程序中再填入内容,如创建一个空列表变量 pets:

```
pets = [ ]
```

2. 添加列表元素

用 append()与 insert()方法添加列表项。append()方法是在列表末尾追加一个数据项。insert()方法是在指定位置插入数据项。

```
# append( )方法
ls = ["orange","apple","banana"]
ls.append("strawberry")
print(ls)

# 运行结果
['orange', 'apple', 'banana', 'strawberry']

# insert( )方法
ls = ["orange","apple","banana"]
ls.insert(1,"strawberry")          # 在索引为 1 的位置添加字符串"strawberry"
print(ls)

# 运行结果
['orange', 'strawberry', 'apple', 'banana']
```

3. 删除列表元素

删除列表元素可以使用 del 语句、remove()和 pop()方法。pop()中的参数为要删除

元素的索引。

（1）del 语句用法的示例。

```
list1 = ['Jan', 'Feb', 2020, 2019]
print ("初始列表 : ", list1)
del list1[2]
print ("删除第三个元素后的列表: ", list1)

# 运行结果
初始列表 : ['Jan', 'Feb', 2020, 2019]
删除第三个元素后的列表: ['Jan', 'Feb', 2019]
```

（2）remove() 用法的示例。

```
list1 = ['Jan', 'Feb', 2020, 2019]
list1.remove(2020)
print(list1)

# 运行结果
['Jan', 'Feb', 2019]
```

（3）pop(索引)用法的示例。

```
list1 = ['Jan', 'Feb', 2020, 2019]
list1.pop(-2)
print(list1)

# 运行结果
['Jan', 'Feb', 2019]
```

4.5.2 访问列表

1. 访问列表元素

使用列表变量名后加索引的方式可以访问列表的单一元素或切片访问，通常还可以结合循环语句遍历列表中的所有元素。

（1）截取列表单一元素与切片访问。

列表 L 包含 3 个字符串，L[2]表示索引位置是 2 的元素，L[−2]表示反向索引从右向左的第 2 个元素，L[1:]表示正向索引为 1 及以后的元素。

```
L = ['Apple', 'Banana', 'Orange']
print(L[2])
print(L[−2])
print(L[1:])
# 运行结果
'Orange'
'Banana'
['Banana', 'Orange']
```

（2）列表的连接。

可以用＋号将两个列表连接，构成一个新列表。

```
squares = [1, 4, 9, 16, 25]
squares += [36, 49, 64, 81, 100]
print(squares)

#运行结果
[1, 4, 9, 16, 25, 36, 49, 64, 81, 100]
```

（3）遍历列表元素。

下面举例说明用循环语句遍历列表元素的方法。示例中，len()函数功能是返回字符串、列表或元组等类型数据的长度。pop()方法、insert()和append()方法分别用于删除元素、插入元素和添加元素。

【例4.5】 已知列表pets的值为'cat'、'duck'、'monkey'，用for循环语句遍历列表中的每个元素，输出对应字符串与字符串长度。

```
pets = ['cat', 'duck', 'monkey']
for x in pets:
    print(x, len(x))

#运行结果
cat 3
duck 4
monkey 6
```

在例4.5中，通过变量x遍历列表变量pets中的字符串，然后输出每次访问得到的字符串与字符串的长度。

在例4.5的基础上，修改代码逐一判断字符串的长度，如果字符串长度大于5，则在索引位置为0处插入该字符串。

```
pets = ['cat', 'duck', 'monkey']
for x in pets:
    print(x, len(x))
for w in pets[:]:
    if len(w)>5:
        pets.insert(0, w)
pets

#运行结果
cat 3
duck 4
monkey 6
['monkey', 'cat', 'duck', 'monkey']
```

以上程序中，根据len(w)>5判断出字符串monkey的长度大于5，然后把字符串monkey插入pets列表中索引为0的位置。

【例4.6】 将列表[10,20,35,40,55]中的奇数和偶数分别存入两个子列表中。

```
 1. num = [10,20,35,40,55]
 2. even = [ ]
 3. odd = [ ]
 4. while len(num)> 0：
 5.     num1 = num.pop( )
 6.     if(num1 % 2 == 0)：
 7.         even.append(num1)
 8.     else：
 9.         odd.append(num1)
10. print(even)
11. print(odd)
12. ♯运行结果：
13. [40, 20, 10]
14. [55, 35]
```

首先，创建两个空列表 even 和 odd，分别用于保存列表 num 中的奇数和偶数。第 4 行，用 len(num)得到列表的元素个数，当元素数目大于 0 时，执行循环。第 5 行，用 num.pop() 删除元素并将所删除的元素赋值给变量 num1。第 6～9 行，num1%2==0 的含义为 num1 除以 2 的余数等于 0(符号%表示取余数)，余数为 0 说明 num1 是偶数，否则为奇数。even.append()将偶数追加到列表 even 中。

2. 嵌套列表

嵌套列表是在列表中创建其他列表。下面示例中，列表 x 包含 a 和 n 两个子列表。

```
a = ['a', 'b', 'c']
n = [1, 2, 3]
x = [a, n]
print(x)
♯运行结果
[['a', 'b', 'c'], [1, 2, 3]]

print(x[0])
♯运行结果
['a', 'b', 'c']
♯运行并查看结果
print(x[0][1])
```

4.5.3　列表操作符

在列表中，操作符+和 * 的用法与字符串相似，+用于组合列表，* 用于重复列表，如表 4.7 所示。

表 4.7　列表操作符的使用

代　　码	运 行 结 果	注　　释
len([1, 2, 3])	3	返回列表长度
[1, 2, 3] + [4, 5, 6]	[1, 2, 3, 4, 5, 6]	组合

续表

代　码	运 行 结 果	注　释
['Hi!'] * 4	['Hi!', 'Hi!', 'Hi!', 'Hi!']	重复
3 in [1, 2, 3]	True	判断元素是否存在于列表中
for x in [1, 2, 3]: 　print(x, end=" ")	1 2 3	迭代

4.5.4　列表的函数与方法

函数与方法的概念将在第 5 章和第 6 章中详细介绍。列表常用的函数与方法的含义,分别如表 4.8 和表 4.9 所示。

表 4.8　常用列表函数

函　数	含　义	函　数	含　义
len()	返回列表元素的个数	min()	返回列表元素最小值
max()	返回列表元素最大值	list()	将迭代对象转换为列表

表 4.9　常用列表方法

方　法	含　义
list. append()	在列表末尾添加新的对象
list. count()	统计某个元素在列表中出现的次数
list. extend()	在列表末尾一次性追加另一个序列中的多个值(用新列表扩展原来的列表)
list. index()	从列表中找出某个值第一个匹配项的索引位置
list. insert()	将对象插入列表
list. pop([index=−1])	删除列表中的一个元素(默认最后一个元素)并返回该元素的值
list. remove()	删除列表中某个值的第一个匹配项
list. reverse()	反向列表中的元素
list. sort()	对原列表进行排序
list. clear()	清空列表
list. copy()	复制列表

4.5.5　列表推导式

列表推导式采用简洁的方式生成符合要求的列表,可以用列表推导式过滤不符合条件的元素。常见列表推导式的形式如下。

• [表达式 for 变量 in 列表]

当变量遍历列表时,得到由对应的表达式结果组成的列表。

• [表达式 for 变量 in 列表 if 条件]

变量遍历列表并满足 if 后面的条件时,得到的是由表达式运算结果组成的列表。

• [表达式 for 变量 in 取值范围]

变量在取值范围内遍历,然后通过表达式运算得到结果列表。

【例 4.7】　用列表推导式写出下面程序。

(1) 求 1～5 的平方和。

```
a = [1,2,3,4,5]
new_list = [x ** 2 for x in a]
print(new_list)
♯运行结果
[1, 4, 9, 16, 25]
```

语句 new_list＝[x ** 2 for x in a]的含义为，当 x 遍历列表 a 时，计算 x^2，并将运算结果生成的列表赋值给变量 new_list。

（2）输出列表[1,2,3,6,7]中元素值大于 5 的所有数的平方。

```
a = [1,2,3,6,7]
new_list = [x ** 2 for x in a if x > 5]
print(new_list)
♯运行结果
[36, 49]
```

语句 new_list＝[x ** 2 for x in a if x>5]的含义为，x 遍历列表 a 且 x>5 时，计算 x^2，并将生成的列表赋值给变量 new_list。

（3）输出 1～10 中每个数字的 2 倍。

```
new_list = [i * 2 for i in range(1, 11)]
print(new_list)
♯运行结果
[2, 4, 6, 8, 10, 12, 14, 16, 18, 20]
```

语句 new_list＝[i * 2 for i in range(1, 11)]的含义为，当 i 取 1～10 时，计算 i×2，并将生成的列表赋值给变量 new_list。

扫一扫

视频讲解

4.6　字典

字典的用途主要是通过索引符号实现查找与特定"键"相关的值。查找与任意"键"相关联信息的过程称为映射，字典常用于存放有映射关系的数据。字典是一种大小可变的键值对集，键（key）和值（value）都是 Python 对象。

字典的每个键值对 key：value 用冒号（:）分隔，每个键值对之间用逗号（,）分隔，整个字典包括在花括号（{}）中，字典定义形式如下。

字典变量名 = {key1:value1, key2:value2 }

4.6.1　创建字典

一般而言，字典的元素由若干键值对组成。键是唯一且创建之后不可变的，键名为字符串、数字或元组。值可以取任意数据类型。

1. 由键值对或 dict( )函数创建字典

- 创建空字典

d＝{ }

- 由键值对创建字典

d1 ＝ {'name'：'Alice'，'age'：10，'gender'：'Female'}

- 用 dict( )函数创建字典

d2 ＝dict({'name'：'Json'，'age'：20，'gender'：'male'})

2. 用 zip( )函数创建字典

zip( )函数用于将多个序列(列表和元组等)中的元素配对,zip( )返回的是一个对象,
"对象"的概念将在第 6 章中详细介绍。在例 4.8 的示例一中,利用 zip( )函数将列表变量
id 中的值与列表变量 month 中的值配对,创建字典。示例二中,将 for 循环语句与 zip( )
函数相结合创建字典。

【例 4.8】 用 zip( )函数创建字典。

```
#示例一:
id = [1,2,3]
month = ['East','South','West','North']
dict1 = {}
list(zip(id,month))
#运行结果
[(1, 'East'), (2, 'South'), (3, 'West')]

#示例二:
for key,value in zip(id,month):
    dict1[key] = value
print(dict1)
#运行结果
{1: 'East', 2: 'South', 3: 'West'}
```

4.6.2 访问字典中的元素

1. 用"字典变量名[键名]"方法访问元素

创建字典 d1,访问键名并输出对应的值,例如,访问键 name,得到的结果为键 name
对应的值 Alice。

```
d1 = {'name': 'Alice', 'age': 10, 'gender': 'Female'}
d1['name']

#运行结果
'Alice'
```

2. 用 get()方法访问元素

```
d1 = {'name': 'Alice', 'age': 10, 'gender': 'Female'}
print(d1.get('age'))
#运行结果
10
```

4.6.3　添加字典元素

使用"字典变量名[键]＝值"的方式添加元素,默认在字典末尾追加。

【例 4.9】　向字典 d1 中添加' height' : 170。

```
d1 = {'name ': 'Alice ', 'age ': 10, 'gender ' : 'Female'}
d1['name'] - 'Harry Potter'
d1['height'] = 170
d1
#运行结果
{'name': 'Harry Potter', 'age': 10, 'gender': 'Female', 'height': 170}
```

语句 d1['name']= 'Harry Potter'的含义为,将 name 的值修改为 Harry Potter。原字典中没有' height' : 170,在字典末尾追加。

还可以用 update()方法为字典添加元素,语句如下。

```
d1 = {'name': 'Alice', 'age': 10, 'gender': 'Female'}
d1.update(height = 170)
d1
#运行结果
{'name': 'Alice', 'age': 10, 'gender': 'Female', 'height': 170}
```

4.6.4　删除字典元素

删除字典元素,常用 del 语句和 pop()方法。clear()方法用于清除字典的所有内容。

1. del 语句的用法

用 del 语句删除元素的格式一般为:

del 字典变量名[键]

例如,删除字典{'name': 'Alice', 'age': 10, 'gender': 'Female'}中的"'age': 10"元素,使用语句为 del d1['age'],del 也可以删除整个字典。

```
#删除键
d1 = {'name': 'Alice', 'age': 10, 'gender': 'Female'}
del d1[ 'age']#删除键为'age'的键值对
d1
```

```
# 运行结果
{'name': 'Alice', 'gender': 'Female'}

# 删除字典
{'name': 'Alice', 'gender': 'Female'}
del d1 # 删除字典
```

2. pop()方法

pop()方法常用于删除指定键对应的值,返回值为被删除的值,括号中必须指定键。

```
d1 = {'name': 'Alice', 'age': 10, 'gender': 'Female'}
d1.pop('age')
# 运行结果
10
```

3. clear()方法

clear()方法用于清除字典所有内容。

```
d1.clear( )
d1
# 运行结果
{}
```

4.6.5 字典的常见用法

1. in

用 in 判断字典中是否存在某个键。例如,判断字典{'name': 'Alice', 'age': 10, 'gender': 'Female'}中是否存在键 name,语句如下。

```
d1 = {'name': 'Alice', 'age': 10, 'gender': 'Female'}
print('name' in d1)

# 运行结果
True
```

2. keys()方法与 values()方法

keys()方法: 以列表形式返回字典中所有的键。
values()方法: 以列表形式返回字典中所有的值。

```
# keys( )方法
d1 = {'name': 'Alice', 'age': 10, 'gender': 'Female'}
d1.keys( )
```

```
# 运行结果
dict_keys(['name', 'age', 'gender'])

# values( )方法
d1.values( )
# 运行结果
dict_values(['Alice', 10, 'Female'])
```

3. items( )方法

items( )方法：将字典中每对键值组成一个元组，并将若干元组以列表形式返回。下面示例一中，对字典{'name': 'Alice', 'age': 10, 'gender': 'Female'}使用d1.items( )方法后，返回的是若干元组组成的列表。示例二中，将 items( )方法与 for 语句结合使用，可以遍历并输出键值对。

```
# 示例一
d1 = {'name': 'Alice', 'age': 10, 'gender': 'Female'}
d1.items( )

# 运行结果
dict_items([('name', 'Alice'), ('age', 10), ('gender', 'Female')])

# 示例二
d1 = {'name': 'Alice', 'age': 10, 'gender': 'Female'}
for a, b in d1.items( ):
    print(a, b)

# 运行结果
name Alice
age 10
gender Female
```

扫一扫

视频讲解

4.7 集合

集合(set)是一种元素的存储容器，集合的元素是无序的，而且不允许有重复的元素。列表、字典和集合类型不能作为集合的元素出现。常将列表转换为集合，达到去重的目的。

4.7.1 集合的创建

常用一对花括号({})直接创建集合，{}内是集合元素，还可以用set()方法创建集合。
（1）直接创建集合。
通过赋值的形式，将{}中的元素组成的集合赋值给集合变量，形式如下。

变量名 = {value1,value2,value3}

（2）用 set() 方法创建集合。

用 set() 创建集合并赋值给变量 ch1，输出的{}中包括字符串中的每个字符。

```
ch1 = set('abcde')
ch1
#运行结果
{'a', 'b', 'c', 'd', 'e'}
```

💡 提示：创建空集合用 set()，创建空字典用{}。

4.7.2 集合元素的添加与删除

1. 添加集合元素

可以使用 add() 和 update() 方法向集合添加元素。下面示例一中，用 add() 方法将 orange 添加到集合 fruits 中。示例二中，用 update() 方法将数字添加到集合中。

```
#示例一：add( )方法
fruits = set(("apple","banana","peach"))
fruits.add("orange")
print(fruits)
#运行结果
{'banana', 'apple', 'orange', 'peach'}

#示例二：update( )方法
fruits = {"apple","banana","peach"}
fruits.update({1,2})
print(fruits)
#运行结果
{'apple', 1, 2, 'peach', 'banana'}

#再添加 3,4,5,6 四个数字
fruits.update([3,4],[5,6])
print(fruits)
#运行结果
{1, 2, 3, 4, 'peach', 5, 6, 'apple', 'banana'}
```

2. 删除集合元素

删除集合元素可以使用 remove() 方法、discard() 方法和 pop() 方法。用 remove() 方法删除不存在的元素会报错，而使用 discard() 删除则不会报错。

（1）remove() 方法。

分别删除集合 fruits 中的元素 apple 和不存在的元素 orange，代码如下。

```
fruits = {"apple","banana","peach"}
fruits.remove("apple")
fruits
#运行结果
```

```
{'banana', 'peach'}

fruits.remove("orange")      #集合{'banana', 'peach'}中没有orange,所以会报错。
#运行结果
Traceback (most recent call last):
File "< ipython - input - 25 - 56cd9aa51eb5 >", line 1, in < module >
fruits.remove("orange")
KeyError: 'orange'
```

（2）discard( )方法。

discard( )方法常用于删除指定的集合元素。例如,删除集合 fruits 中的元素 apple,
代码如下。

```
fruits = {"apple","banana","peach"}
fruits.discard("apple")
fruits
#运行结果
{'banana', 'peach'}
```

（3）pop( )方法。

pop( )方法是随机删除集合中的一个元素,运行结果为所删除的元素。

```
fruits = {"apple","banana","peach"}
fruits.pop( )
#运行结果
'apple'
```

（4）结合 set( )和 pop( )方法。

例如,有一个无序集合,使用 pop( )方法后,集合左边的第一个元素被删除。

```
fruits = set(("apple","banana","peach"))
fruits.pop( )
fruits
#运行结果
{'banana', 'peach'}
```

4.7.3　集合的运算

Python 中的集合支持数学集合运算,如交(&)、并(|)、差(-)和对称差(^)等。交
(&)是两个集合中都有的元素,如例 4.10 中的 ch1 和 ch2 两个集合中都有 abc,取交集的
结果就是{'a', 'b', 'c'};并(|)是两个集合中所有不重复的元素;差(-)是 ch1 中去掉与
ch2 中相同元素的结果;对称差集为两个集合的并集减去二者的交集,如集合{1,4,5}与
{1,2,4}的对称差集是{2,5}。

【例 4.10】 有两个集合 ch1 和 ch2,求两个集合的差、并、交和对称差,并判断 ch2 是
否是 ch1 的子集。

```
ch1 = set('abcde')
ch2 = set('abc')
ch1
ch2
ch1 - ch2
ch1|ch2
ch1&ch2
ch1^ch2
print(ch2.issubset(ch1)) # issubset( )用于判断 ch2 是否是 ch1 的子集
# 运行结果
{'a', 'b', 'c', 'd', 'e'}
{'a', 'b', 'c'}
{'d', 'e'}
{'a', 'b', 'c', 'd', 'e'}
{'a', 'b', 'c'}
{'d', 'e'}
True
```

4.7.4 集合的内置方法

常用集合的内置方法如表 4.10 所示。

表 4.10 集合的内置方法

方 法	描 述
S.add(x)	如果数据项 x 不在集合 S 中,则将 x 增加到 S
S.clear()	删除集合 S 中所有数据项
S.copy()	返回集合 S 的一个拷贝
S.pop()	随机返回集合 S 中的一个元素,如果集合 S 为空,则产生 KeyError 异常
S.discard(x)	如果 x 在集合 S 中,则删除该元素;如果 x 不在,则不报错
S.remove(x)	如果 x 在集合 S 中,则删除该元素;如果 x 不在,则产生 KeyError 异常
S.isdisjoint(T)	如果集合 S 与 T 没有相同元素,则返回 True,否则返回 False

4.8 类型转换

有时,需要从一种数据类型转换为另一种数据类型,即类型转换。如用 input()输入数值 2,而 input()函数返回值类型为字符串类型,这时需要类型转换为整型。常见类型转换函数与用法如表 4.11 所示。

扫一扫
视频讲解

表 4.11 类型转换函数与用法

函 数	描 述	示 例
int(x)	将 x 转换为整数 (1) float-> int,仅保留整数部分 (2) str-> int, bytes-> int 字符串如果包含 0~9 和正负号(+/-)以外的字符则会报错	int(-7.8) 运行结果:-7 int('-7') 运行结果:-7

续表

函　　数	描　　述	示　　例
float(x)	将 x 转换为浮点数 (1) int-> float (2) str-> float，bytes-> float 不支持数字(0～9)、正负号(+/-)和小数点(.)以外的字符转换	float(7)　　运行结果：7.0 float('7')　　运行结果：7.0
str(x)	可以将对象转换为字符串，对象如 int、float、bytes、list、tuple、dict 及 set 等	str(7)　　运行结果：'7' ''.join['ha','pp','y']) 运行结果：'happy'
tuple(s)	将序列 s 转换为元组	tuple('cat')　运行结果：('c', 'a', 't')
set(s)	将序列 s 转换为集合	set([3,5,6,3,4])运行结果：{3, 4, 5, 6}
dict(d)	创建一个字典。d 是一个（键，值)元组序列	dict([('name','Rose'),('age',18)]) 运行结果：{'name': 'Allen', 'age': 18}
list()	序列类型可以转换为列表，序列类型如 str,tuple,dict 及 set 等	list('abc')　运行结果：['a', 'b', 'c']

【例 4.11】 将列表['11','12','13']中的字符转成列表中的数值[11，12，13]。

```
m = ['11','12','13']
m = [int(x) for x in m]
m

# 运行结果
[11, 12, 13]
```

【例 4.12】 将两个列表映射为字典。

```
list1 = [1,2,3,4]
list2 = ['orange','apple','banana']
print(dict(zip(list1,list2)))
# 运行结果
{1: 'orange', 2: 'apple', 3: 'banana'}
```

扫一扫

视频讲解

4.9　迭代器与生成器

在处理大量数据时，如果将数据按块处理，即只处理当前所需数据，而不是一次性读入所有数据，则有利于降低内存负载，提高内存利用率。因此，可以用迭代器和生成器解决内存不足的问题。

1. 迭代器

如果对象是实际保存的序列或在迭代工具(如 for 循环)作用中一次产生一个结果的对象，就被看作可迭代对象，如列表、元组、集合、字典或字符串等可以循环访问的对象都是可迭代对象。迭代器是一个可以记住遍历位置的对象，它有两个基本的函数：iter()

和 next()。迭代器只能单向访问,下面举例说明。

【例 4.13】 用迭代器访问列表。

下面示例一中,语句 it = iter(L) 为创建迭代器对象 it。然后,多次调用 next()函数,通过语句 print (next(it)),依次输出列表元素。示例二中,当迭代超出列表范围,则抛出异常 StopIteration,使用 try…except 捕获异常(详细介绍见 13.3 节),并退出程序。

```
#示例一
L = [2,8,1,9]
it = iter(L)
print (next(it))          #输出迭代器的下一个元素
print (next(it))
print (next(it))
print (next(it))
#运行结果
2
8
1
9


#示例二
import sys
L = [2,8,1,9]
it = iter(L)              #创建迭代器对象
while True:
    try:
        print(next(it))
    except StopIteration:
        sys.exit
```

2. 生成器

生成器也是迭代器,使用生成器不必在类中编写 iter()和 next()函数,生成器使用的 yield 关键字类似 return,可以带回返回值,且 yield 能够记录函数的状态。

【例 4.14】 利用生成器函数输出斐波那契数列的前 6 项。

下面代码中,第 2~9 行定义了一个生成器函数,函数功能为求斐波那契数列的值。第 10 行中,gen 是一个迭代器,由生成器返回值生成。第 12~16 行,当迭代超出列表范围,则抛出异常 StopIteration,并使用 try…except 捕获异常。

```
1. import sys
2. def fib(n):
3.     a, b, count = 1,1,0
4.     while True:
5.         if(count > n):
6.             return
7.         yield a
8.         a, b = b, a + b
9.         count += 1
```

```
10. gen = fib(5)
11.
12. while True:
13.     try:
14.         print (next(gen), end = " ")
15.     except StopIteration:
16.         sys.exit
```

```
# 运行结果

1 1 2 3 5 8
```

4.10 实例

在列举实例之前,首先介绍集合的几个常见用法,如集合的去重、判断集合元素的个数、判断元素是否在集合中、集合推导式等。

（1）集合的去重。

去重是指去掉集合中的重复元素,如一组字符串中存在两个 apple 元素,当把这些元素放入集合后,则会自动过滤掉重复的元素。

```
fruits = {"apple","banana","peach","apple"}
fruits
# 运行结果
{'apple', 'banana', 'peach'}
```

如果需要去除列表中的重复元素,可以将列表转换为集合。例如,列表 list1 中存在重复元素 apple,则可用 set() 函数将列表转换为集合达到去重的目的。

```
list1 = ["apple","banana","peach","apple"]
set(list1)
# 运行结果
{'apple', 'banana', 'peach'}
```

（2）in 的用法。

用操作符 in 判断元素是否在集合中。例如,语句 x in S 的含义为,如果 x 是集合 S 的元素则返回 True,否则返回 False。语句 x not in S 的含义为,如果 x 不是集合 S 的元素则返回 True,否则返回 False。例如,判断元素 apple 是否在集合 fruits 中,代码如下。

```
fruits = {"apple","banana","peach"}
'apple' in fruits
# 运行结果
True
```

（3）len()函数的用法。

当 len()函数的参数是集合变量时，返回值为集合中元素的个数。

```
fruits = {"apple","banana","peach"}
len(fruits)
#运行结果
3
```

（4）集合推导式。

集合推导式与列表推导式的用法类似。例如，输出字符串'abcde'中的字符'c'、'd'、'e'，代码如下。

```
a = {x for x in 'abcde' if x not in 'ab'}
a
#运行结果
{'c', 'd', 'e'}
```

这段代码的含义为，x 遍历字符串'abcde'，条件为 x 既不是 a 也不是 b，输出符合条件的 x。

以上用法在实例中经常用到，下面通过例题进一步介绍集合的用法。

【例 4.15】 任意输入 5 个数，求这 5 个数的和。

```
sum = 0
n_list = []
for i in range(5):
    num = int(input( ))
    n_list.append(num) #将输入的数值追加到列表 n_list
for x in n_list:
    sum = sum + x
print(sum)

#输入
1
2
3
4
5
#运行结果
15
```

怎样能在一行输入 5 个数 1～5 呢？可以用 split()方法实现，并指定输入数据用空格分隔，代码如下。

```
n = input( )
list = []
for i in n.split(" "):
    list.append(int(i))
list
```

```
#输入
1 2 3 4 5
#输出
[1, 2, 3, 4, 5]
```

【例4.16】 已知存在字符串序列['tic', 'tac', 'toe']，在屏幕上输出序列中每个元素的索引值与对应的元素，如显示"0　tic"。

当遍历列表时，用enumerate()函数可以将索引位置和其对应的元素同时输出。

```
for i, v in enumerate(['tic', 'tac', 'toe']):
    print(i, v)
#运行结果
0 tic
1 tac
2 toe
```

【例4.17】 已知存在两个列表['name'，'quest'，'favorite color']与['Rose'，'happy life'，'blue']，匹配两个列表中的对应位置上的元素并输出。

```
questions = ['name', 'quest', 'favorite color']
answers = ['Rose ', 'happy life', 'blue']
for q, a in zip(questions, answers):
    print('What is your {0}? It is {1}.'.format(q, a))
#运行结果
What is your name? It is Rose.
What is your quest? It is happy life.
What is your favorite color? It is blue.
```

当需要同时在两个或更多序列中遍历时，可以用zip()函数将其中的元素逐一匹配。第4行语句中，槽位{0}和{1}中的索引值0和1分别与q和a对应，0和1表示显示顺序。

【例4.18】 存在一个有序数列。输入一个数，要求按原来的规律将其插入数列中。

```
L = [1, 53, 61, 81, 85,100]
L.append(56)
L.sort( )
print(L)
```

例4.18使用L.append()在列表末尾添加了元素56，然后用L.sort()对列表元素排序。

【例4.19】 创建一个字典，其中包含3名学生的姓名与数学成绩。在菜单中，选择1时，根据姓名查找学生的成绩；选择2时，添加一条记录；选择3时，删除一条记录；选择4时，退出。

💡 提示：首先，这是一个多分支选择问题，有4种可能。然后，考虑如果从菜单上反复选择，则需要用循环实现。再深入思考一下，循环的结束条件是什么？请读者自行分析。

```
students = {"Zhao": 90, "Qian": 85, "Sun": 80}
text = ""
while text != "4":
    print("\n--- students' scores --- ")
    print("Choose\n '1' find \n '2' add \n '3' delete \n '4' quit")
    text = input("option: ")
    if(text == '1'):
        text = input("name: ")
        if(text in students):
            print("score:", students[text])
        else:
            print("Not existed")
    elif(text == '2'):
        text = input("new name: ")
        num = int(input("new score: "))
        students[text] = num
    elif(text == '3'):
        text = input(" name: ")
        if(text in students):
            del students[text]
        else:
            print("Not existed")

# 运行结果
--- students' scores ---
Choose
'1' find
'2' add
'3' delete
'4' quit
```

4.11　习题

一、单选题

1. 下面代码的输出结果是(　　)。

```
x = 3.14
print(type(x))
```

A. < class 'float'>　　　　　　　　B. < class 'complex'>

C. < class 'bool'>　　　　　　　　D. < class 'int'>

2. 下面代码的输出结果是(　　)。

```
print(pow(2,10))
```

A. 100　　　　　　B. 12　　　　　　C. 1024　　　　　　D. 20

3. 下面代码的输出结果是(　　)。

```
x = 2.171829
print(round(x,2),round(x))
```

　　　A. 2　2　　　　　　B. 4.34　3　　　　　C. 2.17　2　　　　　D. 2　2.17

4. 下面代码的输出结果是(　　)。

```
s = "Hello"
print(s[::-1])
```

　　　A. Hello　　　　　　B. olleH　　　　　　C. H　　　　　　D. o

5. Python 不支持的数据类型有(　　)。

　　　A. char　　　　　　B. int　　　　　　C. float　　　　　　D. list

6. 在 Python 语言中,(　　)表示空类型。

　　　A. Null　　　　　　B. None　　　　　　C. 0　　　　　　D. ""

7. 以下不是 Python 数据类型的是(　　)。

　　　A. 元组　　　　　　B. 列表　　　　　　C. 字典　　　　　　D. 指针

8. 存在列表 a=[3,4,[5,6]],以下的运算结果为 True 的是(　　)。

　　　A. len(a)==3　　　　　　　　　　B. len(a) == 4

　　　C. length(a)==3　　　　　　　　D. length(a)==4

9. 关于 Python 组合数据类型,以下选项中描述错误的是(　　)。

　　　A. Python 组合数据类型能够将多个同类型或不同类型的数据组织起来,通过单一的表示使数据操作更有序和更容易

　　　B. 序列类型是二维元素向量,元素之间存在先后关系,通过序号访问

　　　C. 组合数据类型可以分为 3 类：序列类型、集合类型和映射类型

　　　D. Python 的 str、tuple 和 list 类型都属于序列类型

10. 关于 Python 的元组类型,以下选项中描述错误的是(　　)。

　　　A. 元组一旦创建就不能被修改

　　　B. 元组中元素不可以是不同类型

　　　C. 一个元组可以作为另一个元组的元素,可以采用多级索引获取信息

　　　D. Python 中元组采用逗号和圆括号(可选)来表示

11. 关于 Python 的列表,以下选项中描述错误的是(　　)。

　　　A. Python 列表是一个可以修改数据项的序列类型

　　　B. Python 列表的长度不可变

　　　C. Python 列表用中括号([])表示

　　　D. Python 列表是包含 0 个或多个对象引用的有序序列

12. 以下对字典的说法错误的是(　　)。

　　　A. 字典可以为空　　　　　　　　B. 字典的键不能相同

　　　C. 字典创建好后可以添加新的键值对　　D. 字典的键的值不可变

13. 以下选项中关于 Python 字符串描述错误的是(　　)。

　　　A. Python 语言中,字符串是用一对双引号("")或一对单引号('')括起来的 0 个或多个字符

B. 字符串包括两种序号体系：正向递增和反向递减

C. 字符串是字符的序列，可以按照单个字符或字符片段进行索引

D. Python 字符串提供区间访问方式，采用[N:M]格式，表示字符串中 N～M 的索引子字符串（包含 N 和 M）

14. 下列方法中，用于获取字典键值对的方法是（   ）。

A. keys()方法　　　　　　　　B. item()方法

C. values()方法　　　　　　　D. update()方法

15. DictColor＝{"red":"红色","gold":"金色","pink":"粉红色","brown":"棕色","purple":"紫色","green":"绿色"}，以下选项中能输出"红色"的语句是（   ）。

A. print(DictColor["red"])　　　　B. print(DictColor. keys())

C. print(DictColor. values())　　　D. print(DictColor["红色"])

二、填空题

1. Python 3 中数据类型可以分为 _____ 和 _____ ，数字类型包括 _____ ；非数字类型包括 _____ 。

2. Python3 内置数据类型创建后可变的数据类型包括 _____ ，不可变的数据类型包括 _____ 。

3. Python 内置函数 _____ 用于返回列表、元组、字典、集合和字符串，以及 range()对象中元素的个数。

4. 列表对象的 _____ 用于对列表元素进行原地排序，该函数的返回值为 _____ 。

5. 查看变量类型的 Python 内置函数是 _____ 。

三、编程题

1. 已知一个数字列表，求列表中所有元素的和。

2. 已知一个数字列表，输出列表中所有奇数索引的元素。

3. 已知一个数字列表，输出所有元素中值为奇数的元素。

4. 已知一个数字列表，将所有元素乘以 2。

5. 设 n 是任意自然数，如果 n 的各位数字反向排列所得自然数与 n 相等，则 n 被称为回文数。从键盘输入一个 5 位数，编写程序，判断这个数是不是回文数。

6. 编写程序，生成一个包含 20 个随机整数的列表，然后对其中偶数索引的元素进行降序排列，奇数索引的元素不变（提示：使用列表切片）。

7. 有以下列表 nums＝[2,7,11,15,1,8]，找到列表中任意相加等于 9 的元素集合，如[(0,9),(4,5)]。

8. 现有学生干部：曹一、刘秀、孙喜。学生党员：曹一、孙喜、张飞、王铮。用集合运算求解以下问题。

(1) 既是学生干部也是学生党员的学生。

(2) 是党员，但不是干部的学生。

(3) 是干部，但不是党员的学生。

(4) 张飞是干部吗？

（5）仅是党员或仅是干部的学生。

（6）既是党员又是干部的学生。

9. lst1＝[1，2，3，5，6，3，2]，lst2 ＝ [2，5，7，9]，求解以下问题。

（1）哪些整数既在 lst1 中，也在 lst2 中？

（2）哪些整数在 lst1 中，不在 lst2 中？

（3）两个列表一共有哪些整数？

10. 创建一个字典，包含的键值对为'Name'：'Rose'，'Age'：18，'English'：97。

（1）输出所有的键。

（2）添加元素"Physics"：98。

（3）删除'Age'：18。

11. 编写程序，从键盘上获得用户连续输入且用逗号分隔的若干数字（不必以逗号结尾），计算所有输入数字之和，并输出。

12. 编写程序，分别利用迭代器和生成器输出字符串"Python"。

第 5 章

函 数

学习目标
- 掌握函数的调用过程。
- 掌握函数参数传递的方法。
- 理解局部变量和全局变量的区别。
- 掌握 datetime 模块的用法。

扫一扫

视频讲解

5.1 函数调用

5.1.1 函数的含义

函数由一段代码构成,通常这段代码具有一定的功能,且可以被另一段程序调用。例如,排序函数,函数的功能可以将几个数以从小到大或从大到小的顺序排列。在一个工程里,可以包含若干程序模块,每个模块包含一个或多个函数,每个函数实现一个特定的功能。主函数调用其他函数,其他函数之间也可以互相调用。同一个函数可以被一个或多个函数调用任意次。函数的使用能提高程序应用的模块性和代码的复用性。函数的定义形式如下。

```
def <函数名>(<参数列表>):
        <函数体>
        return <返回值列表>
```

具体说明如下。

(1) 保留字 def 用于定义函数;函数名要符合标识符的命名规则;小括号中包含的是形式参数,多个参数用逗号隔开,参数可以为空;第一行以冒号结尾。

(2) 函数体相对于 def 要有缩进。

(3) return 语句将返回值带回调用函数。

5.1.2 函数的调用过程

1. 形参与实参

函数名后面的小括号中,一般包含参数,参数可以为空。当一个函数调用另一个函数时，调用函数中的参数称为实参，被调用函数中的参数称为形参。实参：调用函数的函数名后面小括号中的参数。形参：定义函数时，函数名后面的小括号中的参数。具体示例如下。

```
def area(width, height): # width, height 为形参
    z = width * height
    return z
w, h = 6,5
print("面积:",area(w, h)) # w, h 为实参
```

2. 函数调用

从用户使用角度看，函数可以分为标准函数和用户自定义函数。从函数的形式划分，函数可分为无参函数和有参函数。

（1）无参函数的调用。

有的函数仅实现一定的功能，如输出字符串，这时无须指定参数。

【例 5.1】　利用函数调用实现输出字符串 Hello,world!。

```
def myfun( ):
    print("Hello,world!")
myfun( )
#运行结果
Hello,world!
```

（2）有参函数的调用。

有参函数的调用将在 5.1.3 节中详细介绍，这里通过例 5.2～例 5.4 简单说明函数调用的过程。

【例 5.2】　使用函数调用实现求矩形的面积。

```
1. def area(width, height):        #函数定义
2.     z = width * height
3.     return z
4. w,h = 6,5
5. print("面积:",area(w, h))        #函数调用
```

在例 5.2 中，第 1～3 行，定义了函数 area(width，height)，包含两个参数宽和高（width，height），函数功能为求矩形的面积，return 语句将 z 值返回赋给 area(w，h)，即 area(w，h)的函数值等于 z 值。第 4 行中的 w 和 h 代表矩形的宽和高，分别被赋值 6 和 5。第 5 行在输出矩形面积时，发生了函数调用，实参为 w 和 h。

① 在 area(w,h)调用函数时，实参 w 和 h 的值分别传送给形参 width 和 height，如图 5.1 所示。

② 变量 z 的值为矩形的面积，return z 是将 z 的值作为函数返回值赋值给调用它的函数 area(w,h)，即 z 的值就是 area(w,h)的函数值，如图 5.2 所示。

（3）return 语句。

return 带回返回值。无表达式的 return 相当于返回 None，函数只是完成一定的功能，没有返回值。这时，return 可以省略不写。

```
def area(width, height):
    z=width * height
    return z
w,h =6,5
print("面积: ",area(w, h))
```

图 5.1　值传递

```
def area(width, height):
    z=width * height
    return z
w,h =6,5
print("面积: ",area(w, h))
```

图 5.2　返回值

【例 5.3】　利用函数调用实现输出字符串。

```
def printstr( str ):
    print (str)
    return
printstr("第一次调用")
printstr("第二次调用")

＃运行结果
第一次调用
第二次调用
```

【例 5.4】　利用函数调用实现求两个数的和。

```
def sum( a, b):
    total = a + b
    print ("函数内 : ", total)
    return total

total = sum( 10, 20 )
print ("函数外 : ", total)
＃运行结果
函数内 : 30
函数外 : 30
```

语句 total＝sum(10,20)调用 sum()函数时,实参 10 和 20 分别赋值给形参 a 和 b。在被调用函数内输出求和结果为 30,语句 return total 将变量 total 的值返回并赋给 sum(10,20),所以在函数外的输出结果也是 30。

5.1.3　参数传递

在 Python 中,变量没有类型,变量仅是一个对象的引用。例如,a 可以指向 List 类型的对象,也可以是指向 String 类型的对象,关于对象的概念将在第 6 章中详细介绍。

```
a = [1,2,3]
a = "hello"
```

1. 不可变类型参数

字符串、元组和数字类型均属于不可变数据类型,不可变数据类型的特点是一旦创建,其中的元素不能再改变,因为改变值时,会重新分配内存空间,例如,a＝3,当 a 的值变成 5 时,则重新为 5 分配内存空间。

【例 5.5】 整数类型的参数传递。

整数类型属于数字类型,例如,存在一个 int 类型的对象 2 和指向它的变量 b,在函数调用时,实参 b 的地址传给形参 a,a 也指向 int 型对象 2。在定义的函数中,执行语句 a=10,则系统为 10 分配新的内存空间,并让 a 指向它,类似把贴在 2 上的小便签 a 撕下来贴到 10 上,变量赋值过程如图 5.3 所示。用函数 id()查看变量地址,不难看出 a=10 前后的两条 print()输出的地址是不同的。

图 5.3 变量赋值过程

2. 可变类型参数

参数为可变数据类型,如 list、集合、字典等。例 5.6 以列表作函数参数实现两个变量之间的交换。

图 5.4 变量交换

【例 5.6】 列表内两个变量的交换。

本例中实参与形参同名,调用函数为 swap(),ls[0]和 ls[1]的值分别为 1 和 2。在发生函数调用时,swap()函数中 ls[0]与 ls[1]中的地址进行了交换,类似交换了小便签,因此 ls[0]和 ls[1]的值分别为 2 和 1,如图 5.4 所示。

```
def swap(ls):
    ls[1],ls[0] = ls[0],ls[1]
ls = [1,2]
swap(ls)
print(ls)
# 运行结果
[2, 1]
```

3. 一致性

函数调用时,参数必须和声明时对应一致。例如,以下代码中发生函数调用时,函数 printstr()中无参数,而被调用函数中含有一个参数 str1,实参与形参不一致,运行程序时会报错。

```
def printstr(str1):
    print(str1)
    return

printstr( )
Traceback (most recent call last):

File "< ipython - input - 3 - 28eed49397f8 >", line 5, in < module >
    printstr( )
TypeError: printstr( ) missing 1 required positional argument: 'str1'
```

5.1.4　常见的函数参数

Python 语言中,函数的参数类型除了可变类型和不可变类型的参数外,常用的还有关键字参数、默认参数和不定长参数。

1. 关键字参数

关键字参数是用名称指定的参数。当参数较多时,使用关键字参数有利于标记各个参数的作用,实参顺序不必与形参顺序完全一致。在例 5.7 的示例二中,函数 print_info(age＝20, name＝"John")中包含实参 age 和 name,与定义函数时的参数 name,age 顺序不同,但由于使用了名称指定参数,所以输出的是与实参对应的值。

【例 5.7】　关键字参数传递。

```
#示例一
def printstr( str ):
    print (str)
    return
printstr( str = "关键字参数")
#运行结果
关键字参数
#示例二
def print_info( name, age ):
    print ("名字: ", name)
    print ("年龄: ", age)
    return
print_info( age = 20, name = "John" )
#运行结果
名字: John
年龄: 20
```

2. 默认参数

调用函数时,如果没有传递参数,则会使用默认参数。在例 5.8 中,第二次发生函数调用时,print_info(name＝"John")函数中只有一个实参,而函数 print_info(name,age＝25)中有两个形参,在参数传递时,缺少的参数默认使用形参的参数 age,值为 25。

【例 5.8】　输出学生的年龄与姓名。

```
def print_info( name, age = 25 ):
    print ("名字: ", name)
    print ("年龄: ", age)
    return

print_info( age = 30, name = "John" )
print( ) #输出空行
print_info( name = "John" ) #age 使用默认参数
#运行结果
名字: John
```

年龄：30

名字：John
年龄：25

3. 不定长参数

当需要函数处理比声明中更多的参数时，需要在参数前加星号（＊），这种参数称为不定长参数，也称为可变长参数，主要有两种形式：＊变量和＊＊变量。

（1）＊变量。

在函数调用时，带星号（＊）的参数对应实参多余的值，实参放入一个元组中赋值给形参。如果没有指定实参，不定长参数则为一个空元组。

【例5.9】　不定长参数传递的用法。

在下面示例一中，实参值10传递给形参变量a，剩下的20,30形成元组（20,30）赋值给形参p。示例二中，'Params:'赋值给形参title，元组（10,20,30）赋值给形参p。

```
#示例一
def star( a, * p ):
    print ("输出：")
    print (a)
    print (p)
star( 10,20, 30 )

#运行结果
10
(20, 30)
#示例二
def print_params(title, * p):
    print(title)
    print(p)
print_params('Params:', 10, 20, 30)

#运行结果
Params:
(10, 20, 30)
```

带星号的参数如果不是放在最后，需要使用名称指定后续参数。下面代码中，实参10赋值给x，调用函数star()中的实参z值为9与形参z对应，实参中剩余的元素组成元组（20,30,40,50）赋值给形参＊y。

```
def star(x, * y, z):
    print(x, y, z)
star(10, 20, 30, 40, 50, z = 9)
#运行结果
10 (20, 30, 40, 50) 9
```

如果单独出现星号（＊），则星号后的参数必须用关键字参数传入。在下面的代码中，

＊号后面的形参 c 需要用关键字参数传入，即实参 c 的值 3 传递给形参 c。

```
def f(a,b, * ,c):
    return a + b + c
f(1,2,c = 3)
```

（2）＊＊变量。

加了两个星号（＊＊）的参数以字典的形式传入实参。例如：

```
def star( a, ** p):
    print ("输出: ")
    print (a)
    print (p)
star(1, x = 2,y = 3)

输出: #运行结果
1
{'x': 2, 'y': 3}
```

其中实参 1 赋值给形参 a，实参 x 和 y 则以字典的形式传递给有两个星号的形参 p。

（3）混合使用。

当几种参数同时出现时，参数传递方法与（1）、（2）中分析类似，如下面代码所示。1、2、3 对应赋值给 x、y、z，同时关键字参数 a 和 b 以字典的形式赋值给形参 k。形参 p 是带星号的不定长参数，则调用函数 comb()中剩余值组成的元组（5,6,7）赋值给形参 p。

```
def comb(x, y, z, * p, ** k):
        print(x, y, z)
        print(p)
        print(k)
comb(1, 2, 3, 5, 6, 7, a = 1, b = 2)

#运行结果
1 2 3
(5, 6, 7)
{'a': 1, 'b': 2}
```

在应用中，经常出现参数 ＊ args 和 ＊＊ kwargs，这两个参数的用法与可变参数传递同理。＊ args 一般放在 ＊＊ kwargs 前面。args 为元组类型，kwargs 为字典类型。

```
#示例一
def test_args(a, * args):
    print(a)
    print(type(args))
    print(args)
test_args(8, 2, 6, 7)
#运行结果
8
```

```
<class 'tuple'>
(2, 6, 7)

#示例二
def test_kwargs(a, * args, ** kwargs):
    print(a)
    print(args)
    print(kwargs)
print(type(kwargs))
    test_kwargs(8, 2, 6, 7, b = 3, c = 4)
#运行结果
8
(2, 6, 7)
{'b': 3, 'c': 4}
<class 'dict'>
```

扫一扫

视频讲解

5.1.5　匿名函数

Python 中使用保留字 lambda 创建匿名函数,匿名函数不使用标准的 def 定义函数, 匿名函数的函数体比 def 定义函数简洁,常用 lambda 表达式的形式,格式如下。

lambda [arg1 [,arg2, … argn]]:表达式

其中 arg1,arg2,…,argn 为可选参数,冒号右边为参数的表达式。

【例 5.10】　利用 lambda 表达式求和。

在 sum(10,20)调用函数时,10 和 20 分别传递给 lambda 后的形参 a 和 b,并把求和 结果 a+b 赋值给变量 sum。

```
sum = lambda a, b: a + b
# 调用 sum 函数
print ("sum = ", sum( 10, 20 ))

#运行结果
sum = 30
```

5.1.6　递归调用

递归的含义是在函数调用过程中,直接或间接地调用自身。

【例 5.11】　用函数递归调用求 n!。

```
1. def fac(n):
2.     if n < 0:
3.         print("n < 0,data error")
4.     elif n  ==  1 or n  ==  0:
5.         f = 1
6.     else:
7.         f = n * fac(n − 1)
8.     return f
9.
```

```
10. c = fac(4)
11. print("The result is {:.2f}".format(c))
```

第 1~8 行定义函数 fac(n),该函数的功能是求阶乘。第 10 行,实参为 4,通过函数调用,参数传递给形参 n,4>0 则执行第 7 行,函数递归调用自身,如图 5.5 所示。返回值 f,即第 10 行 fac(4)函数返回值。

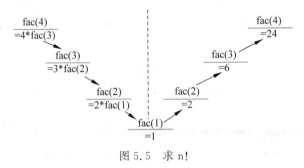

图 5.5 求 n!

5.2 局部变量与全局变量

局部变量为在函数内部定义的变量,只在函数内部起作用。如形参、实参以及函数内定义的仅在函数内使用的变量都属于局部变量。全局变量是在函数外部定义的变量,作用范围是从定义点到文件结束。

【例 5.12】 局部变量与全局变量的使用。

```
#示例一
n = 1           #n是全局变量
def func(a, b):
    c = a * b  #c是局部变量,a 和 b 作为函数参数也是局部变量
    return c
s = func("knock~", 2)
print(c)
Traceback (most recent call last):
File "< ipython - input - 51 - 1dd5973cae19 >", line 1, in < module >
    print(c)
NameError: name 'c' is not defined
```

因为变量 c 是局部变量,只在 func()函数内起作用。程序在函数外部输出,所以出错。如果希望让 func()函数将 n 当作全局变量,需要在变量 n 使用前显式声明该变量为全局变量,见示例二。

```
#示例二
#n = 1           #n是全局变量
def func(a, b):
    global n
    n = b       #将局部变量 b 赋值给全局变量 n
    return a * b
```

```
s = func("knock～", 2)
print(s, n)
knock～knock～ 2
```

如果将 global n 这一行去掉，而将 n 在函数外部赋值，令 n＝1 再运行，分析运行结果。

5.3 多文件函数调用

在一个工程中常包含多个 .py 文件，不同文件中的函数可以互相调用。下面举例说明同一文件夹下的两个 py 文件间的函数调用。不同文件夹下的 py 文件也可以进行函数调用。

【例 5.13】 求矩形的面积，要求 file2 调用 file1 中的面积函数。

```
#file1.py
def area(x,y):
    print('面积为:',(x * y))

#file2.py
import file1
file1.area(3,4)

#运行结果
面积为: 12
```

新建一个工程 MultiFiles，工程下建两个源文件 file1.py 和 file2.py。在 file1 中定义矩形面积函数 area(x,y)，在 file2 中用 import 导入 file1。然后，在 file2.py 中调用 file1.py，实参为 3,4，对应的 x＝3,y＝4，执行 area(x,y) 函数，输出结果。file2.py 也可以写成：

```
from file1 import area
area(3,4)
```

扫一扫

视频讲解

5.4 math 与 random 库

5.4.1 math 库

math 库中包含的数学函数不适用于复数，如果需要计算复数，使用 cmath 模块中的同名函数。除特别说明外，所有函数返回值均为浮点数。内置常用运算函数如表 5.1 所示，详细的 math 库函数见附录 B。

加载 math 库，使用语句为 import math；导入某一个具体的函数，如导入开平方函数，使用语句为 from math import sqrt。这两种用法略有不同。

```
import math
math.sqrt(25)
```

```
from math import sqrt
sqrt(25)
```

表 5.1   math 库常用运算函数

函　　数	数学表示	描　　述
math. fabs(x)	|x|	返回 x 的绝对值
math. sqrt(x)	$\sqrt{x}$	返回 x 的平方根
math. factorial(x)	x!	返回 x 的阶乘,如果 x 是小数或负数,返回 ValueError
math. ceil(x)	$\lceil x \rceil$	向上取整,返回不小于 x 的最小整数
math. floor(x)	$\lfloor x \rfloor$	向下取整,返回不大于 x 的最大整数
math. pow(x,y)	x^y	返回 x 的 y 次幂
math. exp(x)	e^x	返回 e 的 x 次幂

【例 5.14】 利用 math 库函数计算,分步执行下列代码并查看结果。

```
import math as m
m.pi
m.exp(2)
m.pow(2,3)
m.sqrt(100)
m.fabs(-9.18)
m.factorial(5)
m.floor(3.6)
m.ceil(3.6)

# 运行结果
3.141592653589793
7.38905609893065
8.0
10.0
9.18
120
3
4
```

5.4.2   random 库

Python 内置的 random 库主要用于产生各种分布的伪随机数序列。random 库采用梅森旋转算法(Mersenne twister)生成伪随机数序列,可用于除随机性要求更高的加解密算法外的大多数工程应用中。

一般函数都是基于 random. random()函数扩展而来的。使用表 5.2 中的函数时,需要导入 random 库,可用语句 from random import * 导入。

表 5.2   常用的 random 库函数

函　　数	描　　述
seed(a=None)	初始化给定的随机数种子,默认为当前系统时间
random()	生成一个[0.0,1.0)的随机小数

续表

函　　数	描　　述
randint(a,b)	生成一个[a,b]的整数
randrange(m,n[,k])	生成一个[m,n)以 k 为步长的随机整数
getrandbits(k)	生成一个 k 比特长的随机整数
uniform(a,b)	生成一个[a,b]的随机小数
choice(seq)序列相关	从序列中随机选择一个元素
shuffle(seq)序列相关	将序列 seq 中元素随机排列,返回打乱后的序列

【例 5.15】 生成随机数。

```
from random import *          #导入 random 库
random( )                     #生成随机数
Out[1]: 0.983090336696193
uniform(1,10)
Out[2]: 9.088254313590586
randrange(0,50,2)
Out[3]: 46
choice(range(100))
Out[4]: 68
ls = list(range(10))
shuffle(ls)
print(ls)
Out[5]: [5, 8, 6, 7, 9, 4, 0, 1, 3, 2]
```

seed( )函数：指定随机数种子，随机种子一般是一个整数，只要种子相同，每次生成的随机数序列也相同。

```
seed(125)          #随机种子赋值 125
"{}.{}.{}".format(randint(1,10),randint(1,10),randint(1,10))
Out[1]: '4.4.10'

seed(125)          #随机种子仍然是 125,生成随机数同上
"{}.{}.{}".format(randint(1,10),randint(1,10),randint(1,10))
Out[2]: '4.4.10'

seed( )
"{}.{}.{}".format(randint(1,10),randint(1,10),randint(1,10))
Out[3]: '7.5.10'
```

扫一扫

视频讲解

5.5　datetime 库

datetime 库是 Python 语言用于时间处理的库，解决日期格式不统一的问题。这个库主要包含三个类：time、date 与 datetime。类和对象的概念详见 6.1 节的内容，这里不做详细介绍，仅介绍 datetime 库的基本用法。

time 类主要包含一天内的小时、分、秒、毫秒信息。date 类包含年、月、日。datetime

类是前两者的结合。

5.5.1 datetime 类型转换

在处理日期数据时,通常需要将数据集中的日期字符串转换为指定格式。datetime.strptime()方法用于将日期字符串转换为 datetime 类型,常用于数据预处理中,具体用法如下。

datetime. strptime(date_string,format)

① date_string 为日期字符串。

② format 为日期字符串的日期格式。

strptime()时间格式的表示符号由%与格式字符组成,含义如表 5.3 所示。

表 5.3 常用的 datetime()库函数

函数	说 明	函数	说 明
%y	两位数的年份表示,区间为[00,99]	%B	本地完整的月份名称
%Y	四位数的年份表示,区间为[000,9999]	%c	本地相应的日期表示和时间表示
%m	月份 [01-12]	%j	年内的一天 [001-366]
%d	月内中的一天 [0-31]	%p	本地 A.M. 或 P.M. 的等价符
%H	24 小时制小时数 [0-23]	%U	一年中的星期数[00-53],星期日为星期的开始
%I	12 小时制小时数 [01-12]	%w	星期[0-6],星期日为星期的开始
%M	分钟数 [00-59]	%W	一年中的星期数[00-53],星期一为星期的开始
%S	秒 [00-59]	%x	本地相应的日期表示
%a	本地简化星期名称	%X	本地相应的时间表示
%A	本地完整星期名称	%Z	当前时区的名称
%b	本地简化的月份名称	%%	%本身

下面举例说明将日期字符串转换为 datetime 类型的方法。

【例 5.16】 将日期"2020/04/01"或"2020-04-01"转换为 datetime 类型。

示例二的"2020-04-01"中,四位的年、两位的月份和日期用"-"分隔,两位的小时、分与秒用":"分隔,如"2020-04-01 23:04:07"。

```
#示例一
import datetime as d
date1 = "2020/04/01"
format1 = "%Y/%m/%d"
t1 = d.datetime.strptime(date1,format1)
t1
Out[1]: datetime.datetime(2020, 4, 1, 0, 0)

#示例二
import datetime as d
date2 = "2020-04-01 23:04:07"
format2 = "%Y-%m-%d %H:%M:%S"
```

```
t2 = d.datetime.strptime(date2,format2)
t2
Out[2]: datetime.datetime(2020, 4, 1, 23, 4, 7)
```

5.5.2 datetime 对象的属性

1. 获取时间信息

datetime 对象的属性，可以用于截取给定时间中的年、月、日以及具体时间等，见表5.4。

表 5.4 datetime 对象的属性

属　　性	含　　义
datetime. year	年
datetime. month	月
datetime. day	日
datetime. hour	小时
datetime. minute	分
datetime. second	秒
datetime. microsecond	毫秒

【例5.17】 使用 datetime.hour 得到对应日期中的小时。

```
import datetime as d
date3 = "20 - 01 - 05 23:00"
format3 = "% y - % m - % d % H:% M"
t3 = d.datetime.strptime(date3,format3)
print(t3.hour)
# 运行结果
23
```

【例5.18】 利用 datetime()方法计算时间差。

```
t1 = d.datetime(2020,4,1,23,0)
t2 = d.datetime(2019,4,1,22,0)
print(t1 - t2)
# 运行结果
366 days, 1:00:00
```

datetime 对象一般不做加法运算，因为没有实际意义。

2. isoweekday()方法与 datetime.now()方法

（1）isoweekday()方法。
利用 isoweekday()方法可以直接查看日期对象是星期几。

```
import datetime as d
```

```
newsTime = 'Sun, 23 Aug 2020 05:15:05'
GMT_FORMAT = '%a, %d %b %Y %H:%M:%S'
newsTime = d.datetime.strptime(newsTime,GMT_FORMAT)
print(newsTime.isoweekday())
#运行结果
7
```

（2）datetime.now()方法。

利用 datetime.now()方法可以获得当前日期和系统时间。

【例5.19】 通过 datetime.now()方法计算系统时间差。

第一次系统时间的输出结果为 datetime.datetime(2021,8,23,23,12,23,596904)括号中对应为年、月、日、小时、分、秒、毫秒。同理,求出第二次系统时间,两次系统时间做差。

```
import datetime
dt1 = datetime.datetime.now()
dt1
Out[1]: datetime.datetime(2021, 8, 23, 23, 12, 23, 596904)
dt2 = datetime.datetime.now()
dt2
Out[2]: datetime.datetime(2021, 8, 23, 23, 12, 32, 977437)
print (dt2 - dt1)
#运行结果
0:00:09.380533
```

5.5.3 date 类

date 类有三个参数：年、月、日,datetime.date(year,month,day)返回为 year-month-day。例如：

```
import datetime as d
date3 = "20-01-05 23:00"
format3 = "%y-%m-%d %H:%M"
t3 = d.datetime.strptime(date3,format3)
print(t3.date())
#运行结果
2020-01-05
```

利用这个属性,可以对日期数据进行批量处理,例如,把一批数据中日期在同一年的挑选出来。

5.6 实例

【例5.20】 求 C_n^m 的值。

```
1. def fac(x):
2.    t = 1
```

```
3.    for i in range(1, x + 1):
4.        t = t * i
5.    return t
6.
7. n, m = map(int, input("please input n,m:").split(","))
8. c = fac(n)/(fac(m) * fac(n - m))
9. print("The result is {:.2f}".format(c))
```

第 1～5 行,定义的函数 fac(x)功能为求阶乘。第 8 行语句中发生了 3 次函数调用,第一次函数调用的返回值 t 的值是 fac(n)函数值,其余两次函数调用类似。第 9 行,输出的 c 值保留 2 位小数。

【例 5.21】 在一行中任意输入 10 个数,输出这 10 个数中的最大值。

split()函数默认用空格分隔数据。max()函数可用于求列表元素最大值。首先,输入 10 个数保存在列表变量 n 中,创建空列表 list1。然后,用 i 遍历列表 n 并把取出的列表元素添加到列表 list1 中。最后,用 max()函数求出列表 list1 中的最大值。

```
n = input( )
list1 = []
for i in n.split( ):
    list1.append(int(i))
print(max(list1))  # max( )函数可用于求列表元素最大值
```

【例 5.22】 有两个源文件 file1 和 file3 存在于不同路径,用函数调用实现求矩形面积。

```
# file1.py
def area(x, y):
    print('面积为:', (x * y))

# file3.py
import file1
import sys
sys.path.append('F:/file1.py')
file1.area(3, 4)
```

用 import 导入模块时,Python 语言是在 sys.path 中按顺序查找路径,因此需要将 file1 的路径添加到 sys.path。

5.7　习题

一、单选题

1. 关于 Python 的全局变量和局部变量,以下选项中描述错误的是(　　)。

   A. 局部变量指在函数内部使用的变量,当函数退出时,变量依然存在,下次函数调用可以继续使用

   B. 使用 global 保留字声明简单数据类型变量后,该变量作为全局变量使用

C. 简单数据类型变量无论是否与全局变量重名,仅在函数内部创建和使用,函数退出后变量被释放

D. 全局变量指在函数之外定义的变量,一般没有缩进,在程序执行的全过程中有效

2. 以下选项中,不属于函数作用的是(　　)。

   A. 复用代码   B. 增强代码可读性

   C. 降低编程复杂度   D. 提高代码执行速度

3. 在 Python 语言中,关于函数的描述,以下选项中正确的是(　　)。

   A. return 语句后可以没有返回值

   B. Python 函数定义中必须有参数

   C. 一个函数中只允许有一条 return 语句

   D. def 和 return 是函数必须使用的保留字

4. 关于形参和实参的描述,以下选项中正确的是(　　)。

   A. 程序在调用时,将形参复制给函数的实参

   B. 参数列表中给出要传入函数内部的参数,这类参数称为形式参数,简称形参

   C. 函数定义中参数列表里面的参数是实际参数,简称实参

   D. 多个参数之间用空格隔开

5. 关于 lambda 函数,以下选项中描述错误的是(　　)。

   A. lambda 不是 Python 的保留字

   B. lambda 函数定义了一种特殊的函数

   C. lambda 函数也称为匿名函数

   D. lambda 函数有返回值

6. 导入模块的方式错误的是(　　)。

   A. import math   B. from math import *

   C. import math as m   D. import m from math

7. 以下程序中,输出结果不可能是(　　)。

```
from random import *
print(round(random(),2))
```

   A. 0.57   B. 0.14   C. 0.97   D. 1.33

8. Python 语言中,函数不包括(　　)。

   A. 标准函数   B. 第三库函数   C. 内建函数   D. 参数函数

9. Python 语言中,函数定义可以不包括(　　)。

   A. 函数名   B. 关键字 def

   C. 一对圆括号   D. 可选参数列表

10. 以下程序的输出结果是(　　)。

```
def func(num):
    num *= 2
x = 20
func(x)
```

```
print(x)
```

    A. 40   B. 出错   C. 无输出   D. 20

二、填空题

1. Python 语言中，用于定义函数的关键字是_____。

2. Python 标准库 math 中，用于计算平方根的函数是_____。

3. Python 内置函数_____用于返回序列中的最大元素。

4. Python 内置函数_____用于返回序列中的最小元素。

5. Python 内置函数_____用于返回数值型序列中所有元素之和。

三、编程题

1. 自定义函数，求两个数的最大值。

2. 自定义 lambda 函数，求两个数的最小值。

3. 编程实现：输出当前的系统时间。

4. 自定义函数，判断传入的字符参数是否为"回文"。

5. 自定义函数，计算 n 的阶乘（非递归）。

6. 自定义函数，计算 n 的阶乘（递归）。

7. 自定义函数，计算 1～n 的累加和。

8. 自定义函数，计算任意给定数的累加和（提示：使用不定长参数）。

9. 编写函数，判断一个数字是否为素数，是则返回字符串 YES，否则返回字符串 NO，并用数字 29 与 12 进行验证。

10. 编写程序，实现将列表 ls 中的素数删除并输出删除素数后列表的元素个数，ls = [23,45,78,87,11,67,89,13,243,56,67,311,431,111,141]。

11. 编程实现：计算两个日期之间的天数，输入日期的格式为 2020/12/1。

12. 编程实现：获取系统日期，并计算该日期是所在年份的第几天。

13. 自定义函数，实现输入一行字符，分别统计其中英文字母、空格、数字和其他字符的个数。

14. 自定义函数，求 m 和 n 的最大公约数。

15. 编程实现：以 123 为随机数种子，随机生成 10 个 1～999（含 999）的随机数，以逗号分隔并输出。

16. 用递归方式求解 1～100 的累加和。

17. 求 1!＋2!＋3!＋…＋n!，要求在文件 f1.py 中定义求阶乘的函数，在文件 f2.py 中求阶乘的累加和，求阶乘时需调用 f1.py 中的函数。

四、简答题

1. 简述普通参数、关键字参数、默认参数、不定长参数的区别。

2. 简述定义函数的规则。

3. 简述在 Python 语言中生成随机数的方法。

第 **6** 章

面向对象编程

学习目标

- 掌握对象与类的含义。
- 掌握类的属性与方法的用法。
- 理解对象的封装性。
- 掌握继承性与多态的含义与用法。

Python 语言是一种面向对象的编程语言(OOP, Object Oriented Programming),其变量和函数都属于某个特定的类(class)。类中的对象称作该类的实例(instance)。特定类的对象与方法相关联,方法与函数类似,编写一次之后,可以重复调用。一旦对象属于某个特定类之后,该对象就可以使用该类的所有方法。

6.1 对象与类的含义

1. 对象

对象是现实世界中存在的实体,可以是具体的事物也可以为抽象的事物。例如,一个人、一幢房子、一辆汽车,社会中的一种逻辑结构(班级、支部、连队),一篇文章、一个图形或一项计划等。对象的两个基本要素:属性与方法。

通俗地讲,对象的属性是指对象是什么,具有什么特征,如人的属性包括姓名、年龄、性别和出生日期等。对象的方法是指对象能做什么,有什么样的行为,如人可以讲演、跑步等。

表 6.1 中列出了几个示例,用于说明对象的属性与方法的含义。

表 6.1 对象的属性与方法

对　　象	属　　性	方　　法
班级	班级所属的系、专业、班级人数、所在教室等	学习、开会、体育比赛等
摄像机	生产厂家、重量、体积、颜色、价格等	录像、快进、倒退、暂停、停止等
一个单词	长度、字符种类等	插入、删除、输出等操作

2. 类

具有相似性质,执行相同操作的对象,被视为同一类对象。因此,类是同一类对象的集合与抽象,如学生类是对"学生"的抽象。类是创建对象的模板,对象则是类的一个实例,如学号为 2020001 的学生是学生类的实例。因此,类是用于描述具有相同属性和方法的对象的集合,它定义了该集合中每个对象所共有的属性和方法。

声明类使用关键字 class,关键字后的类名标识符首字母一般大写。类名后跟冒号,冒号下面的语句有缩进,类的格式如下。

```
class 类名:
    def 方法名(self,参数列表):
        pass
```

6.2　属性与方法

6.2.1　实例化对象

声明类之后,通常需要实例化一个对象,并通过对象访问类的成员属性与方法。创建对象的格式如下。

对象变量名＝类名(参数列表)

【**例 6.1**】　定义 Student 类,生成实例化对象 stu1 并访问成员方法 info()。

首先,程序中定义了类名为 Student 的类,然后由类实例化对象,对象名为 stu1,通过对象名 stu1 访问成员方法 info()。

```
class Student:
    def info(self):
        print('He is a student.')
stu1 = Student( )
stu1.info( )

# 输出结果
He is a student.
```

6.2.2　属性

创建类时,用变量形式表示的对象属性称为数据成员。在类中,所有方法之外定义的数据成员称为类属性。类属性作用域在整个类内有效,类属性用类名或对象名访问。

构造方法(__init__)是类中的一个特殊方法,该方法在类实例化时会自动调用,它的作用是初始化。实例属性是在构造方法(__init__)中定义的,定义和使用必须以 self 为前缀。实例属性在类的内部用 self 访问,在类的外部用对象名访问。

【**例 6.2**】　类属性与实例属性的用法。

示例一：类属性。

变量 price 在方法外定义属于类属性,在类外可以用类名或对象名访问。

```
class Toy:
    price = 100                    #定义类属性(公有属性)
    __salary = 2000                #定义类属性(私有属性)
toy1 = Toy( )                      #实例化对象
Toy.price = 200                    #修改类属性
Toy.name = 'Kitty'                 #增加类属性

print(toy1.price)                  #实例对象访问类属性
print(Toy.price)                   #类对象访问类属性
print(toy1.__salary)               #错误,不能在类外用实例对象访问类的私有属性
print(Toy.__salary)                #错误,不能在类外用类对象访问类的私有属性
#运行结果
200
200
'Toy' object has no attribute '__salary'
type object 'Toy' has no attribute '__salary'
```

示例二:实例属性。

在构造方法(__init__)中定义的变量 color 属于实例属性,类内以 self 访问,在类外用对象名访问。

```
class Toy:
    price = 100
    def __init__(self,c):
        self.color = c                         #定义实例属性
toy1 = Toy("Pink")
toy1.color = "Purple"                          #实例对象访问实例属性
print(Toy.color)                               #错误,不允许用类对象访问实例属性
#运行结果
100
type object 'Toy' has no attribute 'color'
```

示例三:混合使用。

```
class Person2:
    salary = 2000
    def __init__(self,name,age):
        self.name = name
        self.age = age
    def say_hi(self):
        print("请叫我:",self.name)  #实例属性在类内用 self 访问
print(Person2.salary)  #类属性用类名访问
p1 = Person2("小信",20)
p1.say_hi( )  #对象名访问类的实例方法
print(p1.age)

#运行结果
2000
```

请叫我：小信
20

6.2.3　方法

类中定义的方法主要包括实例方法、静态方法和类方法，下面通过例题了解这 3 种方法的使用。

1. 实例方法

例 6.1 中，在 Student 类中定义函数 info()时，使用了参数 self，实例方法的第一个参数一般为 self。调用时，Python 自动把实例对象传递给该参数。换言之，self 代表类的实例，通过 self 传递实例的属性与方法。在类的实例方法中访问实例属性，需要以 self 作为前缀。

【例 6.3】　定义 MyClass 类并实例化对象。

```
1. class MyClass:
2.     def __init__(self): # __init__( )方法
3.         pass
4.     def my_func(self,p1,p2):
5.         self.p1 = p1
6.         self.p2 = p2
7.         print(self.p1,self.p2)
8. obj1 = MyClass( )
9. obj1.my_func(3,5)
#运行结果
   3   5
```

第 1～7 行，定义 MyClass 类，类中包含了两个类方法，构造方法和 my_func()方法。在类实例化时会自动调用构造方法（__init__），它的作用是初始化；另一个方法是 my_func()，在第 8 行实例化对象 obj1 时，把对象实例 obj1 传递给 self 参数，p1 和 p2 为实例属性。第 9 行，用"对象名.方法名"调用实例方法 my_func()，同时把实参 3 和 5 分别传递给形参 p1 和 p2，输出 p1 和 p2。

【例 6.4】　定义一个 Student 类并输出学生的姓名、年龄和体重。

第 1～13 行，定义 Student 类，类中的构造方法（__init__）的参数里包含 3 个实例属性：name、age 和 weight。Student 类中还有一个实例方法 say()。其中第 6 行有两个下画线的变量__weight 为私有属性，私有属性在类的外部无法直接访问。第 15 行，生成实例化对象 p，调用构造方法并传递参数。第 16 行，调用实例方法时，输出学生的姓名与年龄。

```
1. class Student:
2.     #定义基本属性
3.     name = ''
4.     age = 0
5.     #定义私有属性
6.     __weight = 0
```

```
 7.    #定义构造方法
 8.    def __init__(self,n,a,w):
 9.        self.name = n
10.        self.age = a
11.        self.weight = w
12.    def say(self):
13.        print("%s 的年龄是 %d 岁。" %(self.name,self.age))
14. #生成实例化对象
15. p = Student('John',20,50)
16. p.say( )
#运行结果
John 的年龄是 20 岁。
```

简单介绍一下__new__方法。__new__方法在创建对象时调用,返回对象的一个实例,然后通过实例对象调用前面介绍的__init__方法,即__init__方法是在实例创建后调用。调用__new__方法时,系统为对象分配内存空间,并返回对象的引用。Python 语言中的类继承了 object 类,因此创建对象时一般无须重写__new__方法。但是,有时需要重写__new__方法,如当多个实例共享同一个内存地址时,需要重写__new__方法。

2. 静态方法

静态方法:Python 允许声明与对象实例无关的方法(不需要 self 参数)。调用时,用"类名.静态方法名()"的形式。一般静态方法使用@staticmethod 装饰器声明,实例对象和类对象都可以调用。静态方法中不能使用类或实例的任何属性和方法。

```
class Temperature:
    @staticmethod
    def c_f(c):
        c = float(c)
        f = (c * 9/5) + 32
        return f
c = float(input("请输入温度:"))
Temperature.c_f(c)
```

在程序中,用装饰器@staticmethod 声明静态方法 c_f(c),调用该方法时,用"类名.静态方法名()"调用,Temperature.c_f(c)方法与实例对象无关。

3. 类方法

类方法传入的第一个参数是当前类对象,参数名一般约定为 cls,通过 cls 传递类的属性和方法。类方法可以通过类对象和实例对象调用,类方法一般使用@classmethod 装饰器声明。

【例 6.5】 类方法与静态方法的使用。

```
1. class Stu:
2.     classname = "class2"
3.     def __init__(self,name):
```

```
4.          self.name = name
5.      def f1(self):              # 实例方法
6.          print(self.name)
7.      @staticmethod
8.      def f2():                  # 静态方法
9.          print("static")
10.     @classmethod
11.     def f3(cls):               # 类方法
12.         print(cls.classname)
13.
14. f = Stu("tuantuan")
15. f.f1()
16. Stu.f2()
17. Stu.f3()
# 运行结果
tuantuan
static
class2
```

第1~12行定义了 Stu 学生类，类中包含实例方法、静态方法和类方法。第 14 行，实例化对象 f。第 15 行用"对象名.方法名()"调用实例方法。第 16 和 17 行用"类名.方法名()"调用静态方法与类方法。

6.2.4 函数和方法

函数和方法有类似的地方，形式上都是标识符后加小括号，函数名()/方法名()。但是，在使用中，二者有一些区别。函数要在程序中指定 self；方法则自动传 self，调用时，Python 自动把实例对象传递给该参数。函数用类名调用，方法则用对象名调用。

【**例 6.6**】 比较函数和方法的用法。

```
1. class MyClass(object):
2.     def func(self,name):
3.         print('Hello' + name)
4. f = MyClass()
5. f.func('Python')
6. MyClass.func('self','Python')
```

第1~3行，定义类，类中有实例方法 func(self,name)。第 4 行实例化对象 f。第 5 行，实例对象访问实例方法，对象 f 自动传递给形参 self，实参 Python 传递给形参 name。第 6 行，用类名调用函数 func()，实参 self，Python 分别传递给形参 self 和 name。

下面，用 isinstance() 查看对象类型，进一步了解方法和函数的区别。isinstance() 函数可以判断一个对象是否属于一个已知的类型。

```
class MyClass(object):
    def __init__(self):
        self.name = "Python"
```

```
        def func(self):
            print(self.name)
f = MyClass( )
f.func( )
MyClass.func(f)

from types import FunctionType,MethodType
f = MyClass( )
print(isinstance(f.func,FunctionType))          #False
print(isinstance(f.func,MethodType))            #True,说明这是一个方法
print(isinstance(MyClass.func,FunctionType))    #True,说明这是一个函数
print(isinstance(MyClass.func,MethodType))      #False
#运行结果
Python
Python
False
True
True
False
```

扫一扫

视频讲解

6.3 成员与方法的私有化

面向对象程序设计的基本特性是封装性、继承性与多态性。通常,封装性是指一个对象的成员属性要得到一定程度的保护。例如,对一个对象的成员属性进行修改或访问,需要通过对象允许的方法进行,如要求输入密码以确认是否拥有此权限等。这样可以保护对象,使程序不易出错。在 Python 中,没有严格意义上的封装。

6.3.1 成员的私有化

【例 6.7】 创建一个类,访问类的成员。

示例一。

```
class High_school_student( ):
    def __init__(self):
        self.age = 18
        self.sex = 'M'
student_a = High_school_student( )
print(student_a.age)
student_a.age = 18.9 #仍然可以对 age 进行修改
print(student_a.age)
#运行结果
18
18.9
```

在 High_school_student 类中,虽然数据已经被封装在类里面,但还是可以通过外部访问其中的变量。可以在外部对 age 进行修改,说明这个 High_school_student 类没有进行有效的封装。

如果希望某些内部属性不被外部访问，可以在属性名称前加上两个下画线
（"__"），表示将该成员属性私有化，该成员属性在内部可以被访问，但在外部是不能被
访问的。如示例二中，语句 print(student_a.__age)中，实例对象 student_a 访问了私有
属性 age，则会报错。

　　示例二。

```
class High_school_student( ):
    def __init__(self):
        self.__age = 18
        self.__sex = 'M'
student_a = High_school_student( )
print(student_a.__age)
Traceback (most recent call last):
  File "< ipython - input - 11 - f7e7be4a8774 >", line 7, in < module >
    print(student_a.__age)
AttributeError: 'High_school_student' object has no attribute '__age'
```

　　成员私有化并不是意味完全不能从外部访问成员，而是提高了访问的门槛，防止随意
改变成员导致错误。可以通过"_类名＋私有变量"对变量进行访问。在示例三中，语句
print(student_a._High_school_student__age)中，通过"对象名._类名＋私有变量"可以
修改 age 的值。因此，Python 没有严格意义上的封装性。

　　示例三。

```
class High_school_student( ):
    def __init__(self):
        self.__age = 18
        self._sex = 'M'
student_a = High_school_student( )
student_a.__age = 19
print(student_a._High_school_student__age)  #仍然可以修改 age 的值
print(student_a.__age)
#运行结果
18
19
```

6.3.2　公有方法和私有方法

　　每个对象都有公有方法和私有方法，公有方法通过对象名调用，私有方法则是在方法
名称前加上两个下画线(__)。私有方法只能在类的内部调用，不能在类的外部访问。私
有方法不能通过对象名直接调用，但是可以在对象的方法中通过 self 调用。

　　【例 6.8】　对比下面两个程序，了解方法私有化的使用。

　　下面示例一中，使用实例对象访问私有方法，则程序报错。示例二中，__Pass()方法
为私有方法，在 Student 类中定义公有方法 Test()，然后在 if 分支选择语句中调用私有方
法__Pass()。生成实例对象 student_a，这时用实例对象调用方法 Test()，就可以访问私
有方法__Pass()，得到运行结果。

```
#示例一
class High_school_student( ):
    def __init__(self):
        self.__age = 18
        self.__sex = 'M'
    def __fun(self):               #方法的私有化
        print("hello")
student_a = High_school_student( )
student_a.__fun( )               #出错,用实例对象访问私有化方法
Traceback (most recent call last):
  File "< ipython - input - 18 - 7388b3d062e8 >", line 9, in < module >
    student_a.__fun( )
AttributeError: 'High_school_student' object has no attribute '__fun'
#示例二
class Student( ):
    def __init__(self):
        self.__age = 18
        self.__sex = 'M'
    def __Pass(self):
        print("合格")
    def Test(self,score):
        if(score > 60):
            self.__Pass( )
        else:
            print("不合格")
student_a = Student( )
student_a.Test(90)
#运行结果
合格
```

6.4 继承性

继承一般是指基于现有的类(父类或基类)创建一个新类(子类或派生类)。子类继承父类的属性和方法,即任何父类中的方法在子类中都可以使用,也可以在子类中增加子类的属性和方法。

【例6.9】 创建 3 个类 Animals、Mammals 和 Pandas,按照图 6.1 在每个类中定义方法,生成 Pandas 类的实例对象,并访问父类的 move( ) 方法。

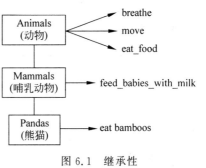

图 6.1 继承性

```
class Animals:
    def breathe(self):             #呼吸
        print("breathing")
    def move(self):                #行走
        print('moving')
```

```
    def eat_food(self):                          #吃
        print('eating food')
class Mammals(Animals):
    def feed_babies_with_milk (self):
        print('feeding babies')
class Pandas(Mammals):
    def walk(self):
        self.move( )
tuantuan = Pandas( )
tuantuan.walk( )
```

【例 6.10】 基类与派生类的使用方法。

第 1～6 行，定义基类 Person，构造方法中有 name 和 age 两个实例属性，第 5 行是基类的方法。第 7～13 行，创建派生类，声明派生类时，必须在其构造方法中调用基类的构造方法。在本例题中，Person 是基类，在声明派生类 Student 时，需要在 Student 类中调用基类的构造方法 __init__()。第 12 行，派生类用可以调用基类的方法。第 14～17 行，实例化基类对象 p1，调用基类方法；实例化派生类对象 s1，s1 调用基类方法。

```
1. class Person:                                 # 基类
2.     def __init__(self,name,age):              # 构造方法
3.         self.name = name
4.         self.age = age
5.     def say_hi(self):                         # 基类的方法
6.         print("请叫我:",self.name)
7. class Student(Person):                        # 派生类
8.     def __init__(self,name,age,stu_id):       # 构造方法
9.         Person.__init__(self,name,age)        # 调用基类构造方法
10.        self.stu_id = stu_id
11.    def say_hi(self):                         # 派生类方法
12.        Person.say_hi(self)                   # 调用基类方法
13.        print("学号:",self.stu_id)
14. p1 = Person('小信',20)                        # 创建实例对象
15. p1.say_hi( )
16. s1 = Student('小科',22,'20220509')
17. s1.say_hi( )
```

6.5 多态性

多态性是指具有不同功能的函数可以使用相同的函数名，即可用一个函数名调用不同内容的函数。在面向对象的方法中，一般表述为向不同的对象发送同一条消息，不同的对象在接收时会产生不同的行为（方法）。所谓消息，就是调用函数，不同的行为就是指不同的实现，即执行不同的函数。类的多态性还要满足两个前提条件：一个是继承，多态一定是发生在子类和父类之间；另一个是重写，子类重写父类的方法。

【例 6.11】 创建一个父类与两个子类，并重写父类。

第 1～3 行，创建父类，父类中有一个 behavior()方法。第 4～9 行，定义了两个子类，

在子类中重写了父类方法。第 10～15 行,由父类和两个子类分别生成三个实例对象 b、s、c,然后再由对象访问各自类中的方法,如用 c. behavior( )访问 Crow( )子类中的 behavior( )方法。

```
 1. class Bird:
 2.     def behavior(self,action):
 3.         print("A bird can",format(action))
 4. class Swallow(Bird):
 5.     def behavior(self,action):
 6.         print("A swallow can",format(action))
 7. class Crow(Bird):
 8.     def behavior(self,action):
 9.         print("A crow can",format(action))
10. b = Bird( )
11. b.behavior("fly")
12. s = Swallow( )
13. s.behavior("fly")
14. c = Crow( )
15. c.behavior("fly")

 #运行结果
 A bird can fly
 A swallow can fly
 A crow can fly
```

6.6　实例

6.6.1　熊猫吃竹子

下面通过一个有趣的例子说明类和对象的关系及用法。动物类别划分有多种方式,如果简单地把动物划分为哺乳动物与非哺乳动物,那么熊猫属于哺乳动物。动物的属性:呼吸、移动和吃食物;哺乳动物的属性:哺乳;熊猫的属性:吃竹子,用图 6.2 描述上述文字类别之间的关系。本例中,标识符 Pandas 指的是熊猫类的名称,与第 10 章 Pandas 库没有关系。

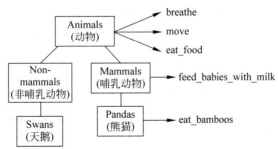

图 6.2　类与对象的关系

1. 父类与子类

当需要表示某一类的父类时,使用下面的格式。其中类名为子类的名称,括号中为父类的名称。

```
class 类名(父类)
```

动物是父类,哺乳动物、非哺乳动物是动物的子类,熊猫是哺乳动物的子类,则类之间的关系如下列代码所示。语句 class Mammals（Animals）中 Mammals 的父类是 Animals。

```
class Animals:    # 父类
    pass
class Mammals(Animals):
    pass
class Nonmmals(Animals):
    pass
class Pandas(Mammals):
    pass
```

2. 实例化对象

对象也称"实例",用类生成实例化对象,格式如下。

```
对象名 = 类名( )
    tuantuan = Pandas( )      # 有一只叫 tuantuan 的熊猫
    yuanyuan = Pandas( )      # 还有一只叫 yuanyuan 的熊猫
```

这两行语句,使用熊猫 Pandas 类生成了两个对象,对象名分别是 tuantuan 和 yuanyuan。

3. 类中的属性与方法

类的属性：一个类家族中的所有成员(还有它的子类)所具有的共同特点。图 6.3 列出了动物类属性之间的关系。

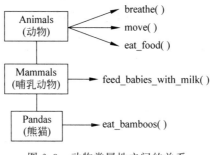

图 6.3　动物类属性之间的关系

```
class Animals:
    def breathe(self):
        pass
    def move(self):
        pass
    def eat_food(self):
        pass
```

```
class Mammals(Animals):
    def feed_babies_with_milk(self):
        pass
    class Pandas(Mammals):
        def eat_bamboos(self):
            pass
```

程序中定义了三个类 Animals、Mammals 和 Pandas，Mammals 是 Animals 的子类，Pandas 是 Mammals 的子类，子类除继承父类的属性和方法外，还有自己的属性或方法，如 Mammals 的实例方法 feed_babies_with_milk( )，Pandas 的实例方法 eat_bamboos( )。

4. 为什么要使用类和对象

语句 tuantuan= Pandas() 的含义为，Pandas 类生成实例对象 tuantuan，对象(tuantuan) 可以调用它所属类(Pandas 类)和 Pandas 的父类中的方法，格式如下。

对象名.方法名()

在下面程序中，首先定义了三个类 Animals、Mammals 和 Pandas，然后用 Pandas 类生成两个实例对象 tuantuan 和 yuanyuan。tuantuan. move( )调用了父类中的方法，而 yuanyuan. Eat_bamboos( )调用了熊猫 Pandas 类中的实例方法。

```
class Animals:
    def breathe(self):
        print("breathing")
    def move(self):
        print('moving')
    def eat_food(self):
        print('eating food')
class Mammals(Animals):
    def feed_babies_with_milk (self):
        print('feeding babies')
class Pandas(Mammals):
    def Eat_bamboos(self):
        print('Eating bamboos')
tuantuan = Pandas( )
yuanyuan = Pandas( )
tuantuan.move( )

yuanyuan.Eat_bamboos( )

#输出结果
moving
Eating bamboos
```

5. self 参数

修改 Pandas 类，增加两个实例方法 find_food(self)和 roll(self)。然后用"self.方法

名( )"调用父类中的方法。

```
class Animals:
    def breathe(self):
        print("breathing")
    def move(self):
        print('moving')
    def eat_food(self):
        print('eating food')
class Mammals(Animals):
    def feed_babies_with_milk (self):
        print('feeding babies')
class Pandas(Mammals):
    def find_food(self):                        #增加两个实例方法
        self.move( )
        print("I've found bamboos!")
        self.eat_food( )
    def feed_babies_with_milk (self):
        self.eat_food( )
    def roll (self):
        self.move( )
        self.move( )
        self.move( )
        self.move( )
tuantuan = Pandas( )
tuantuan.roll( )
#运行结果
moving
moving
moving
moving
```

6. 初始化对象

__init__是一种特殊的方法,使得实例一开始就拥有类模板所具有的属性。在创建新对象时,自动调用__init__()初始化函数。init()中的第一个参数是 self,在类中,用对象名.属性名或对象名.方法名()访问类中的属性或方法。当在一个类的内部创建方法时,用 self 参数指向这些属性或方法。将 Pandas 类中的程序做如下修改,在构造方法中添加实例属性竹子数。创建两个熊猫对象,并通过参数传递将实参 2,3 分别传递给形参 num,再依次输出 tuantuan 和 yuanyuan 所吃竹子的根数。

```
class Pandas:
    def __init__(self,num):
        self.bamboo_num = num #竹子数
tuantuan = Pandas (2)
yuanyuan = Pandas (3)
print (tuantuan.bamboo_num)
print(yuanyuan.bamboo_num)
#运行结果
```

2
3

6.6.2　学生信息管理

【例 6.12】　学生信息管理的功能包括学生信息的显示、添加、删除、搜索,文件的保存和退出。

本实例将前面知识点应用到学生信息管理中,涉及文件的读写、异常处理等知识,此处仅做简单说明,详细内容参看第 8 章和 13 章。

提示:

- pickle 是 Python 语言的一个标准模块,通过 pickle 模块的序列化操作,可将程序中运行的对象信息保存到文件中;通过 pickle 模块的反序列化操作,可以从文件中创建上一次程序保存的对象。
- 语句 try…except…的运行过程如下。

```
try
    ♯正常运行的代码
except
    ♯异常处理
```

保留字 try 后面是正常运行的代码,当这段代码出现错误时,则抛出异常,程序将执行 except 后的代码,并对异常进行处理。

"学生信息管理"程序中所用的函数含义见表 6.2。

表 6.2　"学生信息管理"程序中所用的函数

函　　　数	含　　　义
os. system("cls")	Windows 中清除屏幕,Linux 下用字符串 clear 替换 cls
sys. exit()	sys. exit(0)正常退出,sys. exit(1)异常退出
sys. platform	查看运行的操作系统
sys. argv	显示所有参数
pickle. load(file)	从 file 中读取一个字符串,并将它重构为原来的 Python 对象,是反序列化出对象的过程
pickle. dump(obj,file,[,protocol])	序列化对象,将对象(obj)保存到文件(file)中。参数 protocol 是序列化模式,默认是 0(以文本的形式进行序列化),还可取 1 和 2 表示以二进制的形式进行序列化
OSError	操作系统错误

(1) 第 3~16 行代码定义了一个 Student 类,每个学生是一个对象。其中 4~6 行是成员初始化,有两个成员:name 和 num,分别表示学生的姓名和学号。7~13 行定义了 find()方法,用于取得搜索参数。如果搜索的姓名在学生数据中存在,该方法返回 1,否则返回 0。show()方法用于显示学生信息。

(2) 第 18~28 行代码的功能为文件加载。语句 f = open(filename, "rb")中,open()为打开文件函数,返回文件对象 f。变量 filename 表示文件路径。r 代表只读文

件，b 代表二进制文件，rb 即以只读方式打开二进制文件。f. close()功能为关闭文件。当
加载文件过程中出现操作系统错误 OSError 时，输出错误信息并异常退出。

（3）第 30~40 行代码的功能为写入文件。语句 f = open(filename，"wb")中，wb
是以二进制方式写入文件。pickle. dump(student，f)为序列化对象，将对象 student 写入
f 所指向的文件中。

（4）sys. argv 用于显示命令行参数，下面先了解一下 sys. argv 的用法。

例如，test. py 的文件内容如下。

```
import sys
import os
os.getcwd( ) ♯查看当前路径
a = sys.argv[0]
print(len(sys.argv))
print(a)
```

在 spyder 控制台，若 test. py 保存在 d 盘根目录下，切换路径到 d:/，使用命令：

%cd d:/

使用 run 命令运行脚本：

% run　test. py

运行结果如下。

1　♯说明有 1 个参数 test.py，即脚本本身 d:/test.py

将语句 a=sys. argv[0]变换成 a=sys. argv[1]

% run test. py 1.txt ♯假定 1.txt 也在路径 d:/ 下

运行结果如下。

2　♯len(sys. argv) = = 2
1. txt

因此，第 45~49 行代码的含义为，当 len(sys. argv)= = 1 时，仅是脚本本身，没有指
定路径，否则根据文件路径加载文件。

（5）第 51~62 行，菜单选择，序号 1~6 分别代表显示、添加、删除、搜索、保存与退
出。52~55 行，判断是否为 Windows 操作系统，如果是则清屏，否则为其他操作系统，
清屏。

（6）第 64~91 行，多分支结构执行各个功能。其中第 81~87 行为输入学生姓名
或学号进行查询，student[x]. find(field)返回值是逻辑值，值为 1 表示找到，0 表示没
找到。

```
1. import sys, os
2. import pickle
3. class Student(object):
4.     def __init__(self, name, num):
5.         self.name = name
```

```
6.              self.num = num
7.         def find(self, field):
8.              if self.name.lower().find(field.lower()) != -1:
9.                  return 1
10.             elif self.num.lower().find(field.lower()) != -1:
11.                 return 1
12.             else:
13.                 return 0
14.        def show(self):
15.             print("name:", self.name)
16.             print("num:", self.num)
17.
18. def file_load(filename):
19.     try:
20.         global student
21.         f = open(filename, "rb")
22.         student = pickle.load(f)
23.         input("\n 按 Enter 键继续...")
24.         f.close()
25.     except OSError as err:
26.         print("cannot open the file")
27.         print(err)
28.         sys.exit(1)
29.
30. def file_save(filename):
31.     try:
32.         global student
33.         f = open(filename, "wb")
34.         pickle.dump(student, f)
35.         f.close()
36.         input("\n 数据已保存 - 按 Enter 键继续...")
37.     except OSError as err:
38.         print("不能保存文件")
39.         print(err)
40.         input("\n 按 Enter 键继续...")
41.
42. student = []
43. ch = 0
44.
45. if len(sys.argv) == 1:
46.     print("未指定文件名,以空数据开始")
47.     input("按 Enter 键继续...")
48. else:
49.     file_load(sys.argv[1])
50.
51. while ch != 6:
52.     if sys.platform == "win32":
53.         os.system("cls")
54.     else:
55.         os.system("clear")
56.     print(" -- 学生信息 -- \n")
57.     print(" 1 显示")
58.     print(" 2 添加")
```

```
59.        print(" 3 删除")
60.        print(" 4 搜索")
61.        print(" 5 保存")
62.        print(" 6 退出")
63.        ch = int(input("\n 输入选项: "))
64.        if ch == 1:                              # 显示
65.            for x in range(0, len(student)):
66.                print("\n:", x + 1)
67.                student[x].show( )
68.            input("\n 按 Enter 键继续...")
69.        elif ch == 2:                            # 添加
70.            name = input("\n 输入姓名: ")
71.            num = input("输入学号: ")
72.            student.append(Student(name, num))
73.            input("\n 学生已被添加 - 按 Enter 键继续...")
74.        elif ch == 3:                            # 删除
75.            order = int(input("\n 输入要删除的序号: "))
76.            if order > len(student):
77.                input("学生不存在! 按 Enter 键继续...")
78.            else:
79.                del student[order - 1]
80.                input("\n 学生已被删除 - 按 Enter 键继续...")
81.        elif ch == 4:                            # 搜索
82.            field = input("\n 输入搜索项, 姓名或学号: ")
83.            for x in range(0, len(student)):
84.                result = student[x].find(field)
85.                if result == 1:
86.                    print("\n 学生序号:", x + 1)
87.                    student[x].show( )
88.            input("\n 按 Enter 键继续...")
89.        elif ch == 5:                            # 保存
90.            filename = input("\n 输入文件路径: ")   # 如 d:/1.txt
91.            file_save(filename)
```

运行结果如下。

按 Enter 键继续...
-- 学生信息 --

1 显示
2 添加
3 删除
4 搜索
5 保存
6 退出

输入选项: 2
输入姓名: Zhao Ming
输入学号: 111

学生已被添加 - 按 Enter 键继续...

6.7 习题

一、单选题

1. 关于类和对象,下列说法错误的是(　　)。

  A. 类就好比一个模型,可以预先定义一些统一的属性或方法,然后通过这个模型创建具体的对象

  B. 类是抽象的,而对象是具体的且实实在在的一个事物

  C. 拥有相同(或者类似)属性和行为的对象都可以抽象出一个类

  D. 一个类只能创建一个对象

2. 关于 Python 语言中类的说法错误的是(　　)。

  A. 类的实例方法必须创建对象后才可以调用

  B. 类的实例方法必须创建对象前才可以调用

  C. 类的类方法可以用对象和类名调用

  D. 类的静态属性可以用类名和对象调用

3. 关于 Python 语言中类的成员和方法说法错误的是(　　)。

  A. 在 Python 定义类时,如果某个成员名称前有两个下画线,则表示是私有成员

  B. 在类定义的外部没有任何方法可以访问对象的私有成员

  C. 定义类时,所有实例方法的第一个参数表示对象本身,在类的外部通过对象名调用实例方法时不需要为该参数传值

  D. Python 允许声明与对象实例无关的方法,即静态方法。

4. 定义类如下

```
class Hello( ):
    def __init__(self,name)
        self.name = name
    def showInfo(self)
        print(self.name)
```

以下代码能正常执行的是(　　)。

  A. h＝Hello　　　　　　　　　　B. h＝Hello()

   h.showInfo()　　　　　　　　　h.showInfo("赵静")

  C. h＝Hello("赵静")　　　　　　　D. h＝Hello("赵静")

   h.showInfo()　　　　　　　　　h.showInfo

5. 面向对象程序设计的三大特性不包括(　　)。

  A. 继承　　　　　　B. 多态　　　　　　C. 封装　　　　　　D. 私有

二、编程题

1. 编程实现:定义一个类(Person),该类中有两个私有属性分别为姓名(name)和年龄(age)。定义构造方法,用于初始化数据成员。定义显示(display)方法,将姓名和年龄显示输出。

2. 设计一个学生类,属性为姓名、学号、年龄、成绩。设计一个班级类,属性为班级代

号、所有学生。

　　要求：实现向班级添加学生、删除学生、学生排序（按指定条件）、查询学生信息（按姓名、学号等）。

　　3. 定义代表二维坐标系上某个点的 Point 类（包括 x 坐标和 y 坐标两个属性），为该类提供一个方法用于计算两个点之间的距离，再提供一个方法用于判断三个点组成的三角形是钝角、锐角还是直角三角形。

　　4. 编程实现：自定义一个字典类 dictclass，并完成下面的功能。

dict = dictclass(〈字典对象〉)

（1）删除某个 key。

提示：del_dict(key)。

（2）判断某个键是否在字典里。如果存在，返回键对应的值；不存在，则返回"not found"。

提示：get_dict(key)。

（3）返回键组成的列表，返回类型为列表。

提示：get_key()。

（4）合并字典并返回由合并后字典的值组成的列表，返回类型为列表。

提示：update_dict(〈要合并的字典〉)。

　　5. 定义交通工具、汽车、火车、飞机 4 个类，其中交通工具类有 name 属性，move(self, distance)方法，调用该方法可显示该交通工具的名字及移动距离。汽车、火车、飞机类均为交通工具类的子类，其中汽车、火车类新增属性 color，飞机类新增属性 company，每个子类都重写了 move()方法，调用时输出 name、新增属性和移动距离。注意这些类的继承关系，为这些类提供构造器（构造方法）。

四、简答题

　　1. 简述类和对象的含义。

　　2. 简述类属性与实例属性的区别。

　　3. 简述构造方法的作用，与实例方法有何不同？

　　4. 简述__new__和__init__的区别。

第 7 章

字符串基本操作与正则表达式

学习目标
- 掌握字符串的常用方法。
- 掌握字符串格式化输出的方法。
- 理解正则表达式的基础语法,掌握 re 库的使用。

扫一扫

视频讲解

7.1 字符串的常用方法

字符串类型共包含 43 个方法,在数据分析中,较常用的方法包括 split()、join()、strip()、count()、startswith()、endswith()、replace()等,如表 7.1 所示,更多方法的使用参见附录 D。

表 7.1 字符串的常用方法

方　　法	描　　述
split(' '[, num])	通过指定分隔符对字符串进行拆分,并返回分割后的字符串列表
join(seq)	以指定字符串作为分隔符,将 seq 中所有的元素合并为一个新的字符串
strip(chars)	删除字符串头尾指定的字符(默认为空格或换行符等)或字符序列(chars 表示字符序列)
count(str, beg = 0, end = len(string))	返回字符串 str 在 string 里出现的次数,如果指定 beg 或 end,则返回指定范围内 str 出现的次数,默认搜索整个字符串
startswith(substr, beg = 0, end = len(string))	检查字符串是否以指定子字符串 substr 开头,是则返回 True,否则返回 False。如果使用 beg 和 end 参数指定范围,则在指定范围内检查
endswith(suffix, beg = 0, end = len(string))	检查字符串是否以指定字符串 suffix 结束,是则返回 True,否则返回 False。如果使用 beg 和 end 参数指定范围,则在指定范围内检查
replace(old, new [, max])	将字符串中的 old 字符串替换成 new 字符串,如果使用 max 参数,则替换次数不超过 max 次

(1) 字符串拆分 split()。

split()方法通过指定分隔符对字符串进行拆分,并返回拆分后的字符串列表,其语法格式如下。

```
string.split(str,num)
```

string 表示待拆分的字符串或字符串变量。str 表示分隔符，默认为空格，但是不能为空(' ')。若字符串中没有分隔符，则把整个字符串作为列表的一个元素。num 表示拆分次数，如果存在参数 num，则仅分割成 num＋1 个子字符串。

【例 7.1】 字符串的拆分。

```
print('I love apple'.split(' '))          #用空格拆分
print('I love BISTU'.split(' ',1))        #用空格拆分 1 次
#输出结果
['I', 'love', 'apple']
['I', 'love BISTU']
```

（2）字符串的连接 join()。

join()方法用于连接字符串序列，将字符串、元组、列表或字典列表中的元素以指定的分隔符连接，返回值为一个以分隔符连接各元素后生成的新字符串，其语法格式如下。

```
'sep'.join(seq)
```

sep 表示分隔符，可以为空。seq 表示要连接的元素序列、字符串、元组、字典等。如果连接字典，则连接字典的键，输出结果为所有键连接成的字符串。

【例 7.2】 字符串的连接。

```
dic = {'Chinese':89,'English':78,'Math':68}
';'.join(dic)
#运行结果
'Chinese;English;Math'
```

（3）去除字符串首尾的字符 strip()。

在数据分析时，经常会遇到数据有多余的空格、换行等字符，strip()方法可以删除字符串头尾指定的字符或字符序列，返回值为去除首尾字符的字符串。其语法格式如下。

```
string.strip(chars)
```

string 表示字符串或字符串变量。chars 为可选参数，表示要删除的字符，默认为删除空格、换行符\n、回车符\r、制表符\t。

【例 7.3】 strip()方法的使用。

```
'\r \t <课程介绍>\n\t '.strip( )
'< a href = 课程介绍> '.strip('< a href =>')

#运行结果
'<课程介绍>'
'课程介绍'
```

（4）字符统计 count()。

count()方法用于统计字符串里子字符串出现的次数，返回值为子字符串出现的次

数。其语法格式如下。

```
string.count(str, beg, end)
```

str 表示要统计在 string 中出现次数的子字符串。beg 表示搜索的开始位置,为可选参数,默认为第一个字符,第一个字符索引值为 0。end 表示搜索的结束位置,为可选参数,默认为字符串的最后一个位置。

【例7.4】　count()方法的使用。

```
string = 'Python在数据分析中占有很重要的位置,可以进行文本分析、图像分析。'
string.count('分析')
#运行结果
3
```

(5) 检查字符串的开头和结尾:startswith()和 endswith()。

startswith()方法用于判断字符串是否以指定字符串开头,是则返回 True,否则返回 False。其语法格式如下。

```
string.startswith(str, beg, end)
```

string 表示待检查的字符串或字符串变量。str 表示指定的字符串,检查是否以 str 开始。beg 表示搜索的开始位置,为可选参数,默认为第一个字符,第一个字符索引值为 0。end 表示搜索的结束位置,为可选参数,默认为字符串的最后一个位置。

【例7.5】　startswith()方法。

```
print('Python在数据分析中占有很重要的位置,可以进行文本分析、图像分析'.startswith
('Python'))
#输出结果
True
```

endswith()方法用于判断字符串是否以指定字符串结尾,如果以指定字符串结尾则返回 True,否则返回 False。其语法格式如下。

```
string.endswith(str, beg, end)
```

参数 string,str,beg,end 的含义与 startswith()方法相同。

【例7.6】　endswith()方法的使用。

```
print('Python在数据分析中占了很重要的位置'.endswith('Python'))
#输出结果
False
```

(6) 字符串替换 replace()。

replace()方法用于将字符串中的旧字符串替换成新字符串,返回值为替换后的字符串。其语法格式如下。

```
string.replace(old, new, max)
```

string 表示原字符串,old 表示将被替换的字符串,new 表示新字符串,用于替换 old

字符串。max 表示替换次数不超过 max 次。

【例 7.7】 字符串 replace()方法。

```
print('这是旧字符串')
print('这是旧字符串'.replace('旧','新'))
#输出结果
这是旧字符串
这是新字符串
```

7.2 字符串格式化输出

在 Python 3.6 之前,常用的字符串格式化方式主要有％和字符串的 format()方法两种。首先,介绍％格式化操作,字符串对象有一个内置操作符％,可以用于格式化操作,具体的使用方法如例 7.8 所示。

【例 7.8】 ％格式化操作。

```
#示例一
name = "John"
"Hello, % s." % name
#运行结果
'Hello, John. '
#示例二
name,age = "John",18
"Hello, % s.He is % s." % (name, age)
#运行结果
'Hello,John.He is 18.'
```

当字符串中嵌入多个变量时,需要使用元组。但是,当长字符串中含有过多的变量时,代码的可读性会下降,且容易出错。因此,引入了另外一种字符串格式化方式 format()方法。

7.2.1 format()方法

format()方法是字符串格式化方式的一种,其基本使用格式为<模板字符串>. format(<逗号分隔的参数>),模板字符串包含一系列用{}标识的槽,用来控制传入参数的位置和格式,因此模板字符串中的槽除了包括参数序号,还包括格式控制信息。

槽的内部样式如下。

{<参数序号>: <格式控制标记>}

当参数序号省略时,则按顺序传入参数。

其中格式控制标记用于控制参数显示时的格式。格式控制标记包括<填充>、<对齐>、<宽度>、<,>、<精度>和<类型>6 个字段,这些字段是可选的,也可以组合使用。表 7.2 为常用格式控制标记。

表 7.2　常用格式控制标记

格　式	含　义
:	引导符号
<填充>	用于填充的单个字符
<对齐>	＜ 左对齐 ＞ 右对齐 ^居中对齐
<宽度>	槽的设定输出宽度
,	数字的千位分隔符,适用于整数和浮点数
<精度>	浮点数小数部分的精度或字符串的最大输出长度
<类型>	整数类型：b,c,d,o,x,X 浮点数类型：e,E,f,％

【例 7.9】　字符串格式化输出的 format()方法。

```
print('2005 年,{1:＊<10}有{0:,}人口,用占世界{2:.1％}的土地,养活了世界约{3:.3％}的人
口'.format(1300000000,'中国',0.072,0.20000))
# 输出结果
2005 年,中国＊＊＊＊＊＊＊＊有 1,300,000,000 人口,用占世界 7.2％的土地,养活了世界约 20.000％
的人口
```

槽中参数序号从 0 开始,0、1、2、3 代表与 format()中参数的对应关系,如序号 0 与
1300000000 对应。序号 1 与“中国”对应。{1:＊<10}中,10 表示输出数据的宽度,如果
输出的数据宽度小于 10,则用 ＊ 号填充。{2:.1％}对应输出的是 0.072 的百分数形式,
保留 1 位小数。{3:.3％}是输出 0.20000 的对应百分数,保留 3 位小数。

7.2.2　f-string

f-string(字面量格式化字符串)也称作格式化字符串常量(Formatted string
literals),是 Python3.6 新引入的一种字符串格式化方法,该方法源于 PEP 498-Literal
String Interpolation,其主要目的是使格式化字符串的操作更加简便。f-string 在形式上
是以 f 或 F 修饰符引导的字符串(如 f'xxx'或 F'xxx'),以大括号{ }标明被替换的字段。
f-string 在本质上并不是字符串常量,而是一个在运行时运算求值的表达式。

【例 7.10】　字符串格式化输出的 f-string 方式。

f-string 方式可以对传入变量值进行格式化,格式控制标记与 format()方法一致。

本例中采用 f-string 方式对字符串进行格式化输出,打印输出的字符串前加 f 或 F
(注意 f 或 F 在引号之外),花括号中写明被替换的变量名。

```
name = 'Lily'
age = 18
print(f'{name} is {age} years old.')
# 输出结果
Lily is 18 years old.
```

【例7.11】　f-string 方式的变量值格式化。

f-string 方式可以对传入变量值进行格式化，格式控制标记与 format()方法一致。格式控制标记书写方式为变量名后跟冒号（:），冒号后写格式控制标记。

```
name = 'Lily'
age = 18.2345
print(f'{name} is {age:.2f} years old')
#输出结果
Lily is 18.23 years old
```

【例7.12】　f-string 方式的字典键值传入。

f-string 格式化也支持字典的键值传入，传入值时以 dictionary['key']的形式传入，其中 dictionary 表示字典变量名，key 表示字典 dictionary 中的键。

```
dict = {"name":'Lily',"age":18}
print(f'{dict["name"]} is {dict["age"]} years old')
print(f'{dict["name"]} is {dict["age"]:.2f} years old')
#输出结果
Lily is 18 years old
Lily is 18.00 years old
```

7.2.3　转义字符

字符串里常常存在一些如换行（\n）、制表符（\t）等带有反斜杠（\）的特殊含义的字符，这些字符被称为转义字符。Python 中常见的转义字符见表7.3。

表7.3　Python 中常见的转义字符

转 义 字 符	描　述	转 义 字 符	描　述
\（在行尾时）	续行符	\n	换行
\\	反斜杠符号	\v	纵向制表符
\'	单引号	\t	横向制表符
\"	双引号	\r	回车符
\a	响铃	\f	换页
\b	退格	\xyy	十六进制数 yy 代表的字符，例如，\x0a 表示换行
\e	转义		
\000	空	\other	其他的字符以普通格式输出

【例7.13】　转义字符的输出。

```
print('人生苦短\n请用 Python')
#输出结果
人生苦短
请用 Python
```

如果转义字符不需要转义,则可以采取在字符串前端引号外加 r 的方式实现,或使用双反斜杠(\\)。

【例 7.14】 转义字符不需要转义的格式化输出。

```
print(r'人生苦短\n 请用 Python')
print('人生苦短\\n 请用 Python')
#输出结果
人生苦短\n 请用 Python
人生苦短\n 请用 Python
```

7.3 正则表达式

正则表达式(Regular Expression)是一种特殊的字符序列,利用正则表达式能够灵活搜索或匹配字符串模式。其设计思想是用描述性的语言给字符串定义规则,凡是符合规则的字符串则认为"匹配",否则认为该字符串"不匹配"。

7.3.1 元字符

正则表达式中既可以包含普通字符,也可以包含元字符,元字符用来指定匹配模式。在应用正则表达式进行匹配时,正则表达式中的普通字符需要做精确匹配,而元字符指定的匹配模式对应了匹配规则。例如,普通字符'a'只匹配字符串中的'a',元字符'.'则可以匹配任意字符。Python 正则表达式常用的元字符有".、^、\$、*、+、?、\、|、{ }、[ ]、( )"等,表 7.4 列出了 Python 正则表达式构建中常用的元字符。

除了以上元字符,Python 正则表达式还提供了特殊序列表示特殊的含义,特殊序列由反斜杠(\)和一个字符组成。表 7.5 列出了 Python 正则表达式常见的特殊序列。

表 7.4　Python 正则表达式的元字符

元字符	说　　明	举　　例
.	代表任意字符	a..b 可以匹配以 'a' 开始以 'b' 结束的 4 个字符组成的字符串
|	逻辑或操作符	asdf | bkm 可以匹配字符串 asdf 或 bkm
[ ]	字符集	[abc] 表示匹配字符 'a'、'b' 或 'c'。[a-z] 表示匹配 'a'～'z' 的任意单个字符
-	定义一个区间	1-5 表示 1,2,3,4,5
*	前一个字符重复 0 次或多次	abc * 表示匹配 ab,abc,abcc,abccc,abcccc 等
+	前一个字符重复 1 次或多次	abc+表示匹配 abc,abcc,abccc 等
?	前一个字符重复 0 次或 1 次	abc? 表示匹配 ab 或 abc
[^]	对字符集合取非	[^abc] 表示匹配非 a、b、c 的其他单个字符
{n}	扩展前一个字符 n 次	ab{2}c 表示匹配 abbc
{m,n}	扩展前一个字符 m 至 n 次(含 n 次)	ab{2,4}c 表示匹配 abbc,abbbc,abbbbc
{n,}	至少匹配 n 次	a{n,} 表示匹配至少 n 次 a
^	匹配字符串的开头	^abc 判断一个字符串是否以 abc 开头

元字符	说　　明	举　　例
$	匹配字符串的结尾	abc $ 判断一个字符串是否以 abc 结尾
()	分组标记,内部用 | 分组	(abc | xyz)表示 abc 或 xyz

表 7.5　Python 正则表达式常见的特殊序列

特殊序列	代表的匹配字符	特殊序列	代表的匹配字符
\s	与所有空白字符匹配,等价于 [\t\v \n\f\r]	\D	等同于[^0-9],匹配非数字
\S	与所有非空白字符匹配,等价于[^\t \v\n\f\r]	\w	等同于[a-z0-9A-Z_],匹配大小写字母、数字和下画线
\d	等同于[0-9],表示 10 个数字中的任意一个	\W	等同于[^a-z0-9A-Z_],匹配非 a～z、0～9、A～Z 和_的字符

正则表达式的常见用法,小例如下。

- 描述北京常规的固话号码：'(010-)?[2-9][0-9]{7}'表示可选 010 前缀,2-9开头。
- 描述 IP 地址的简单正则表达式：\d{1,3}\. \d{1,3}\. \d{1,3}\. \d{1,3}。
- 描述 E-mail 的简单正则表达式：[0-9a-zA-Z.]+@[0-9a-zA-Z.]+? com。

7.3.2　re 模块

re 模块提供了正则表达式处理功能,导入 re 模块后,可以使用该模块的函数进行操作。compile()函数可以将正则表达式字符串编译为正则表达式对象,然后使用该对象的方法处理字符串,例 7.15 为采用 compile()函数生成正则表达式对象。

【例 7.15】　re. compile()的用法。

```
import re                    # 导入 re 模块
regular = re.compile('\s + ') # 将正则表达式字符串'\s + '生成正则表达式对象
type(regular)
# 运行结果
re.Pattern
```

生成的正则表达式对象可以用于查找匹配的字符串、字符串的替换及拆分等。

(1) 查找匹配的字符串。

正则表达式对象用于查找匹配字符串的方法主要有 search()、findall()、finditer()、match()和 fullmatch()。search()函数扫描整个字符串,进行模式匹配,且为贪婪匹配(最大/长的模式匹配),如果找到第一个匹配的位置,则返回一个 MatchObject 对象,存储匹配位置、匹配内容等信息。例如,电商平台的商品评价中,查找对相机质量的评价。

【例 7.16】　search()方法的使用。

下面代码首先生成正则表达式对象 pattern,正则表达式对象调用其方法 search()查找匹配的字符串。search()方法默认为贪婪匹配,即寻找最大/长的模式匹配。". *"表示匹配除换行符外的 0 个或任意个字符,采用{,5}限制间隔的字数最多为 5 个。

```
import re
pattern = re.compile('画质. * [好差]')
comments = '相机自动模式画质好,但是夜景模式画质差,不清晰。'
pattern.search(comments)
Out[1]: < re.Match object; span = (6, 19), match = '画质好,但是夜景模式画质差'>

pattern_1 = re.compile('画质.{,5}[好差]')
pattern_1.search(comments)
Out[2]: < re.Match object; span = (6, 9), match = '画质好'>
```

search()方法是从左到右寻找第一个与正则表达式匹配的内容,而不是找到所有匹配,贪婪匹配是查找第一个最大/长的匹配项。如果要获取所有匹配,可以采用 findall()方法,返回结果是匹配的列表。search()和 findall()方法均为贪婪匹配,即匹配最大/长的匹配项。为了避免错误,可以在设计正则表达式时限定字符数量。

【例 7.17】 findall()方法的使用。

```
import re
pattern = re.compile('画质. * [好差]')
comments = '相机自动模式画质好,但是夜景模式画质差,不清晰。'
pattern.findall(comments)
Out[1]: ['画质好,但是夜景模式画质差']

pattern_1 = re.compile('画质.{,5}[好差]')
pattern_1.findall(comments)
Out[2]: ['画质好', '画质差']
```

finditer()方法与 findall()方法的作用基本是一样的,区别在于 findall()方法返回的是列表,finditer()方法返回的是迭代器,迭代器用完之后可以自动释放内存。在处理的数据量较大时,finditer()方法非常有用,可以节省内存空间。

【例 7.18】 finditer()方法的使用。

```
import re
comments = '相机自动模式画质好,但是夜景模式画质差,不清晰。'
pattern_1 = re.compile('画质.{,5}[好差]')
iteration = pattern_1.finditer(comments)
for i in iteration:
    print(i)
# 运行结果
< re.Match object; span = (6, 9), match = '画质好'>
< re.Match object; span = (16, 19), match = '画质差'>
```

search()方法和 findall()方法匹配任意位置的模式。match()方法的不同之处在于只匹配出现在字符串开头的模式,即符合正则表达式的模式如果出现在字符串的开头,match()方法返回 MatchObject 对象,如果出现在中间位置或无匹配模式,则返回 None。match()方法也是贪婪匹配。它显然不存在匹配第一个还是多个的问题,因为从头开始的贪婪匹配显然只能有一种结果。

【例7.19】 match()方法的使用。

```
comments = '相机自动模式画质好,但是夜景模式画质差,不清晰。'
pattern = re.compile('画质. * [好差]')
mat = pattern.match(comments)
type(mat)
Out[1]: NoneType

comment_1 = '画质好,但是夜景模式画质差,不清晰。'
pattern.match(comment_1)
Out[2]: < re.Match object; span = (0, 13), match = '画质好,但是夜景模式画质差'>
```

match()方法只从字符串的开头匹配,而fullmatch()方法用于检测字符串是从头到尾匹配。查看例7.20的结果。

match()只从字符串的开头匹配；fullmatch()用于检测pattern,是从头到尾匹配。如例7.20所示,字符串模板升头为'画质',结尾为'好'或者'差',fullmatch()的计算结果只有comment_2匹配成功(见fmat_2的输出结果),而comment_1未匹配成功,输出结果为空(见fmat_1的输出结果),因为comment_1的结尾不是'好'或者'差'。

【例7.20】 fullmatch()方法的使用。

```
comment_1 = '画质好,但是这款夜间模式时画质差,不清晰'
comment_2 = '画质好,但是这款夜间模式时不清晰,画质差'
pattern = re.compile('画质. * [好差]')
fmat_ l = pattern.fullmatch(comment_1)
print(type(fmat_1))
#输出结果
< class'NoneType'>
fmat_ 2 = pattern.fullmatch(comment_2)
print(fmat_2)
#输出结果
< re.Match object; span = (0, 20), match = '画质好,但是这款夜间模式时不清晰,面质差'>
```

(2) 字符串的拆分。

split()方法能够实现字符串拆分,一般是基于默认或指定的分隔符进行拆分。利用正则表达式可以更加灵活地对字符串进行拆分,满足正则表达式的匹配项都可以作为分隔符。

【例7.21】 split()方法的使用。

```
pattern = '\\W + ' #正则表达式字符串表示匹配非大小写字母、数字和下画线的字符
comments = '小明#;男#;,信管2021&#;计算机'
pattern = re.compile(pattern)                #生成正则表达式对象
pattern.split(comments)                #正则表达式对象调用split()方法拆分字符串
Out[1]: ['小明', '男', '信管2021', '计算机']

pattern.split(comments,maxsplit = 2)         #maxsplit参数定义最大拆分次数,本例中为2次。
Out[2]: ['小明', '男', '信管2021&#;计算机']
```

（3）字符串的替换。

re 模块中用于字符串替换的方法有 sub() 和 subn()，这两个方法的用法基本相同，返回值不同。sub() 方法返回替换后的结果（仍是字符串），subn() 方法返回元组，元组的元素是替换后的字符串和替换的次数。

【例 7.22】　sub() 方法的使用。

```
import re
pattern = "(tomato)|(柿子)"
comment = "这个 tomato 可以做柿子炒鸡蛋。"
print(re.sub(pattern,"西红柿",comment))
print(re.sub(pattern,"西红柿",comment,count = 1))        # count 指定匹配次数 1 次
print(re.subn(pattern,"西红柿",comment))
# 运行结果
这个西红柿可以做西红柿炒鸡蛋。
这个西红柿可以做柿子炒鸡蛋。
('这个西红柿可以做西红柿炒鸡蛋。', 2)
```

（4）re 模块的使用模式。

前面在使用 re 模块中的方法时，先将正则表达式字符串生成正则表达式对象，然后用正则表达式对象调用各种方法，这种操作适合数据量较大时，因为正则表达式对象可以重复使用。

【例 7.23】　re 模块的使用一。

```
import re
comments = '< a href = "./whhd/202010/t20201007_232882.html" target = "_blank">跑起来吧,青年!</a></h3><p class = "item_abs">我校"校园健康跑"活动启动。'
pattern = re.compile('<[^<] * >')
pattern.sub('',comments)
pattern.subn('',comments)
# 运行结果
'跑起来吧,青年! 我校"校园健康跑"活动启动。'
('跑起来吧,青年! 我校"校园健康跑"活动启动。', 4)
```

在数据量较少时，不生成正则表达式对象，直接使用 re 模块的各函数是一种简便的操作。例 7.24 中 re.search() 使用时，re 模块直接调用 search() 函数，不生成正则表达式对象，一般第 1 个参数为正则表达式字符串，第 2 参数为目标字符串。

【例 7.24】　re 模块的使用二。

```
import re
comments = '相机画质好,但是夜间模式时画质差,不清晰'
print(re.search('画质. * [好差]',comments))
print(re.findall('画质.{,5}[好差]',comments))
print(re.split('\\W + ','小明#;男#;,信管 2001&#;计算机'))
# 运行结果
< re.Match object; span = (2, 16), match = '画质好,但是夜间模式时画质差'>
['画质好', '画质差']
['小明', '男', '信管 2001', '计算机']
```

7.4 实例：网页数据解析及输出

实际应用中,经常采用正则表达式结合字符串方法处理网页数据,本节实例展示了网页数据处理的基本过程。首先,通过设计合理的正则表达式提取网页中的内容。然后,选择合适的 Python 数据类型保存提取的内容,一般选择列表或字典。

图 7.1 展示了本实例中网页片段的内容。图 7.2 展示了该页面对应的 HTML 代码。

浙江大学：哲学问题
耶鲁大学：心理学导论
武汉大学：中国文化概论
厦门大学：创业投资
北京大学：古代汉语
南京大学：唐宋文学

图 7.1 课程列表网页片段

```
1  <p><a href="free?clickfrom=w_wygkk&pid=MEBIK7I67&mid=MEBIKILTH">浙江大学：哲学问题</a></p>
2  <p><a href="clickfrom=w_wygkk&pid=M6HUJ9GBL&mid=M6HUVL53R">耶鲁大学：心理学导论</a></p>
3  <p><a href="clickfrom=w_wygkk&pid=MEE4QR5AT&mid=MFF4R9LCH">武汉大学：中国文化概论</a></p>
4  <p><a href="clickfrom=w_wygkk&pid=MEFSV4CS3&mid=MEFSVBF82">厦门大学：创业投资</a></p>
5  <p><a href="clickfrom=w_wygkk&pid=MDNMO9891&mid=MDNMTERFP">北京大学：古代汉语</a></p>
6  <p><a href="clickfrom=w_wygkk&pid=MDVKUUOJC&mid=ME0BVVTIR#share-mob">南京大学：唐宋文学</a></p>
```

图 7.2 课程列表网页片段对应的 HTML 源代码

【例 7.25】 正则表达式使用案例。

```
comments = """<p><a href="free?clickfrom=w_wygkk&pid=MEBIK7I67&mid=MEBIKILTH">浙
江大学:哲学问题</a></p>
<p><a href="clickfrom=w_wygkk&pid=M6HUJ9GBL&mid=M6HUVL53R">耶鲁大学:心理学导
论</a></p>
<p><a href="clickfrom=w_wygkk&pid=MEE4QR5AT&mid=MEE4R9LCH">武汉大学:中国文化概论
</a></p>
<p><a href="clickfrom=w_wygkk&pid=MEFSV4CS3&mid=MEFSVBF82">厦门大学:创业投资</a>
</p>
<p><a href="clickfrom=w_wygkk&pid=MDNMO9891&mid=MDNMTERFP">北京大学:古代汉语</a>
</p>
<p><a href="clickfrom=w_wygkk&pid=MDVKUUOJC&mid=ME0BVVTIR#share-mob">南京大学:
唐宋文学</a></p>"""
import re
pattern = re.compile('<[^<]*>')          # 生成正则表达式对象
result_1 = pattern.sub('',comments)      # 替换目标字符串中匹配正则表达式的部分
result_2 = result_1.split('\n')          # 换行符拆分字符串,结果为列表
dic = {}                                 # 定义空字典用于存储结果
for i in result_2:
        res = i.split(':')               # 注意缩进和分隔符为中文的冒号
        dic[res[0]] = res[1]
dic
# 运行结果
{'浙江大学': '哲学问题',
 '耶鲁大学': '心理学导论',
 '武汉大学': '中国文化概论',
 '厦门大学': '创业投资',
 '北京大学': '古代汉语',
 '南京大学': '唐宋文学'}
```

最后输出课程数据,代码如下。

```
for key,item in dic.items( ):
    print(f'{key}所讲课程为:{item:<}')
#运行结果
浙江大学所讲课程为:哲学问题
耶鲁大学所讲课程为:心理学导论
武汉大学所讲课程为:中国文化概论
厦门大学所讲课程为:创业投资
北京大学所讲课程为:古代汉语
南京大学所讲课程为:唐宋文学
```

7.5　习题

一、单选题

1. 以下选项对 count( )、index( )、find( )方法描述正确的是(　　　)。

    A. count( )方法用于统计字符串里某个子字符串出现的次数

    B. find( )方法用于检测字符串中是否包含某个子字符串,如果包含该子字符串返回开始的索引值,否则会报一个异常

    C. index( )方法用于检测字符串中是否包含某个子字符串,如果该字符串不存在,返回−1

    D. 以上都正确

2. 以下选项中为 Python 中文分词的第三方库的是(　　　)。

    A. jieba　　　　　　B. itchat　　　　　　C. time　　　　　　D. turtle

3. 关于 Python 字符串,以下选项中描述错误的是(　　　)。

    A. 可以使用 datatype( )测试字符串的类型

    B. 输出带有引号的字符串,可以使用转义字符\

    C. 字符串是一个字符序列,字符串中的编号叫"索引"

    D. 字符串可以保存在变量中,也可以单独存在

4. 运行以下程序后,输出的结果为(　　　)。

```
str1 = "Beijing University"
str2 = str1[:7] + " Normal " + str1[-10:]
print(str2)
```

    A. Normal U　　　　　　　　　　B. Beijing Normal

    C. Normal University　　　　　　D. Beijing Normal University

5. 运行以下程序,输出的结果为(　　　)。

```
print(" love ".join(["Everyday","Yourself","Python",]))
```

    A. Everyday love Yourself　　　　　　B. Everyday love Python

    C. love Yourself love Python　　　　　D. Everyday love Yourself love Python

6. 下列选项中,能生成词云的 Python 第三方库为(　　　)。

    A. Matplotlib   B. TVTK   C. mayavi   D. WordCloud

二、编程题

1. 编写程序，分别实现如下功能。

（1）将字符串"python"转成大写。

（2）计算字符串"thon"在字符串"python"中出现的位置。

（3）用逗号分隔字符串"p,y,t,h,o,n"。

（4）有一个字符串 string＝"python is good.html"，采用不同的方法从这个字符串里获得.html前面的部分。

（5）获取字符串"Python is good"的长度。

（6）将字符串"Python is good"里的 good 替换成 perfect。

（7）字符串"Python is good\n"的末尾有一个回车符，将其删除。

2. 将自己姓名的汉语拼音（全部小写，姓和名之间用'.'隔开）赋值到 name 变量中，编写程序实现下述功能。

（1）将姓名中的首字母转成大写。

（2）判断 name 变量对应的值是否以"Zhao"开头，并输出结果。

（3）判断 name 变量对应的值是否以"han"结尾，并输出结果。

（4）从 name 变量中分别取出姓和名的拼音，并输出结果。

3. 利用正则表达式识别所有的字符串：'bat'，'bit'，'but'，'hat'，'hit'，'hut'。

4. 编程实现：利用正则表达式提取给定字符串中完整的年、月、日和时间字段。

5. 编程实现：利用正则表达式将给定字符串中所有的电子邮件地址识别出来，并替换为自己的电子邮件地址。

6. 从键盘输入一个中文字符串变量 s，内部包含中文逗号和句号。计算字符串 s 中的中文字符个数，不包括中文逗号和句号字符。用 jieba 分词后，显示分词的结果，用 / 分隔，并显示输出分词后的中文词语的个数，不包含逗号和句号。

7. 从键盘输入一个中文字符串变量 s，内部包含中文标点符号。用 jieba 分词，计算字符串 s 中的中文词汇个数，不包括中文标点符号。

（1）显示输出分词后的结果，用 / 分隔，以及中文词汇个数。

（2）统计分词后的词汇出现的次数，用字典结构保存。输出每个词汇出现的次数和出现次数最多的词汇。

第**8**章

文件读写

学习目标
- 掌握打开和关闭文件的方法。
- 掌握文件的读写操作。
- 掌握 CSV 模块读写文件的方法。
- 了解 JSON 库读写 JSON 数据的使用方法。

8.1　文件的读写

通常情况下,数据被存储在磁盘的文件中,需要打开文件并对文件中的数据进行读写操作,读写操作结束后需要关闭文件,释放内存资源。

8.1.1　文件的打开和关闭

Python 内置的文件打开函数为 open(),返回值为文件对象。

open()函数的基本语法为:

```
f = open(filename,mode)
```

其中 filename 表示文件路径的字符串,mode 表示打开模式,f 表示文件对象变量。

open()函数提供了 7 种打开模式,见表 8.1。

表 8.1　open()函数的 7 种打开模式

打开模式	含　　义
'r'	只读模式,如果文件不存在,返回异常 FileNotFoundError,为默认值
'w'	覆盖写模式,如果文件不存在则创建文件,存在则完全覆盖原文件
'x'	创建写模式,如果文件不存在则创建文件,存在则返回异常 FileExistsError
'a'	追加写模式,如果文件不存在则创建文件,存在则在原文件最后追加内容
'b'	二进制文件模式,配合'a'/'r'/'w'使用
't'	文本文件模式,为默认值
'+'	配合'r'/'w'/'x'/'a'一同使用,在原功能基础上增加同时读写功能('r+'模式默认为覆盖读写)

使用 open()函数打开文件并完成读写操作后,需要将文件关闭,否则文件会一直被 Python 进程占用,而不能被其他进程使用。关闭文件的方法为 close(),关闭方式为文件对象调用该方法。例 8.1 为文件打开与关闭的示例代码。

　　【例 8.1】 文件的打开与关闭。

```
f = open('D:\\test.txt','a + ')      ♯以'a + '(追加写、读)模式打开文件
print('文件是否关闭?', f.closed)
f.close( )                            ♯关闭文件
print('文件是否关闭?',f.closed)
♯运行结果
文件是否关闭? False
文件是否关闭? True
```

　　文件对象的 closed 属性用于判断当前文件的状态,如果文件对象的 closed 属性值为 True,表明文件为关闭状态,否则为打开状态。也可以使用 with 语句,with 语句在文件操作完后自动关闭文件,如例 8.2。

　　【例 8.2】 with 语句的使用。

```
with open('D:/test.txt','a + ') as f:
    pass
print('文件是否关闭?',f.closed)
♯运行结果
文件是否关闭? True
```

8.1.2　文件的读写操作

　　打开文件后,对文件的操作主要有"读"和"写"两种。"读"表示从打开的文件中读取内容;"写"表示向文件中写入内容。表 8.2 为 Python 常用的三种读文件的方法,其中 f 为文件对象变量。

　　下面以鸢尾花数据 Iris_data.csv 为例进行文件读写操作,表 8.3 为部分鸢尾花数据示例。

表 8.2　Python 中的三种读文件的方法

方　　法	含　　义
f.read(size)	从文件中读取整个文件内容,如果给出参数,读取前 size 长度的字符串或字节流
f.readline(size)	从文件中读取一行内容,如果给出参数,读取该行前 size 长度的字符串或字节流
f.readlines()	从文件中读取所有行,以每行为元素形成一个列表

表 8.3　鸢尾花数据示例

ID	Sepal length （花萼长度）	Sepal width （花萼宽度）	Petal length （花瓣长度）	Petal width （花瓣宽度）	Species （种类）
1	5.1	3.5	1.4	0.2	Iris-setosa
2	4.9	3	1.4	0.2	Iris-setosa

第8章 文件读写 129

续表

ID	Sepal length (花萼长度)	Sepal width (花萼宽度)	Petal length (花瓣长度)	Petal width (花瓣宽度)	Species (种类)
3	4.7	3.2	1.3	0.2	Iris-setosa
4	4.6	3.1	1.5	0.2	Iris-setosa
5	5	3.6	1.4	0.2	Iris-setosa

【例 8.3】 read()方法读取鸢尾花数据。

```
f = open('D:/Iris_data.csv')
f.read()
#运行结果
'ID,Sepal length,Sepal width,Petal length,Petal width,Species\n1,5.1,3.5,1.4,0.2,Iris-
setosa\n2,4.9,3,1.4,0.2,Iris-setosa\n3,4.7,3.2,1.3,0.2,Iris-setosa\n4,4.6,3.1,1.5,
0.2,Iris-setosa\n5,5,3.6,1.4,0.2,Iris-setosa'
```

读取结果为所有数据形成的字符串,包括换行符(\n),且此时文件读写位置移动到文件结尾,可以采用 seek()方法移动文件读写位置,其基本语法格式为:

```
f.seek(offset[, whence])
```

其中 f 代表文件对象变量;offset 代表偏移量,即需要移动偏移的字节数;whence 为可选参数,表示从哪个位置开始偏移,默认值为 0,0 代表从文件开头开始算起,1 代表从当前位置开始算起,2 代表从文件末尾算起。

【例 8.4】 seek()方法的使用。

```
In[1]:f.read(8)
Out[1]: ''
In[2]:f.seek(0)
Out[2]: 0
In[3]:f.read(3)                    #读取从当前文件操作指针开始的 3 个字符
Out[3]: 'ID,'
```

由于例 8.3 读取文件所有内容,此时文件读写位置指向文件结尾,因此语句 f.read(8)读入内容为空;f.seek(0)表示文件读写位置从文件开头偏移 0 字节,因此文件读写位置移动到文件开始位置。

【例 8.5】 readline()和 readlines()方法读取数据。

```
In[1]:f = open('D:/Iris_data.csv')
In[2]:f.readline()                           #读入一行数据
Out[2]: 'ID,Sepal length,Sepal width,Petal length,Petal width,Species\n'
In[3]:f.readlines()
Out[3]:
['1,5.1,3.5,1.4,0.2,Iris-setosa\n',
'2,4.9,3,1.4,0.2,Iris-setosa\n',
'3,4.7,3.2,1.3,0.2,Iris-setosa\n',
'4,4.6,3.1,1.5,0.2,Iris-setosa\n',
'5,5,3.6,1.4,0.2,Iris-setosa']
In[4]:f.close()
```

readlines()读取从读写位置开始的所有数据,结果为列表,原数据的一行为列表的一个元素,且元素类型为字符串。

　　"写"表示向打开的文件中写入内容,Python 常用的写数据方法为 write()和 writelines(),具体含义见表8.4,其中 f 为文件对象变量。向文件写入数据时,需要以能写的模式打开文件,如'w'、'x'、'a'、'r＋'等。

表 8.4　Python 的两种写文件的方法

函　　　数	含　　　义
f. write(s)	向文件写入一个字符串或字节流,s 为要写入的字符串或字节流
f. writelines(lines)	将元素为字符串的列表 lines 写入文件

　　例 8.6 为 write()方法的使用,当以'a＋'模式打开文件后,文件读写位置在文件结尾,因此当向文件写入数据时,直接在原有文件内容后附加写入的内容,返回值为写入的字符个数。此时文件读写位置移动到文件结尾,为了查看写入的内容,采用 seek()方法移动读写位置至文件开头,然后调用 readlines()方法读取文件内容,最后关闭文件。

【例 8.6】　write()方法的使用。

```
In[1]:f = open('G:/Iris_data.csv','a + ')    #以追加读写模式打开鸢尾花文件
In[2]:f.write('此数据是鸢尾花数据')          #向文件写入数据,写的数据追加到文件结尾
Out[2]: 9                                     #返回值为写入的字符个数
In[3]:f.seek(0)                               #文件读写位置移动到文件开始
Out[3]: 0
In[4]:f.readlines( )                          #读取文件所有内容
Out[4]:
['ID,width,Petal length,Petal width,Species\n',
'1,5.1,3.5,1.4,0.2,Iris - setosa\n',
'2,4.9,3,1.4,0.2,Iris - setosa\n',
'3,4.7,3.2,1.3,0.2,Iris - setosa\n',
'4,4.6,3.1,1.5,0.2,Iris - setosa\n',
'5,5,3.6,1.4,0.2,Iris - setosa\n',
'此数据是鸢尾花数据']
In[5]:f.close( )
```

　　例 8.7 为 writelines()方法的应用,与 write()方法不同的是,writelines()方法写入的内容是字符串组成的列表。

【例 8.7】　writelines()方法的使用。

```
f = open('G:/Iris_data.csv','a + ')
f.writelines(['北京\n','上海\n','广州\n','深圳'])
f.seek(0)
f.readlines( )
#运行结果
['ID,Sepal length,Sepal width,Petal length,Petal width,Species\n',
'1,5.1,3.5,1.4,0.2,Iris - setosa\n',
'2,4.9,3,1.4,0.2,Iris - setosa\n',
'3,4.7,3.2,1.3,0.2,Iris - setosa\n',
'4,4.6,3.1,1.5,0.2,Iris - setosa\n',
'5,5,3.6,1.4,0.2,Iris - setosa\n',
```

```
'北京\n',
'上海\n',
'广州\n',
'深圳']
```

8.2 CSV 文件读写

逗号分隔值（Comma-Separated Values，CSV）文件是一种国际通用的一维、二维数据存储格式。数据的各个元素之间一般用英文半角逗号分隔，扩展名为.csv。公开数据集鸢尾花数据即为 csv 格式，如图 8.1 所示。

```
ID,Sepal length,Sepal width,Petal length,Petal width,Species
1,5.1,3.5,1.4,0.2,Iris-setosa
2,4.9,3,1.4,0.2,Iris-setosa
3,4.7,3.2,1.3,0.2,Iris-setosa
4,4.6,3.1,1.5,0.2,Iris-setosa
```

图 8.1 鸢尾花数据的 csv 格式

Python 提供了 csv 模块，用于 csv 文件的读写操作，使用时需要事先导入 csv 库，即 import csv。表 8.5 列出了 csv 模块读写文件的常用方法。csv 表示 csv 模块的名称，w 表示 writer()方法返回的 writer 对象。

表 8.5 csv 模块读写文件的常用方法

方 法	含 义
csv.reader()	读操作，返回一个 reader 对象
csv.writer()	写操作，返回一个 writer 对象
w.writerow()	逐行写入
w.writerows()	同时写入多行

读取文件内容时，首先打开文件，然后利用 csv 模块的 reader()方法创建 reader 对象。如例 8.8 中的 r 即为 reader 对象。

【例 8.8】 csv 方法读文件。

```
f = open('G:/Iris_data.csv')
import csv
r = csv.reader(f)                    # 利用 reader()方法创建 reader 对象,参数为打开的文件对象
content_list = [con for con in r]    # 列表推导式
content_list
# 运行结果
[['ID', 'Sepal length', 'Sepal width','Petal length', 'Petal width', 'Species'],
['1', '5.1', '3.5', '1.4', '0.2', 'Iris-setosa'],
['2', '4.9', '3', '1.4', '0.2', 'Iris-setosa'],
['3', '4.7', '3.2', '1.3', '0.2', 'Iris-setosa'],
['4', '4.6', '3.1', '1.5', '0.2', 'Iris-setosa'],
['5', '5', '3.6', '1.4', '0.2', 'Iris-setosa']]
```

可以看出，reader 对象为可迭代对象，本例中采用列表推导式遍历 reader 对象 r，并以列表形式存储。

csv 模块在写数据时，首先创建 writer 对象，然后由 writer 对象调用 writerow()或 writerows()方法写入数据。例 8.9 为 writerow()方法的用法。

【例 8.9】 csv 写文件 writerow()方法的使用。

```
import csv
content = [['a','b','c','d'],['aa','bb','cc','dd']]
with open('G:/Iris_data.csv','at + ') as f:
    writer = csv.writer(f,lineterminator = '\n')  #lineterminator 指定换行符,默认为\r\n
    for item in content:
        writer.writerow(item)                      #利用 writerow( )方法,用循环逐行写入
with open('G:/Iris_data.csv','rt + ') as f:
    con = f.readlines( )
    print(con)
#运行结果
['ID,Sepal length,Sepal width,Petal length,Petal width,Species\n', '1,5.1,3.5,1.4,0.2,Iris
- setosa\n', '2,4.9,3,1.4,0.2,Iris - setosa\n', '3,4.7,3.2,1.3,0.2,Iris - setosa\n', '4,
4.6,3.1,1.5,0.2,Iris - setosa\n', '5,5,3.6,1.4,0.2,Iris - setosa\n', 'a,b,c,d\n', 'aa,bb,
cc,dd\n']
```

【例 8.10】 csv 写文件 writerows()方法的使用。

```
import csv
content = [['a','b','c','d'],['aa','bb','cc','dd']]
with open('G:/Iris_data.csv','at + ') as f:
    writer = csv.writer(f,lineterminator = '\n')
    #将嵌套列表内容写入 csv 文件,每个子列表为 csv 文件的一行,子列表的元素为一行中的一
个数据
    writer.writerows(content)
with open('G:/Iris_data.csv','rt + ') as f:
    con = f.readlines( )
    print(con)
#运行结果
['ID,Sepal length,Sepal width,Petal length,Petal width,Species\n', '1,5.1,3.5,1.4,0.2,Iris
- setosa\n', '2,4.9,3,1.4,0.2,Iris - setosa\n', '3,4.7,3.2,1.3,0.2,Iris - setosa\n', '4,
4.6,3.1,1.5,0.2,Iris - setosa\n', '5,5,3.6,1.4,0.2,Iris - setosaa,b,c,d\n', 'aa,bb,cc,dd\n']
```

8.3　JSON 库

JSON(Javascript Object Notation)格式可以对高维数据进行表达和存储，是一种轻量级的数据交换格式。JSON 格式以键值对方式存储数据，键和值分别用双引号标记(值为数字时可不用标记)，且键值之间以冒号分隔，如"key":"value"。JSON 格式有如下规则。

(1) 数据保存在键值对中。

(2) 键值对之间以逗号分隔。

（3）大括号保存键值对组成的对象。

（4）中括号保存对象组成的列表，对象之间以逗号分隔。

JSON 格式示例如下。

```
"课程介绍":[{"课程名称":"Python程序设计","理论学时":32,"实验学时":16},
            {"课程名称":"Web原理与应用开发","理论学时":32,"实验学时":24},
            ]
```

JSON 库是处理 JSON 格式数据的 Python 标准库，使用前需要导入该库 import json。

JSON 库包含两个过程：编码和解码。编码是将 Python 对象编码成 JSON 字符串，解码是 JSON 字符串解码为 Python 对象。JSON 库中编码函数为 dumps()，解码函数为 loads()。

dumps() 函数的语法格式如下。

```
dumps(obj,sort_keys = False,indent = None, ensure_ascii = True)
```

其中 obj 为 Python 数据对象，如字典变量；sort_keys 用于设置编码器是否按照顺序排序，值为 True 和 False，默认值为 False；indent 为根据数据格式缩进显示，值为缩进的空格个数；ensure_ascii 为设置是否允许包含非 ASCII 码字符，若为 True，则不包含非 ASCII 码字符（即全部为 ASCII 码字符），否则包含非 ASCII 码字符，默认值为 True。处理中文字符时，可将该参数值设为 False。

【例 8.11】 JSON 库中 dumps() 函数的使用。

```
dic = {'数学':90,'语文':88,'英语':78,'音乐':69}
json_1 = json.dumps(dic,indent = 4,ensure_ascii = False)
print(json_1)
# 运行结果
{
    "数学": 90,
    "语文": 88,
    "英语": 78,
    "音乐": 69
}
```

loads() 函数将 JSON 字符串解码为 Python 对象，其参数与 dumps() 方法基本相同。例 8.12 展示了 loads() 函数的使用，所用数据为例 8.11 中的编码结果 json_1。

【例 8.12】 JSON 库 loads() 函数的使用。

```
dic_1 = json.loads(json_1)
print(type(dic_1))                      # 解码结果 dic_1 为字典
print(dic_1)
# 运行结果
< class 'dict'>
{'数学': 90, '语文': 88, '英语': 78, '音乐': 69}
```

8.4　实例

本节结合实例介绍文件的读写过程。文件"某市 2014—2019 年基本数据.csv"存储了某市 2014—2019 年的基本数据，如表 8.6 所示。本实例将 2013 年的数据写入文件，并输出 2013 年数据的 JSON 格式。2013 年的基本数据：GDP 为 19500.6 亿元，比上年增长 5.2%，常住人口 2069.3 万，人均 GDP 达到 9.32 万元。

表 8.6　某市 2014—2019 年的基本数据

年份	GDP(亿元)	增速(%)	常住人口(万)	人均 GDP(万元)
2019	35371.3	6.1	2153.6	16.4
2018	30320	6.6	2154.2	14
2017	28000.4	6.7	2170.7	12.9
2016	24899.3	6.7	2172.9	11.5
2015	22968.6	6.9	2170.5	10.6
2014	21330.8	7.3	2151.6	10

2013 年数据隐藏在文字描述段落的不同子句中，通过分析该文字描述，可以发现子句之间用逗号(,)分隔，各个数据均带有小数位(年份除外)，数据顺序与"某市 2014—2019 年基本数据.csv"中的字段顺序一致。因此，从文字描述中提取 2013 年数据可采取以下步骤。

(1) 分割字符串：将该文字描述采用字符串的 split()方法进行分割。

(2) 提取数据：利用正则表达式提取数据，并将数据存入列表中。

(3) 存储数据：将提取的数据写入文件"某市 2014—2019 年基本数据.csv"。

(4) 输出数据：输出 2013 年的 JSON 格式数据。

例 8.13 展示了上述文件读写的过程。

【例 8.13】　"某市 2014—2019 年的基本数据"文件读写实例。

```
# 导入相关库
import csv
import re
import json
# 步骤(1)~(2):将数据内容表达成字符串,对该字符串进行分割,并通过正则表达式提取数据存
入列表
content_2013 = '2013 年数据为,GDP 为 19500.6 亿元,比上年增长 5.2 %,常住人口 2069.3 万,人
均 GDP 达到 9.32 万元'
pattern = re.compile('\d + (.\d + )?')
num_2013 = []
for num in content_2013.split(','):
    num_2013.append(eval(pattern.search(num).group( )))
# 步骤(3)将提取的数据写入文件并读取 2013 年数据,编码为 JSON 格式
with open('G:\\某市 2014—2019 年基本数据.csv',mode = 'a + ') as f:
    data = csv.writer(f, lineterminator = '\n')
    data.writerow(num_2013)
    f.seek(0)
```

```
    content = f.readlines( )
    num_2013 = { }
    for key, value in zip(content[0].strip( ).split(','),content[-1].strip( ).split(',')):
        num_2013[key] = eval(value)
#步骤(4)将 2013 年数据编码为 JSON 格式并输出
    json_2013 = json.dumps(num_2013,indent = 4,ensure_ascii = False)
    print(json_2013)
#运行结果
{
    "年份": 2013,
    "GDP(亿元)": 19500.6,
    "增速(%)": 5.2,
    "常住人口(万)": 2069.3,
    "人均 GDP(万元)": 9.32
}
```

8.5 习题

一、单选题

1. 文件 book.txt 在当前程序所在目录内,其内容是文本：book,下面代码的输出结果是(　　)。

```
txt = open("book.txt", "r")
print(txt)
txt.close( )
```

A. book.txt   B. txt

C. book   D. 以上答案都不对

2. 关于 Python 对文件的处理,以下选项中描述错误的是(　　)。

   A. Python 通过解释器内置的 open() 函数打开一个文件

   B. 当文件以文本方式打开时,读写按照字节流方式

   C. 文件使用结束后要用 close() 方法关闭,释放文件的使用授权

   D. Python 能够以文本和二进制两种方式处理文件

3. 以下选项中不是 Python 对文件的写操作方法的是(　　)。

   A. writelines   B. write 和 seek   C. writetext   D. write

4. Python 文件只读打开模式是(　　)。

   A. w   B. x   C. b   D. r

5. Python 文件读取方法 read(size) 的含义是(　　)。

   A. 从头到尾读取文件所有内容

   B. 从文件中读取一行数据

   C. 从文件中读取多行数据

   D. 从文件中读取指定 size 大小的数据,如果 size 为负数或空,则读取到文件结束

二、编程题

1. 从键盘输入一个字符串，将小写字母全部转换成大写字母，然后输出到一个磁盘文件 test.txt 中保存

2. 文件 data.txt 文件中有多行数据，打开文件，读取数据并将其转化为列表。统计读取的数据，计算每一行的总和与平均值，在屏幕上输出结果。

文件内容示例如下。

```
Chinese:86,Math:90,English:92, Physical:78,Program:90
```

屏幕输出结果示例如下。

```
总和是：436.0,平均值是：87.2
```

3. 创建文件 data.txt，文件共 100 行，每行存放一个 1~100 的整数。

4. 把一个数字的 list 从小到大排序，并写入文件，然后从文件中读取文件内容，进行反向排序，再追加到文件的下一行。

5. 古代航海人为了方便在航海时辨别方位和观测天象，将散布在天上的星星运用想象力将它们连接起来，有一半是在古代已命名，另一半是近代开始命名的。两千多年前古希腊的天文学家希巴克斯命名十二星座，依次为白羊座、金牛座、双子座、巨蟹座、狮子座、处女座、天秤座、天蝎座、射手座、摩羯座、水瓶座和双鱼座。给出二维数据存储 CSV 文件（SunSign.csv），内容如下。

```
星座,开始月日,结束月日,Unicode
水瓶座,120,218,9810
双鱼座,219,320,9811
白羊座,321,419,9800
金牛座,420,520,9801
双子座,521,621,9802
巨蟹座,622,722,9803
狮子座,723,822,9804
处女座,823,922,9805
天秤座,923,1023,9806
天蝎座,1024,1122,9807
射手座,1123,1221,9808
摩羯座,1222,119,9809
```

编写程序，读入 CSV 文件中数据，循环获得用户输入，直至用户输入"exit"退出。根据用户输入的星座名称，输出此星座的开始月日、结束月日及对应字符编码。如果输入的星座名称有误，则输出"输入星座名称有误!"。

三、简答题

1. 列出文件的不同访问模式并说明其含义。

2. 简述 read、readline 和 readlines 之间的区别。

进 阶 篇

第 **9** 章

NumPy库

学习目标
- 掌握 NumPy 的 ndarray 对象。
- 掌握 ndarray 对象的创建和属性。
- 了解 ndarray 对象元素的标准数据类型。
- 掌握 ndarray 对象的基本操作。

9.1 NumPy 概述

NumPy(Numerical Python)是 Python 科学计算的第三方基础库之一,支持多维数组与矩阵运算,此外也提供大量的数学函数库用于数组运算。NumPy 的前身是 Numeric,最早由 Jim Hugunin 与其他协作者共同开发。2005 年,Travis Oliphant 在 Numeric 中融合了同性质的程序库 Numarray 的特色并扩展,进而开发了 NumPy。NumPy 库使用前需要先导入,且通常取别名 np,即 import numpy as np。本章中如没有特别说明,np 即指 NumPy 库。

9.1.1 NumPy 的数据对象

NumPy 库处理的基础数据对象是由同种元素构成的多维数组(NumPy 中称为 ndarray),简称数组。数组中所有元素的类型必须是相同的。如下例所示,所有元素均为整型。

```
[[1,2,3],
[4,5,6]]
```

ndarray 数据对象的维度(dimensions)称为轴,轴的个数称为秩(rank)。例如,一维数组[1,2,1]是秩为 1 的数组,因为它只有一个轴(一维)。

图 9.1 显示的是秩为 2(二维)的数组。它的第 1 个轴(第 1 维)的长度是 2,如图 9.1 中①所示,第 2 个轴(第 2 维)的长度是

①$\begin{bmatrix} [1,2,3], \\ [4,5,6] \end{bmatrix}$
②

图 9.1 ndarray 数据对象的秩和轴

3,如图 9.1 中②所示。

9.1.2 NumPy 数组的创建

NumPy 库的 ndarray 数组创建的方法主要有 2 种：利用内置函数创建和从列表或元组创建。

（1）利用内置函数创建。

面对大型数组时，用 NumPy 内置函数创建数组是一种高效的方法，表 9.1 列出了 NumPy 中常见的创建 ndarray 对象的函数。

表 9.1　NumPy 创建数组内置函数

函　　数	描　　述
np. arange(x,y,i)	创建一个由 x~y,以 i 为步长的数组
np. linspace(x,y,n)	创建一个由 x~y,等分成 n 个元素的数组
np. indices((m,n))	返回 m×n 矩阵的索引
np. random. rand(m,n)	创建一个 m×n 的随机数组,取值为[0,1),不包括 1
np. random. randn(m,n)	创建服从标准正态分布的随机样本值
np. ones((m,n), dtype)	创建一个 m×n 的元素全为 1 的数组,dtype 为数据类型
np. zeros((m,n), dtype)	创建一个 m×n 的元素全为 0 的数组,dtype 为数据类型

【例 9.1】　内置函数 arange()创建数组。

```
import numpy as np
a = np. arange(2,10,2)          #步长为 2
a
#运行结果
array([2, 4, 6, 8])
```

（2）从列表或元组创建。

NumPy 中的 array()方法可以从列表或元组创建 ndarray 实例数组。

【例 9.2】　从列表或元组创建 ndarray 数组。

```
np. array([[1,2,3],[4,5,6]])    #从列表创建
Out[1]:                          #输出结果
array([[1, 2, 3],
       [4, 5, 6]])

np. array(((1,2,3),(4,5,6)))    #从元组创建
Out[2]:                          #输出结果
array([[1, 2, 3],
       [4, 5, 6]])
```

9.1.3 NumPy 标准数据类型

NumPy 的 ndarray 对象类似 C 语言中的数组，数组中每个元素的数据类型相同。在创建 ndarray 对象时，可以通过设置 dtype 参数指定数组中元素的数据类型。表 9.2 列出

了 NumPy 支持的标准数据类型。

表 9.2　NumPy 支持的标准数据类型

数据类型	描 述
bool	布尔型(真：True，假：False)，用 1 字节存储
intc	同 C 语言中 int(通常是 int64 或 int32)
int8	1 字节长度的整型(范围为 $-128\sim127$)
int16	2 字节长度的整型(范围为 $-32\ 768\sim32\ 767$)
int32	4 字节长度的整型(范围为 $-2\ 147\ 483\ 648\sim2\ 147\ 483\ 647$)
int64	8 字节长度的整型(范围为 $-9\ 223\ 372\ 036\ 854\ 774\ 808\sim9\ 223\ 372\ 036\ 854\ 774\ 807$)
uint8	无符号整型(范围为 $0\sim255$)
uint16	无符号整型(范围为 $0\sim65\ 535$)
uint32	无符号整型(范围为 $0\sim4\ 294\ 967\ 295$)
uint64	无符号整型(范围为 $0\sim18\ 446\ 744\ 073\ 709\ 551\ 615$)
float16	半精度浮点型：符号占 1 比特位，指数占 5 比特位，尾数 10 比特位
float32	单精度浮点型：符号占 1 比特位，指数占 8 比特位，尾数占 23 比特位
float64	双精度浮点型：符号占 1 比特位，指数占 11 比特位，尾数占 52 比特位
complex64	复数，由两个 32 位浮点数表示
complex128	复数，由两个 64 位浮点数表示

可以看出，NumPy 支持多种数据类型。与数值型 dtype 的命名方式相同，如类型名 float，后面数字表示各元素的位长。标准的双精度浮点数占用 8 字节，该类型在 NumPy 中记为 float64。通常情况下无须记住这些数据类型，只需要知道所处理数据的大致类型是浮点数、整数、字符串、复数、布尔型等即可。

例 9.3 展示了在创建 ndarray 对象时，通过 dtype 参数指定数组中元素的数据类型。

【例 9.3】　指定数组中元素的数据类型。

```
np.ones((3,2),dtype = 'float16')      #指定数据元素类型为 float16
#运行结果
array([[1., 1.],
       [1., 1.],
       [1., 1.]], dtype = float16)
```

9.1.4　NumPy 数组的常用属性

属性是 ndarray 对象特征的描述。分析数据时，经常需要查看 ndarray 对象的维度大小、数据类型等属性。ndarray 对象的常用属性如表 9.3 所示(注：表中 ndarray 表示数组对象实例)，例 9.4 展示了查看 ndarray 对象属性的基本操作。

表 9.3　ndarray 对象的常用属性

属 性	描 述
ndarray. ndim	数组轴的个数，即秩
ndarray. shape	数组在各个维度上的大小(以元组形式呈现)
ndarray. size	数组元素的个数

属　　性	描　　述
ndarray.dtype	数组中元素的数据类型
ndarray.itemsize	数组中每个元素的字节大小
ndarray.data	数组元素的缓冲区地址

【例9.4】　ndarray数组的属性。

```
a = np.array(((1,2,3),(4,5,6)))
print('数组a:\n',a)
print('数组a的秩:',a.ndim)
print('数组a的各个维度大小:',a.shape)
print('数组a的元素个数:',a.size)
print('数组a的元素数据类型:',a.dtype)
print('数组a的元素字节大小:',a.itemsize)
print('数组a的缓冲区地址:',a.data)
#运行结果
数组a:
[[1 2 3]
 [4 5 6]]
数组a的秩: 2
数组a的各个维度大小: (2, 3)
数组a的元素个数: 6
数组a的元素数据类型: int32
数组a的元素字节大小: 4
数组a的缓冲区地址: <memory at 0x00000220EDFFADC8>
```

9.2　NumPy数组的基本操作

在数据分析应用中,NumPy数组的基本操作在处理数据时比较重要,常用的数据分析库Pandas也是建立在NumPy数组的基础之上。本节将介绍一些NumPy数组的常见操作,包括索引、切片、变形、拼接、切分、转置、翻转等,以及NumPy数组的通用函数。

扫一扫

视频讲解

9.2.1　NumPy数组的索引

获取数组中的单个元素或修改元素的值时,常用索引的方式,NumPy数组的索引与列表索引方法类似。在一维数组中,可以通过中括号指定索引位置(第一个元素索引为0)获取元素数值,同样也可以像列表一样采用负值索引(最后一个元素索引为-1)。例9.5为一维ndarray对象索引的常见方式。

【例9.5】　一维数组的索引。

```
a = np.array([4,6,7,3,0,1])
a[0]                          #索引第1个元素
Out[1]: 4
```

```
a[-1]                                    #索引最后一个元素
Out[2]: 1

a[0] = 100                               #通过索引修改索引位置为0的值
a
Out[3]: array([100, 6, 7, 3, 0, 1])
```

对于多维数组,需要用逗号分隔不同维度的索引来获取元素或修改索引位置元素的值,如例9.6所示。

【例9.6】 多维数组的索引。

```
a = np.array([[1,2,3],[4,5,6]])
a[0,0]                                   #用逗号分隔2个维度的索引位置
Out[1]: 1

a[-1,0]
Out[2]: 4

a[-1,-1] = 90                            #修改索引位置为[-1,-1]的值
a
Out[3]:
array([[ 1,  2,  3],
       [ 4,  5, 90]])
```

9.2.2 NumPy 数组的切片

索引可以用于获取数组中的单个元素,与索引不同,切片是获取数组的子数组,子数组可以只包含一个元素,也可以包含多个元素。获取数组切片的格式如下。

```
x[start:stop:step]
```

其中,start 表示起始索引位置,stop 表示终止索引位置,step 表示步长,3 个参数之间用冒号(:)分隔。默认值为 start=0,step=1。与列表类似,参数 start、stop 和 step 均可为负值。例9.7 和9.8 分别展示了一维数组切片在步长为正和为负时的使用。

(1)一维数组切片。

【例9.7】 一维数组切片(步长为正值)。

```
a = np.array([4,6,7,3,0,1])

a[:3]
Out[1]: array([4, 6, 7])

a[3:]
Out[2]: array([3, 0, 1])

a[3:6]              #默认终止索引为维度的大小6
Out[3]: array([3, 0, 1])

a[2:5]
```

```
Out[4]: array([7, 3, 0])

a[::2]              #起始索引和终止索引均默认,步长 step 为 2
Out[5]: array([4, 7, 0])

a[-4:-1:2]         #采用负值索引
Out[6]: array([7, 0])
```

数组切片步长 step 也可以是负值。例 9.8 为数组切片时步长为负值的用法。

【例 9.8】 一维数组切片(步长为负值)。

```
a = np.array([4,6,7,3,0,1])
a[::-1]
Out[1]: array([1, 0, 3, 7, 6, 4])        #逆序

a[2::-2]
Out[2]: array([7, 4])
```

(2) 多维数组切片。

多维数组切片与多维数组索引类似,但是需要用逗号分隔不同的维度,对于二维数组,先索引行,再索引列。例 9.9 为多维数组切片的用法。

【例 9.9】 多维数组切片。

```
a = np.array([[1,2,3,4],[5,6,7,8],[9,10,11,12]])
a[:2,:2]
Out[1]:
array([[1, 2],
       [5, 6]])

a[:,::2]
Out[2]:
array([[ 1, 3],
       [ 5, 7],
       [ 9, 11]])
a[::-1,::-1]                #step 为负,行和列分别逆序
Out[3]:
array([[12, 11, 10, 9],
       [ 8, 7, 6, 5],
       [ 4, 3, 2, 1]])
```

切片可以获取只包含一个元素的数组,与索引获取一个元素有重要区别。索引获取结果即为该单个元素本身,切片获取结果为该单个元素形成的 ndarray 对象。例 9.10 通过实例比较索引与切片结果只有一个元素时的区别。

【例 9.10】 切片与索引结果的比较。

```
a = np.array([[1,2,3,4],[5,6,7,8],[9,10,11,12]])
b = a[1:2,1:2]                #切片
b
```

```
Out[1]: array([[6]])                      #切片结果

b. shape
Out[2]: (1, 1)                            #切片结果为(1,1)的数组

c = a[1,1]                                #索引
c
Out[3]: 6                                 #索引结果

c. shape
Out[4]: ( )                               #索引结果为单个元素,为标量

type(b)
Out[5]: numpy. ndarray                     #切片结果 b 为数组

type(c)                                   #索引结果 c 为一个整型的数值
Out[6]: numpy. int32
```

数组切片得到的是原数组的视图,视图与原数组的物理内存在同一位置,视图是原数组的别称或引用,通过该别称或引用可访问、操作原数组。如果对视图进行修改,会影响到原数组,使用时应当注意。例 9.11 为通过实例说明数组切片结果为视图。

【例 9.11】 ndarray 数组切片。

```
a = np.array([[1,2,3,4],[5,6,7,8],[9,10,11,12]])
b = a[:1,:]
b
Out[1]: array([[1, 2, 3, 4]])

b[:,:] = 99                               #修改切片结果的值
b
Out[2]: array([[99, 99, 99, 99]])

a
Out[3]:
array([[99, 99, 99, 99],                  #原数组 a 也被修改
       [ 5, 6, 7, 8],
       [ 9, 10, 11, 12]])
```

9.2.3 NumPy 数组形态的操作/变形

NumPy 数组的形态是指数组在各个维度上的大小,数组形态的操作是指改变数组在各个维度上的大小,也称作数组形态的重构或变形。常用数组形态的操作方法如表 9.4 所示(表中 ndarray 表示数组实例化对象)。

表 9.4　常用数组形态的操作方法

方　　法	描　　述
ndarray. reshape(m,n)	返回形态为(m,n)的新数组,原数组 ndarray 的形态保持不变
ndarray. resize(m,n)	直接改变原数组 ndarray 的形态为(m,n),没有返回值

方　法	描　述
ndarray.swapaxes()	将数组 ndarray 的两个维度进行调换,返回维度调换后的新数组,原数组 ndarray 的形态保持不变
ndarray.flatten()	返回数组 ndarray 展开形成的一维新数组,原数组 ndarray 的形态保持不变
ndarray.ravel()	返回数组 ndarray 展开形成的一维数组的视图,原数组 ndarray 的形态保持不变

【例 9.12】 ndarray 数组形态操作的 reshape()方法。

```
a = np.array([[1,2,3],[4,5,6]])
Out[1]:              #数组 a 的形态为(2,3)
array([[1, 2, 3],
       [4, 5, 6]])
b = a.reshape(3,2)   #数组 a 调用 reshape()方法,生成形态为(3,2)的新数组,并将返回值赋给 b
b                    #查看数组 b,数组 b 的形态为(3,2)
Out[2]:
array([[1, 2],
       [3, 4],
       [5, 6]])

a                    #查看数组 a,数组 a 的形态不变
Out[3]:
array([[1, 2, 3],
       [4, 5, 6]])
```

【例 9.13】 ndarray 数组形态操作的 resize()方法(数组 a 同例 9.12)。

```
c = a.resize(3,2)    #数组 a 调用 resize()方法改变数组形态,并将结果赋给 c
c                    #查看 c,结果 c 无值,可见 resize()方法没有返回值
type(c)              #查看 c 的类型,结果为 NoneType
Out[1]: NoneType

a                    #数组 a 形态改变为(3,2),resize()直接改变原数组的形态
Out[2]:
array([[1, 2],
       [3, 4],
       [5, 6]])

a.shape
Out[3]: (3, 2)
```

【例 9.14】 ndarray 数组形态操作 swapaxes()方法(数组 a 同例 9.12)。

```
a
Out[1]:
array([[1, 2, 3],
       [4, 5, 6]])
```

```
d = a.swapaxes(0,1)        #交换数组 a 第 0 和第 1 个轴维度的大小,并赋给 d
d                          #查看数组 d,为数组 a 的转置
Out[2]:
array([[1, 4],
       [2, 5],
       [3, 6]])

a                          #查看数组 a,数组 a 保持不变
Out[3]:
array([[1, 2, 3],
       [4, 5, 6]])
```

　　数组形态操作的 flatten()方法和 ravel()方法作用相同,都是将数组展开为一维数组,两种方法都有返回值,原数组不变。其区别在于 ravel()方法返回的是视图,在视图上的修改会影响到原数组中,而 flatten()方法返回的是原数组的拷贝。例 9.15 和 9.16 展示了两者的异同。

【例 9.15】 ndarray 数组形态操作的 flatten()方法。

```
a
Out[1]:
array([[1, 2, 3],
       [4, 5, 6]])

e = a.flatten()
e               #返回新数组 e,原数组 a 不变
Out[2]: array([1, 2, 3, 4, 5, 6])

a
Out[3]:
array([[1, 2, 3],
       [4, 5, 6]])

e[0] = 100     #修改数组 e 的值,数组 a 不变,说明 flatten 方法返回的是原数组的拷贝
e
Out[4]: array([100,    2,    3,    4,    5,    6])

a
Out[5]:
array([[1, 2, 3],
       [4, 5, 6]])
```

【例 9.16】 ndarray 数组形态的操作的 ravel()方法。

```
f = a.ravel()      #利用 ravel()方法,返回 f
f
Out[1]: array([1, 2, 3, 4, 5, 6])
a
Out[2]:
array([[1, 2, 3],
```

```
       [4, 5, 6]])

f[0] = 100          #修改数组 f 的值,原数组 a 发生变化,说明 ravel( )方法返回的是视图
f
Out[3]: array([100,    2,    3,    4,    5,    6])
a
Out[4]:
array([[100,    2,    3],
       [ 4,    5,    6]])
```

9.2.4 NumPy 数组的拼接与切分

在分析数据时,有时需要将数组拼接或切分。数组的拼接是指将多个数组拼接为一个数组。数组的切分是指将数组分割为若干子数组。

(1) 数组的拼接。

在 NumPy 库中,数组拼接的常用函数有 vstack( )、hstack( )和 concatenate( )。其中,hstack( )为沿水平方向拼接(按列);vstack( )为沿垂直方向拼接(按行);concatenate( )可自定义拼接方向。

vstack( )和 hstack( )的参数为要拼接的 ndarray 对象组成的元组或列表。例 9.17 和例 9.18 为 vstack( )和 hstack( )的使用。注意:要拼接的 ndarray 对象的维度大小。

【例 9.17】 用 vstack( )实现拼接。

```
a = np.array([1, 2, 3])
b = np.array([2, 3, 4])
np.vstack((a,b))       #注意:两个数组以元组或列表的形式组成一个参数,也可以写为[a,b]
#运行结果
array([[1, 2, 3],
       [2, 3, 4]])
```

【例 9.18】 用 hstack( )实现拼接。

```
a = np.array((1,2,3))
b = np.array((2,3,4))
np.hstack((a,b))
#运行结果
array([1, 2, 3, 2, 3, 4])
```

【例 9.19】 用 concatenate ( )实现拼接。

concatenate( )的语法格式为 np. concatenate((a1,a2,…), axis)。其中 a1,a2,… 表示要拼接的数组。在使用 concatenate( )拼接时,axis=0 表示按行拼接,axis=1 表示按列拼接,默认 axis=0,如图 9.2 所示。

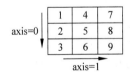

图 9.2 axis 参数

```
a = np.array([[1, 2], [3, 4]])
b = np.array([[5, 6]])
```

```
np.concatenate((a, b), axis = 0)              # axis = 0,表示按行拼接
# 运行结果
array([[1, 2],
       [3, 4],
       [5, 6]])
```

（2）数组的切分。

在 NumPy 库中,数组的切分常用的函数包括 vsplit（）、hsplit（）和 split（）。其中 vsplit（）和 hsplit（）分别为按行和按列切分,split（）方法可自定义切分方式。

【例 9.20】　用 vsplit（）实现切分。

```
import numpy as np
a = np.arange(9).reshape(3,3)
a
print(np.vsplit(a,3))       # 切分为 3 个子数组
print(np.vsplit(a,[2]))     # 在行索引 2 之前切分

# 运行结果
array([[0, 1, 2],
       [3, 4, 5],
       [6, 7, 8]])
[array([[0, 1, 2]]), array([[3, 4, 5]]), array([[6, 7, 8]])]
[array([[0, 1, 2],[3, 4, 5]]), array([[6, 7, 8]])]
```

【例 9.21】　用 hsplit（）实现切分。

```
a = np.arange(6).reshape(2,3)
a
print(np.hsplit(a,3))       # 切分为 3 个子数组
print(np.hsplit(a,[2]))     # 按位置[2]切分
# 运行结果
array([[0, 1, 2],
       [3, 4, 5]])
[array([[0], [3]]), array([[1], [4]]), array([[2], [5]])]
[array([[0, 1], [3, 4]]), array([[2], [5]])]
```

【例 9.22】　split（）函数的使用。

split（）的语法格式如下。

```
np.split (ary,indices_or_sections, axis)
```

其中 ary 表示要切分的数组。indices_or_sections 表示切分方式,当该参数为整数时,表示平均切分;当该参数为索引组成的元组或列表时,表示在索引位置切分。axis 表示数组切分的轴,对于二维数组,axis＝0 表示按行切分,axis＝1 表示按列切分,默认 axis＝0。

```
a = np.arange(6).reshape(3,2)      # arange(6) 生成一个等差数列,包含 0,1,2,3,4,5
a
print(np.split(a,3))               # 分成 3 个子数组
```

```
print(np.split(a,[1],axis = 1))          #按位置切分
#运行结果
array([[0, 1],
       [2, 3],
       [4, 5]])
[array([[0, 1]]), array([[2, 3]]), array([[4, 5]])]
[array([[0], [2], [4]]), array([[1], [3], [5]])]
```

9.2.5　NumPy 数组的转置与翻转

NumPy 库中，数组的转置可以用 transpose()方法，还可以用特殊的 T 属性。这两种方法均为数组对象的方法，因此需要用数组对象调用。

【例 9.23】　数组转置的用法。

```
a = np.arange(6).reshape(3,2)
a.T
#运行结果
array([[0, 2, 4],
       [1, 3, 5]])
```

数组翻转的方法有 fliplr()和 flipud()。fliplr()对数组左右翻转；flipud()对数组上下翻转。

【例 9.24】　数组翻转。

```
a = np.arange(6).reshape(2,3)
np.fliplr(a)                             #左右翻转
Out[1]:
array([[2, 1, 0],
       [5, 4, 3]])

np.flipud(a)                             #上下翻转
Out[2]:
array([[3, 4, 5],
       [0, 1, 2]])
```

9.2.6　NumPy 数组的通用函数

通用函数(ufunc)是一种对 ndarray 数组执行元素级运算的函数，一元 ufunc 常用的函数见表 9.5。

表 9.5　一元 ufunc 常用的函数

函　　　数	描　　　述
np.sqrt(x)	返回值为数组，元素为数组 x 中每个元素的平方根
np.square(x)	返回值为数组，元素为数组 x 中每个元素的平方
np.sign(x)	返回值为数组，元素为数组 x 中每个元素的符号，正数返回 1，负数返回 -1，0 返回 0

续表

函　　数	描　　述
np. ceil(x)	返回值为数组,元素为数组 x 中大于或等于每个元素的最小整数
np. floor(x)	返回值为数组,元素为数组 x 中小于或等于每个元素的最大整数
np. rint(x)	返回值为数组,元素为数组 x 中与每个元素最接近的整数
np. sin(x)	返回值为数组,元素为数组 x 元素的正弦值
np. cos(x)	返回值为数组,元素为数组 x 元素的余弦值
np. exp(x)	返回值为数组,元素为 e^i,其中 i 为 x 的元素
np. log(x)	返回值为数组,元素为数组 x 中每个元素以 e 为底的对数(自然对数)
np. log10(x)	返回值为数组,元素为数组 x 中每个元素以 10 为底的对数
np. log2(x)	返回值为数组,元素为数组 x 中每个元素以 2 为底的对数
np. log1p(x)	等价于: np. log(x + 1)
np. diff(x)	返回值为数组 x 的差分

差分是指数据之间的差,是数组相邻元素后项减前项的差值。差分的作用是减轻数据之间的不规律波动,使其波动曲线更平稳。当间距相等时,用后一个数值减去前一个数值,就叫"一阶差分"。做两次相同的动作,即在一阶差分的基础上再做一次一阶差分,就叫"二阶差分"。图 9.3 所示为一维数组的差分。

序号	0	1	2	3	4	5	6
原数组	5	7	2	6	8	3	5
一阶差分组		2	−5	4	2	−5	2
二阶差分组			−7	9	−2	−7	7

图 9.3　一维数组的差分

NumPy 库中,数组差分函数为 diff(),其语法格式如下。

np.diff(x, n = 1, axis = −1)

其中 x 表示原数组。n 为可选参数,表示计算 n 阶差分,如 n=1 表示计算一阶差分,默认计算一阶差分。axis 表示指定计算差分的轴,默认为−1,表示最后一个轴。例 9.27 为数组差分计算示例。

【例 9.25】 数组的差分计算。

```
x = np.array([1, 2, 4, 7, 0])
np.diff(x)
Out[1]:
array([ 1, 2, 3, −7])
np.diff(x, n = 2)                          #计算二阶差分
Out[2]:
array([ 1,    1, −10])
x = np.array([[1, 2,3], [4,5,6]])
np.diff(x)
Out[3]:
array([[1, 1],
       [1, 1]])
```

```
np.diff(x,axis = 0)
Out[4]: array([[3, 3, 3]])
```

二元 ufunc 常用的函数见表 9.6,该类函数的操作数一般为维度相等的数组,为元素级运算,即运算作用于位置相同的元素之间,所得的运算结果组成新的数组。

表 9.6 二元 ufunc 常用的函数

符号	二元 ufunc	描　　　述
＋	np. add(x1,x2)	加法运算,表示 x1＋x2
－	np. subtract(x1,x2)	减法运算,表示 x1－x2
－	np. negative(x)	负数运算,表示－x
*	np. multiply(x1,x2)	乘法运算,表示 x1 和 x2 对应位置元素相乘
/	np. divide(x1,x2)	除法运算,表示 x1/x2
//	np. floor_divide(x1,x2)	向下整除运算,表示 x1//x2,返回值向下取整
**	np. power(x1,x2)	指数运算,表示 x1 的 x2 次幂
％	np. mod(x1,x2) 别名:np. remainder(x1,x2)	取模运算/取余运算,表示 x1％x2
无	np. absolute(x) 别名:np. abs(x)	取 x 的绝对值

NumPy 常用二元 ufunc 的 add()和 substract()函数的应用见例 9.26,其他函数用法类似。

【例 9.26】 NumPy 二元 ufunc 的用法。

```
a = np.array([[1,2,3],[4,5,6]])
b = np.ones((2,3))
b
np.add(a,b)         # a＋b
np.subtract(b,a)    #b－a
#运行结果
#b
[[1. 1. 1.]
[1. 1. 1.]]
#a＋b
[[2. 3. 4.]
[5. 6. 7.]]
#b－a
[[ 0. －1. －2.]
[－3. －4. －5.]]
```

对两个 ndarray 数组进行比较的二元 ufunc 如表 9.7 所示,与算术运算类似,比较对象数组 x1 和 x2 需要有相同的维度,且是逐元素比较。

表 9.7 对两个 ndarray 数组进行比较的二元 ufunc

符号	二元 ufunc	描　　　述
＝＝	np. equal(x1,x2)	y＝x1＝＝x2,返回值 y 为 bool 型的数组
!＝	np. not_equal(x1,x2)	y＝x1!＝x2,返回值 y 为 bool 型的数组

续表

符号	二元 ufunc	描　　述
<	np.less(x1,x2)	y＝x1＜x2,返回值 y 为 bool 型的数组
<=	np.less_equal(x1,x2)	y＝x1＜＝x2,返回值 y 为 bool 型的数组
>	np.greater(x1,x2)	y＝x1＞x2,返回值 y 为 bool 型的数组
>=	np.greater_equal(x1,x2)	y＝x1＞＝x2,返回值 y 为 bool 型的数组
无	np.where(condition,x,y)	condition 表示条件,条件成立,返回 x;条件不成立,返回 y

例 9.27 数组 equal()、not_equal()和 where()的用法。

【例 9.27】　NumPy 数组比较。

```
a = np.array([[1,2,3],[4,5,6]])
b = np.ones((2,3))
a == b
Out[1]:
array([[ True, False, False],
       [False, False, False]])

np.not_equal(a,b)
Out[2]:
array([[False, True, True],
       [ True, True, True]])

np.where([[True, False], [True, True]],
         [[1, 2], [3, 4]],
         [[9, 8], [7, 6]])
Out[3]: array([[1, 8],
       [3, 4]])
```

9.3　实例：生成随机数

本实例采用 NumPy 的方法生成随机数,并基于该随机数进行绘图,通过图像形象地理解 NumPy 库的使用,如图 9.4～图 9.7 所示。

```
1. #导入库
2. import numpy as np
3. import pandas as pd
4. import matplotlib.pyplot as plt          #Matplotlib 库在 11 章讲解
5. import warnings
6. warnings.filterwarnings('ignore')
#生成模拟数据
7. x = np.linspace(1,15,50)
8. y = np.linspace(1,15,50)[:,np.newaxis] #np.newaxis 表示增加维度,将一维转换为二维
9. z = np.sin(x) ** 3 + np.cos(y * x) * np.sin(x)
#调用 imshow( )函数将 z 显示成图像
10. plt.imshow(z,origin = 'lower',cmap = 'viridis')
11. plt.colorbar( )
```

```
# 显示 z.T
12. plt.imshow(z.T, origin = 'lower', cmap = 'viridis')
13. plt.colorbar( )
# z 左右翻转
14. plt.imshow(np.fliplr(z),origin = 'lower',cmap = 'viridis')
15. plt.colorbar( )
# 数组元素值向下取整,取整对图像进行了锐化
16. plt.imshow(np.floor(z),origin = 'lower',cmap = 'viridis')
```

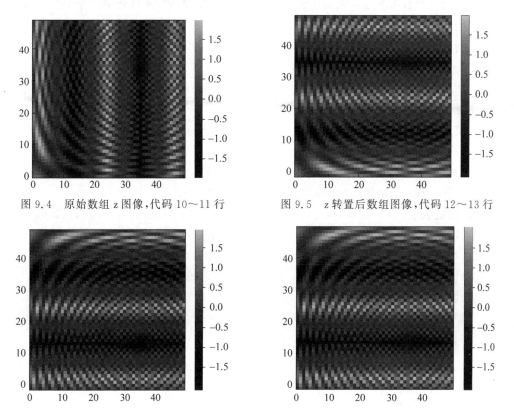

图 9.4　原始数组 z 图像,代码 10～11 行　　　图 9.5　z 转置后数组图像,代码 12～13 行

图 9.6　z 左右翻转后数组图像,代码 14～15 行　　图 9.7　z 各元素值向下取整后数组图像,代码 16 行

9.4　习题

一、单选题

1. 下列选项中不属于数组属性的是(　　　)。

    A. data　　　　　　B. shape　　　　　　C. size　　　　　　D. add

2. 下列选项中为 NumPy 提供基本对象的是(　　　)。

    A. array　　　　　　B. list　　　　　　C. matrix　　　　　　D. turple

3. 下列选项中不能创建数组的函数是(　　　)。

    A. linspace　　　　B. zeros　　　　　　C. ones　　　　　　D. twos

4. 改变数组的操作有(　　　)。

    A. 切片　　　　　　　B. 索引　　　　　　　C. 转置　　　　　　　D. 拼接

5. 能计算 NumPy 中元素个数的方法是(　　　)。

    A. np. sqrt()　　　　B. np. size()　　　　C. np. identity()　　D. sum()

6. 在 NumPy 中创建全为 0 的矩阵使用的函数是(　　　)。

    A. zeros()　　　　　B. ones()　　　　　　C. empty()　　　　　D. arange()

二、编程题

1. 创建一个长度为 10,元素全为 0 的一维 ndarray 对象,然后让第 5 个元素等于 1。

2. 创建一个元素为 10～49 的 ndarray 对象。

3. 创建一个 4×4 的二维数组,并输出数组元素类型。

4. 创建一个数组,该数组可以完成将坐标位置从(0,1,3)到(3,0,1)的转置。

5. 创建一个二维数组,使用索引的方式获取第二行第一列和第三行第二列的数据。

6. 完成矩阵的相乘和矩阵行列式的计算。

7. 使用 np. random. random 创建一个 10 * 10 的 ndarray 对象,并输出最大和最小元素。

8. 创建一个 10×10 的 ndarray 对象,且矩阵边界全为 1,里面全为 0。

9. 编程实现：给定一个 4 维矩阵,输出最后两维的和。

10. 给定数组[1,2,3,4,5],在这个数组的每个元素之间插入 3 个 0 后,输出新数组。

11. 给定一个二维矩阵,交换其中两行的元素后输出结果。

12. 编程实现：矩阵的每一行的元素都减去该行的平均值。

13. 输出以下矩阵(要求使用 np. zeros 创建 8 * 8 的矩阵)。

```
[[0 1 0 1 0 1 0 1]
 [1 0 1 0 1 0 1 0]
 [0 1 0 1 0 1 0 1]
 [1 0 1 0 1 0 1 0]
 [0 1 0 1 0 1 0 1]
 [1 0 1 0 1 0 1 0]
 [0 1 0 1 0 1 0 1]
 [1 0 1 0 1 0 1 0]]
```

14. 正则化一个 5×5 随机矩阵。假设 a 是矩阵中的一个元素,max/min 分别是矩阵元素的最大和最小值,则正则化后 $a = (a-min)/(max-min)$。

15. 将一个一维数组转化为二进制表示矩阵。例如[1,2,3]转化为

```
[[0,0,1],
 [0,1,0],
 [0,1,1]]
```

16. 获取任意一个月中所有的日期,并按 yyyy-mm-dd 的格式显示。

17. 输出数组元素位置坐标与数值。

18. 获取昨天、今天、明天的日期。

19. 给定一维数组,将所有索引值在 3～8 的元素取负数。

第 **10** 章

Pandas库

学习目标

- 掌握 Pandas 库的数据对象及其创建与索引。
- 掌握基于 Pandas 库的数据预处理常见操作。
- 掌握数据分组和基本统计计算的方法。

扫一扫

视频讲解

10.1 Pandas 概述

    Pandas 库是在 NumPy 基础上建立的用于数据分析的 Python 第三方库,最初由 AQR Capital Management 于 2008 年 4 月开发,并于 2009 年底开源。Pandas 库能够对数据进行清洗、转换及合并等操作。由于 Pandas 库最初被作为金融数据分析工具而开发,因此,它也能够为时间序列分析提供较好的支持。Pandas 库使用时和其他库一样,需要先导入,且通常取别名 pd,即 import pandas as pd。本章中如无特别说明,pd 即指 Pandas 库。

10.1.1 Pandas 库的数据对象

    Pandas 库的两个基本数据对象是 Series 和 DataFrame。Series 是带索引(index)的一维数组,可以保存任何数据类型(整数、字符串、浮点数、Python 对象等);DataFrame 是带行索引(index)和列索引(columns)的多维数组,同一列的元素数据类型相同,不同列之间的数据类型可以不同。数据结构 Series 和 DataFrame 与 NumPy 中的 ndarray 数组不同之处是显式地带有行和列的索引。

扫一扫

视频讲解

10.1.2 Pandas 数据对象的创建

1. 创建 Series 对象

Series 对象的创建函数为 Pandas 库中的 Series()函数,其语法格式如下。

```
pd.Series(data, index = None, dtype = None)
```

扫一扫

视频讲解

其中 data 表示要创建成为 Series 的数据，可以是标量、列表、字典、ndarray 一维数组等；index 为可选参数，表示 Series 对象的索引，默认为从 0 开始的连续整数；dtype 表示所创建的 Series 对象中元素的数据类型，为 ndarray. dtype 或 ExtensionDtype，如果省略，则数据类型从 data 中获取。

例 10.1～10.4 分别展示了从标量、列表、字典、ndarray 一维数组创建 Series 对象的操作。

【例 10.1】 由标量创建 Series 对象。

```
a1 = pd.Series(6,index = ['a','b','c'])      #data 为标量, index 为 a, b, c
a1
#运行结果
a    6
b    6
c    6
dtype: int64
```

【例 10.2】 由列表创建 Series 对象。

```
a2 = pd.Series([100,200,300])           #data 为列表,省略 index
a2
#运行结果
0    100
1    200
2    300
dtype: int64
```

【例 10.3】 由字典创建 Series 对象。

```
a3 = pd.Series({'a':1 ,'b':2 , 'c':3, '4':4, '5':5})    #data 为字典,字典的键作为索引,此时
                                                        #无须设置 index
a3
#运行结果
a    1
b    2
c    3
4    4
5    5
dtype: int64
```

【例 10.4】 由 ndarray 一维数组创建 Series 对象。

```
a4 = pd.Series(np.arange(1,3), dtype = np.float16)
a4
#运行结果
0    1.0
1    2.0
dtype: float16
```

2. 创建 DataFrame 对象

DataFrame 对象可以由字典创建,字典的键所对应的值可以是列表、ndarray 数组、Series 对象、字典等,也可以直接由 ndarray 数组、字典组成的列表等创建。创建函数为DataFrame()。其语法格式如下。

```
pd.DataFrame(data, index = None, columns = None)
```

其中,data 表示 DataFrame 对象的数据,参数 index 和 columns 为可选参数,分别用来设置行索引和列索引。

当从字典创建 DataFrame 对象时,字典的键作为列索引。如例 10.5~10.7 分别展示了从字典创建 DataFrame 对象,字典键对应的值为列表、ndarray 对象、Series对象。

【例 10.5】　由字典创建 DataFrame 对象。

```
a = pd.DataFrame({'a':[1,2],'b':[3,4]})
a
#运行结果
   a  b
0  1  3
1  2  4
```

参数 data 为字典,字典值为列表,index 参数省略。字典的键成为 DataFrame 对象的列索引。

【例 10.6】　DataFrame 对象创建(字典的键所对应的值为 ndarray 对象)。

```
#字典值为 ndarray 一维数组
b = pd.DataFrame({'a':np.random.rand(2), 'b':np.random.rand(2)})
b
#运行结果
        a         b
0  0.446200  0.441062
1  0.139115  0.893233
```

【例 10.7】　DataFrame 对象创建(字典的键所对应的值为 Series 对象)。

```
#data 为字典,字典值为 Series 对象
data1 = {'one':pd.Series(np.random.rand(2)), 'two':pd.Series(np.random.rand(3))}
c = pd.DataFrame(data1)
c
#运行结果
      one       two                    #字典的值 Series 不等长时,会用 NaN 填补
0  0.150813  0.710306
1  0.978126  0.229849
2  NaN       0.784171
```

当从字典组成的列表创建 DataFrame 对象时,字典的键仍旧会作为列索引。如果字

典之间的键不同,最终生成的 DataFrame 对象的列索引是所有字典键的并集。数据缺失的位置补充 NaN。如例 10.8 所示。

【例 10.8】 由字典列表创建 DataFrame 对象。

```
# data 参数为列表,列表的元素为字典
data2 = [{'one': 1, 'two': 2}, {'one': 5, 'two': 10, 'three': 20}]
f = pd.DataFrame(data2)
f
# 运行结果
    one   two    three
0   1     2      NaN
1   5     10     20.0
```

通过参数 index 和 columns 设置行索引和列索引,如例 10.9 所示。

【例 10.9】 DataFrame 对象创建(设置行索引和列索引)。

```
# index 参数定义行索引,columns 参数定义列索引
e = pd.DataFrame( np.array([[1,2,3],[4,5,6]]),index = ['one','two'], columns = ['a','b',
'c'])
e
# 运行结果
    a  b  c
one 1  2  3
two 4  5  6
```

可以从字典组成的字典创建 DataFrame 对象,即字典键所对应的值是字典,此时字典外层键作为列标签,内层键作为行标签。如例 10.10 所示,外层键 Jack、Marry、Tom 为生成 DataFrame 对象 e 的列标签,内层键 Math、English、Art 为行标签。

【例 10.10】 由字典组成的字典创建 DataFrame 对象。

```
data3 = {'Jack':{'Math':90,'English':89,'Art':78},
         'Marry':{'Math':82,'English':95,'Art':92},
         'Tom':{'Math':78,'English':67}}
e = pd.DataFrame(data3)
e
# 运行结果
          Jack     Marry    Tom
Art       78       92       NaN
English   89       95       67.0
Math      90       82       78.0
```

3. 通过读取数据创建 Pandas 对象

Pandas 中包含一些用于将表格型数据读取为 DataFrame 对象的函数。其中常用的函数为 read_csv()、read_table()和 read_excel()。read_csv()函数从文件、URL、文件型对象中加载带分隔符的数据,默认分隔符为逗号;read_table()函数从文件、URL、文件型

对象中加载带分隔符的数据,默认分隔符为制表符。read_excel()函数读取 Excel 文件,支持扩展名为 xls、xlsx、xlsm、xlsb、odf、ods 和 odt 的文件。

read_csv()和 read_table()函数共有的主要参数如下。

(1) path:值为字符串。表示文件对象的位置、文件 URL 等。

(2) sep:值为字符串。一般单个字符,用于对行中字段进行拆分。

(3) header:整数。用作列名的行号,默认为 0(第一行),若原始数据无 header 行,设为 None。

(4) names:用作列名的列表,结合 header＝None 使用。

(5) skiprows:需要忽略的行数或需要跳过的行号列表。

(6) nrows:需要读取的行数(从文件开始处计算)。

read_excel()函数的主要参数如下。

(1) io:表示文件系统位置、URL、文件型对象的字符串。

(2) sheet_name:字符串、数字或列表。字符串表示数据所在的工作表名称,数字表示工作表索引,列表表示读取多个工作表,列表元素可以是工作表索引或名称。

(3) header:同 read_csv()和 read_table()。

(4) names:同 read_csv()和 read_table()。

【例 10.11】　从文件创建 Pandas 对象。

```
iris = pd.read_csv('Iris_data.csv')          ♯数据路径为字符串
type(iris)
Out[1]: pandas.core.frame.DataFrame
iris.head( )
Out[2]:
    ID   Sepal length   Sepal width   Petal length   Petal width      Species
0   1            5.1           3.5            1.4           0.2    Iris－setosa
1   2            4.9           3.0            1.4           0.2    Iris－setosa
2   3            4.7           3.2            1.3           0.2    Iris－setosa
3   4            4.6           3.1            1.5           0.2    Iris－setosa
4   5            5.0           3.6            1.4           0.2    Iris－setosa
```

10.1.3　Pandas 数据对象的索引

Pandas 数据对象 Series 和 DataFrame 由于结构略有不同,因此索引操作略有不同。根据索引方式不同,Series 数据对象的索引可以采用行索引(index)、下标值、布尔值;DataFrame 数据对象的索引可以采用行索引(index)、列索引(columns)、布尔值等进行索引。索引符号与 NumPy 相同,为英文方括号[ ]。

由于 Series 对象和 DataFrame 对象显式的行索引(index)和下标值在索引时容易混淆,因此,本章中约定在提到行索引时,即为显式设置的行索引(index);提到下标值时,为从 0 开始的行编号。对于 Series 对象,当索引单个值时,可以采用行索引,也可以采用下标值。

【例 10.12】　Series 对象索引——索引单个值。

```
ds = pd.Series(np.arange(4),index = ['a','b','c','d'])
ds
Out[1]:
a    0
b    1
c    2
d    3
dtype: int32
ds['b']        #用行索引(index)索引单个值
Out[2]: 1
ds[1]          #用下标值索引单个值,下标起始值为 0,与列表、NumPy 数组相同
Out[3]: 1
```

Series 对象索引多个值类似 NumPy 中 ndarray 对象切片,同样需要用冒号(:)指定索引的起始位置和终止位置。例 10.13 为索引 Series 对象的连续多个值。

【例 10.13】 索引 Series 对象的连续多个值。

```
ds = pd.Series(np.arange(4),index = ['a','b','c','d'])
ds['a':'d']           #行索引多个值时包含末端
Out[1]:
a    0
b    1
c    2
d    3
dtype: int32

ds[0:3]              #下标值索引多个值时不包含末端,与列表类似
Out[2]:
a    0
b    1
c    2
dtype: int32
```

当索引 Series 对象位置不连续的多个值时,需要采用列表对索引位置进行组合,如例 10.14 所示。

【例 10.14】 索引 Series 对象位置不连续的多个值。

```
ds[['a','b','d']]              #采用行索引组成的列表
Out[1]:
a    0
b    1
d    3
dtype: int32
ds[[1,3]]                     #采用下标值组成的列表
Out[2]:
b    1
d    3
dtype: int32
```

当需要索引满足特定条件的数据时,可以采用布尔值索引,布尔值索引会保留满足设定条件的数据,如例10.15所示。

【例10.15】　Series对象的布尔值索引。

```
ds = pd.Series(np.arange(4),index = ['a','b','c','d'])
ds > 2
Out[1]:                            #返回布尔值的Series对象
a      False
b      False
c      False
d      True
dtype: bool

ds[ds > 2]                         #采用布尔值索引Series对象
Out[2]:
d    3
dtype: int32
```

　　DataFrame对象索引时,索引符号[]中是显式索引时,默认为索引列。如例10.16所示,数据行、列标签相同,当索引符号中是显式索引时,索引的是列。

【例10.16】　采用显式索引进行DataFrame对象索引。

```
df = pd.DataFrame(np.arange(16).reshape((4,4)),index = ['Beijing','Shanghai','Shenzhen',
'Guangzhou'], columns = ['Beijing','Shanghai','Shenzhen','Guangzhou'])
df
Out[1]:
            Beijing    Shanghai    Shenzhen    Guangzhou
Beijing        0          1           2           3
Shanghai       4          5           6           7
Shenzhen       8          9          10          11
Guangzhou     12         13          14          15
df['Beijing']                      #索引符号中是显示索引,默认索引列
Out[2]:
Beijing        0
Shanghai       4
Shenzhen       8
Guangzhou     12
Name: Beijing, dtype: int32
```

　　当索引符号中为单个索引值且未进行组合时,返回结果是Series,当该单个索引进行了组合,即组成了列表,此时索引返回结果为DataFrame对象,如例10.17所示。

【例10.17】　DataFrame对象索引的单列索引。

```
df = pd.DataFrame(np.arange(16).reshape((4,4)),index = ['a','b','c','d'], columns = ['Beijing',
'Shanghai','Shenzhen','Guangzhou'])
df
Out[1]:
        Beijing    Shanghai    Shenzhen    Guangzhou
a          0          1           2           3
```

```
b        4        5         6        7
c        8        9        10       11
d       12       13        14       15
df['Beijing']                    #用列索引(columns)索引
Out[2]:
a    0
b    4
c    8
d   12
Name: Beijing, dtype: int32
type(df['Beijing'])             #当索引单个列且列索引为单个值时,返回结果类型是 Series
Out[3]: pandas.core.series.Series
type(df[['Beijing']])           #当索引单个列且列索引被组合时,返回结果类型是 DataFrame
Out[4]: pandas.core.frame.DataFrame
```

当索引 DataFrame 对象的多个列时,索引符号中是多个列索引组成的列表,如例 10.18 所示。

【例 10.18】 DataFrame 对象的多列索引。

```
df = pd.DataFrame(np.arange(16).reshape((4,4)),index = ['a','b','c','d'], columns = ['Beijing',
'Shanghai','Shenzhen','Guangzhou'])
df[['Beijing','Shanghai']]             #当索引多个列时,索引符号中为多个列标签组成的列表
#运行结果
     Beijing   Shanghai
a        0         1
b        4         5
c        8         9
d       12        13
```

如果需要索引行,则需要采用下标值,且此时索引符号中不能是单个数字。该方法返回结果是 DataFrame。

【例 10.19】 DataFrame 对象索引——索引行。

```
df = pd.DataFrame(np.arange(16).reshape((4,4)),index = ['a','b','c','d'], columns = ['Beijing',
'Shanghai','Shenzhen','Guangzhou'])
df[0:2]
Out[1]:
    Beijing   Shanghai   Shenzhen   Guangzhou
a       0         1          2          3
b       4         5          6          7
df[0:1]
Out[2]:
    Beijing   Shanghai   Shenzhen   Guangzhou
a       0         1          2          3
type(df[0:1])
Out[3]: pandas.core.frame.DataFrame
df[1]                                    #索引符号中为单个数字,程序报错
Traceback (most recent call last):
KeyError: 1
```

如果需要采用显式的行索引获取行，需要采用 DataFrame 数据对象的 loc 方法。loc 方法用法与前述列索引类似，可以索引单行，也可以索引多行，如例 10.20 所示。

【例 10.20】　采用行索引和 loc 方法索引 DataFrame 对象。

```
df = pd.DataFrame(np.arange(16).reshape((4,4)),index = ['a','b','c','d'], columns = ['Beijing',
'Shanghai','Shenzhen','Guangzhou'])
df.loc['a']                      # loc 方法基于行索引
Out[1]:
Beijing      0
Shanghai     1
Shenzhen     2
Guangzhou    3
Name: a, dtype: int32
type(df.loc['a'])
Out[2]: pandas.core.series.Series    # 返回结果的类型为 Series
df.loc[['a','b']]                     # loc 方法索引不连续的多行
Out[3]:
    Beijing  Shanghai  Shenzhen  Guangzhou
a      0        1         2         3
b      4        5         6         7
df.loc['a':'c']                       # 索引连续的多行,包含末端
Out[4]:
    Beijing  Shanghai  Shenzhen  Guangzhou
a      0        1         2         3
b      4        5         6         7
c      8        9        10        11
```

loc 方法除了支持显式的行索引（index），也支持默认下标值（从 0 开始的自然数）索引，但是，此时 DataFrame 对象不能显式地指定行索引，如例 10.21 所示，df1 未设置 index 参数。

【例 10.21】　采用下标值和 loc 方法索引 DataFrame 对象。

```
df1 = pd.DataFrame(np.arange(16).reshape((4,4)), columns = ['Beijing','Shanghai','Shenzhen',
'Guangzhou'])                    # df1 中未定义 index
df1.loc[1]                       # 索引单行
Out[1]:
Beijing      4
Shanghai     5
Shenzhen     6
Guangzhou    7
Name: 1, dtype: int32
df1.loc[0:1]                     # 索引连续的多行(注意:这里包含末端)
Out[2]:
    Beijing  Shanghai  Shenzhen  Guangzhou
0      0        1         2         3
1      4        5         6         7
df1.loc[[0,2]]                   # 索引不连续的多行
Out[3]:
    Beijing  Shanghai  Shenzhen  Guangzhou
0      0        1         2         3
2      8        9        10        11
```

当 DataFrame 对象有自定义的行索引(index)，同时又需要采用默认下标值索引时，可以采用 DataFrame 数据对象的 iloc 方法，该方法索引方式与列表、NumPy 数组索引类似。

【例 10.22】 iloc 方法索引 DataFrame 对象。

```
df2 = pd.DataFrame(np.arange(16).reshape((4,4)), index = ['a','b','c','d'], columns =
['Beijing','Shanghai','Shenzhen','Guangzhou'])
df2.iloc[0]
Out[1]:
Beijing       0
Shanghai      1
Shenzhen      2
Guangzhou     3
Name: a, dtype: int32
df2.iloc[0:2]                              #默认下标值索引多行，不包含末端
Out[2]:
      Beijing   Shanghai   Shenzhen   Guangzhou
a        0         1          2          3
b        4         5          6          7
df2.iloc[[1,2]]
Out[3]:
      Beijing   Shanghai   Shenzhen   Guangzhou
b        4         5          6          7
c        8         9          10         11

df2.iloc[::2]
Out[4]:
      Beijing   Shanghai   Shenzhen   Guangzhou
a        0         1          2          3
c        8         9          10         11
```

DataFrame 数据对象也可以采用布尔值索引，方法与 Series 布尔值索引类似。

【例 10.23】 DataFrame 对象的布尔值索引。

```
df2 = pd.DataFrame(np.arange(16).reshape((4,4)), index = ['a','b','c','d'], columns =
['Beijing','Shanghai','Shenzhen','Guangzhou'])
df2[df2 < 7]
Out[1]:
      Beijing   Shanghai   Shenzhen   Guangzhou
a      0.0       1.0        2.0        3.0
b      4.0       5.0        6.0        NaN
c      NaN       NaN        NaN        NaN
d      NaN       NaN        NaN        NaN

df2[df2[['Beijing','Shanghai']]> 3]
Out[2]:
      Beijing   Shanghai   Shenzhen   Guangzhou
a      NaN       NaN        NaN        NaN
b      4.0       5.0        NaN        NaN
c      8.0       9.0        NaN        NaN
d      12.0      13.0       NaN        NaN
```

语句 df2[df2<7]表示索引 df2 中值小于 7 的数据，值大于 7 的位置填补为 NaN。语

句 df2[df2[['Beijing','Shanghai']]>3]表示先索引字段为 Beijing、Shanghai 的两列,然后索引该两列中值大于 3 的数据。

多重索引可以同时索引行和列,索引时先索引列再索引行,如例 10.24 所示。

【例 10.24】　DataFrame 对象的多重索引。

```
df2 = pd.DataFrame(np.arange(16).reshape((4,4)),index = ['a','b','c','d'],columns =
['Beijing','Shanghai','Shenzhen','Guangzhou'])
df2['Beijing'].loc[['a','c']]              #先索引列再索引行
Out[2]:
a    0
c    8
Name: Beijing, dtype: int32

df2[['Shanghai','Guangzhou']].iloc[-1]  #先索引'Shanghai','Guangzhou'列,再索引最后一行
Out[3]:
Shanghai      13
Guangzhou     15
Name: d, dtype: int32

df2[df2['Shenzhen']>9].loc[['c','d']]       #布尔值索引
Out[4]:
     Beijing   Shanghai   Shenzhen   Guangzhou
c       8         9         10         11
d       12        13        14         15
```

DataFrame 对象的索引方式多样,既有列索引又有行索引,既可以基于下标值,又可以基于行列的显式索引。

10.2　Pandas 数据预处理操作

数据分析和建模工作是建立在数据预处理基础之上,主要包括不同数据集数据的合并、数据去重和替换、数据缺失值处理、数据离散化等。Pandas 库提供了一组灵活和高效的核心函数和算法,可以快速且方便地进行数据预处理操作。

10.2.1　数据合并

数据分析时,经常需要处理来自不同数据源的数据,需要先对此类数据进行合并。数据合并是指将不同数据集的行或列连接,常用的方法有 merge()、join()、concat()和 combine_first()等。

merge()方法通过一个或多个键将列连接,可以实现类似数据库风格的合并,其语法格式如下。

```
pd.merge(left,right,how = 'inner',on = None,left_on = None,right_on = None,left_index =
False,right_index = False,sort = True,suffixes = ('_x','_y'))
```

其中,left 和 right 分别为指定参与合并的左侧和右侧的 DataFrame 数据对象;how 为指定合并方式,合并方式有'inner'、'outer'、'left'、'right',默认为'inner';on 为指定作为连接

扫一扫

视频讲解

扫一扫

视频讲解

键的列名，默认为两个 DataFrame 中相同的列名；left_on 为左侧 DataFrame 中用作连接的键；right_on 为右侧 DataFrame 中用作连接的键；left_index 和 right_index 为指定是否以索引作为键；sort 为根据连接键对合并后的数据进行排序，默认为 True；suffixes 为字符串元组，用于追加到重叠列名后的后缀，默认为（'_x'，'_y'）。例如，如果两个 DataFrame 都有 data 列且 data 列没有作为键，则合并结果中列名为'data_x'和'data_y'。

【例 10.25】 merge()方法应用示例。

```
df1 = pd.DataFrame({'ID':[1,2], 'name':['a','b']})
df2 = pd.DataFrame({'ID':[2,3], 'class':['0a','0b'],'name':['b','c']})
data = pd.merge(df1,df2)
Out[1]:
   ID name class
0   2    b    0a
data = pd.merge(df1,df2,on = 'ID',suffixes = ('_left','_right'))
Out[2]:
     ID   name_left   class   name_right
0     2          b      0a            b
```

另一个数据集合并方法是 join()，join()方法的用法与 merge()方法类似，但是 join()是 DataFrame 数据对象的方法，需要用 DataFrame 数据对象调用且默认以 index 作为连接键。其语法格式如下。

```
df.join(other, on = None, how = 'left', lsuffix = '', rsuffix = '', sort = False)
```

其中 df 表示 DataFrame 数据对象实例。other 表示被合并的数据对象。on 表示参与连接的 df 对象的某列。how 的含义与 merge()方法相同，默认方式为'left'。lsuffix 和 rsuffix 分别指定左表（df）和右表（other）重复列名的后缀，当两个数据存在重复列名时需要指定 lsuffix 和 rsuffix。

例 10.26 为 join()方法应用示例，其中 df1 和 df2 为稍做变化的鸢尾花数据。

【例 10.26】 join()方法应用示例。

```
df1 = pd.DataFrame({'Sepal length':[5.1,4.9,4.7,4.6,5.0],'Species':['Iris - setosa','Iris -
setosa','Iris - setosa','Iris - setosa','Iris - setosa'],'key':['a','b','b','c','d']})
df1 = df1.set_index('key')                    # 将'key'列设置成行索引（index）
df1
Out[1]:
      Sepal length      Species
key
a              5.1   Iris - setosa
b              4.9   Iris - setosa
b              4.7   Iris - setosa
c              4.6   Iris - setosa
d              5.0   Iris - setosa

df2 = pd.DataFrame({'Petal length':[1.4,1.4,1.3,1.5,1.4],'Species':['Iris - setosa','Iris -
setosa','Iris - setosa','Iris - setosa','Iris - setosa'],'key':['a','a','b','c','e']})
df2
Out[2]:
```

```
        Petal length        Species        key
0              1.4      Iris - setosa       a
1              1.4      Iris - setosa       a
2              1.3      Iris - setosa       b
3              1.5      Iris - setosa       c
4              1.4      Iris - setosa       e
df2.join(df1,on = 'key',lsuffix = '_left',rsuffix = '_right')
Out[3]:
        Petal length Species_left        key      Sepal length        Species_right
0              1.4   Iris - setosa        a            5.1           Iris - setosa
1              1.4   Iris - setosa        a            5.1           Iris - setosa
2              1.3   Iris - setosa        b            4.9           Iris - setosa
2              1.3   Iris - setosa        b            4.7           Iris - setosa
3              1.5   Iris - setosa        c            4.6           Iris - setosa
4              1.4   Iris - setosa        e            NaN               NaN
```

数据合并的函数还有 concat(),该函数可以自定义在哪个轴上进行合并,其语法格式如下。

```
pd.concat(objs, axis = 0, join = 'outer', ignore_index = False, keys = None)
```

其中,objs 表示 Series 或 DataFrame 数据组成的列表或元组。axis 表示合并连接的轴,对于二维 DataFrame,值为 0 表示按行合并,值为 1 表示按列合并,默认为 0。join 的值为 'outer' 和 'inner',值为 'outer' 时,表示轴向上索引的并集;值为 'inner' 时,表示轴向上索引的交集,默认为 'outer'。

【例 10.27】 concat()函数应用示例。

```
df1 = pd.DataFrame({'Sepal length':[5.1,4.9,4.7],'Sepal width':[3.5,3.0,3.2], 'Species':
['Iris - setosa', 'Iris - setosa','Iris - setosa']})
df2 = pd.DataFrame({'Petal length':[1.4, 1.3,1.4], 'Petal width':[0.2,0.2,0.2], 'Species':
['Iris - setosa','Iris - setosa','Iris - setosa']})
pd.concat([df1,df2])                            #缺失值显示为 NaN
#运行结果
        Petal length    Petal width    Sepal length   Sepal width     Species
0          NaN             NaN             5.1            3.5      Iris - setosa
1          NaN             NaN             4.9            3.0      Iris - setosa
2          NaN             NaN             4.7            3.2      Iris - setosa
0          1.4             0.2             NaN            NaN      Iris - setosa
1          1.3             0.2             NaN            NaN      Iris - setosa
2          1.4             0.2             NaN            NaN      Iris - setosa
```

concat()函数默认按行合并,可以通过 axis 参数设置按列合并,如例 10.28 所示。

【例 10.28】 concat()函数按列合并。

```
pd.concat([df1,df2],axis = 1)
#运行结果
     Sepal length   Sepal width      Species      Petal length   Petal width      Species
0       5.1            3.5       Iris - setosa        1.4            0.2       Iris - setosa
1       4.9            3.0       Iris - setosa        1.3            0.2       Iris - setosa
2       4.7            3.2       Iris - setosa        1.4            0.2       Iris - setosa
```

如果设置合并拼接方式，可以设置join参数的值，如例10.29所示。

【例10.29】 concat()函数的join参数。

```
pd.concat([df1,df2],axis = 1,join = 'inner')
# 运行结果
     Sepal length   Sepal width    Species      Petal length   Petal width    Species
0      5.1           3.5        Iris - setosa     1.4            0.2        Iris - setosa
1      4.9           3.0        Iris - setosa     1.3            0.2        Iris - setosa
2      4.7           3.2        Iris - setosa     1.4            0.2        Iris - setosa
```

扫一扫

视频讲解

10.2.2 数据去重和替换

做数据分析时经常遇到数据重复的问题，需要进行去重处理。Pandas库里去除重复数据常用的方法是duplicated()和drop_duplicates()。duplicated()方法用于判断行数据是否重复，默认某两行数据所有值都相同时为重复。drop_duplicates()方法用于删除重复行。这两个方法均为DataFrame数据对象的方法。

【例10.30】 数据去重duplicated()和drop_duplicates()方法使用示例。

```
df3 = pd.read_csv('Iris_data.csv').head( )
df3
Out[1]:
     ID    Sepal length   Sepal width   Petal length   Petal width      Species
0   1.0         5.1           3.5           1.4            0.2       Iris - setosa
1   2.0         4.9           3.0           1.4            0.2       Iris - setosa
2   1.0         5.1           3.5           1.4            0.2       Iris - setosa
3   2.0         4.9           3.0           1.4            0.2       Iris - setosa
4   3.0         4.7           3.2           1.3            0.2       Iris - setosa
df3.duplicated( )
Out[2]:
0     False
1     False
2     True
3     True
4     False
dtype: bool
df3.drop_duplicates( )
Out[3]:
     ID    Sepal length   Sepal width   Petal length   Petal width      Species
0   1.0         5.1           3.5           1.4            0.2   Iris - setosa
1   2.0         4.9           3.0           1.4            0.2   Iris - setosa
4   3.0         4.7           3.2           1.3            0.2   Iris - setosa

df3.drop_duplicates(['Sepal length'])    # 通过设置参数,限定以哪些列作为判定是否重复的依据,
    # 本例以'Sepal length'列作为依据,如果某一行'Sepal length'列的值与另一行相同,即为重复行
Out[4]:
     ID    Sepal length   Sepal width   Petal length   Petal width      Species
0   1.0         5.1           3.5           1.4            0.2   Iris - setosa
1   2.0         4.9           3.0           1.4            0.2   Iris - setosa
4   3.0         4.7           3.2           1.3            0.2   Iris - setosa
```

　　数据替换主要是指将数据值替换为其他值,常用的方法是 replace(),该方法是 Series 或 DataFrame 数据对象的方法,其语法格式如下。

```
df.replace(to_replace = None, value = None, inplace = False, limit = None)
```

其中 df 表示 Series 或 DataFrame 数据对象实例。to_replace 表示要替换的值或模式。value 表示替换后的值。inplace 表示是否要改变原数据,False 为不改变,True 为改变,默认值为 False。limit 表示设置替换的次数。to_replace 和 value 参数在传入时有多种不同的写法,可以是单个值,也可以是列表或字典。如果是列表,to_replace 参数和 value 参数两个列表的值一一对应;如果是字典,字典的键表示要替换的值,字典的值表示替换后的值。具体用法如例 10.31 所示。

【例 10.31】 数据替换 replace()方法使用示例。

```
s1 = pd.Series([1.4,1.4,1.3,1.5,1.4,1.7])
s1
Out[1]:
0    1.4
1    1.4
2    1.3
3    1.5
4    1.4
5    1.7
dtype: float64
s1.replace(1.4,100)                  #将 1.4 替换成 100
Out[2]:
0    100.0
1    100.0
2      1.3
3      1.5
4    100.0
5      1.7
dtype: float64
s1.replace([1.4,1.5],[100,200])      #将 1.4 和 1.5 分别替换成 100 和 200
Out[3]:
0    100.0
1    100.0
2      1.3
3    200.0
4    100.0
5      1.7
dtype: float64

s1.replace({1.4:100,1.5:200})        #传入字典,将 1.4 和 1.5 分别替换成 100 和 200
Out[4]:
0    100.0
1    100.0
2      1.3
3    200.0
4    100.0
5      1.7
dtype: float64
```

10.2.3 数据缺失值处理

数据分析中对缺失值的处理一般有两种方式：一是直接丢弃缺失数据，丢弃缺失数据方法为 dropna()；二是对缺失值进行填补，缺失值填补方法为 fillna()。

（1）dropna()的用法。

dropna()方法的语法格式如下。

```
df.dropna(axis = 0, how = 'any', inplace = False)
```

其中 df 表示 DataFrame 数据对象。axis 的值为 0 或 1，值为 0 表示删除包含缺失值的行，值为 1 表示删除包含缺失值的列，默认值为 0。how 的值为'any'和'all'，'any'表示只要存在缺失值就删除该行或列，'all'表示所有值均为缺失值才删除该行或列，默认值为'any'。inplace 的值为布尔型，默认值为 False，值为 True 时在原数据上执行删除操作并返回 None。

【例 10.32】 dropna()方法使用示例。

```
df = pd.DataFrame({'Sepal length':[5.1,np.nan,4.7],'Shape':[np.nan,np.nan,np.nan]})
df
Out[1]:
    Sepal length   Shape
0      5.1         NaN
1      NaN         NaN
2      4.7         NaN
df.dropna( )                           #所有行都有缺失值,返回结果为空的 DataFrame
Out[2]:
Empty DataFrame
Columns: [Sepal length, Sepal width, Species, Shape]
Index: []

df.dropna(how = 'all')                 #删除全部为缺失值的行
Out[3]:
    Sepal length   Shape
0      5.1         NaN
2      4.7         NaN
df.dropna(axis = 1,how = 'all')        #删除全部为缺失值的列
Out[4]:
    Sepal length
0      5.1
1      NaN
2      4.7
df.dropna(axis = 1,inplace = True,how = 'all')    #直接在数据对象 df 上进行删除操作
df
Out[5]:
    Sepal length
0      5.1
1      NaN
2      4.7
```

（2）fillna()的用法。

fillna()方法的语法格式如下。

```
df.fillna(value = None, method = None, axis = None, inplace = False, limit = None)
```

其中，df 为 DataFrame 数据对象；value 表示用于填充缺失值的值；method 表示填充方向，值为'backfill'、'bfill'、'pad'、'ffill'、None，backfill 和 bfill 表示后向填充，即用缺失值的后一个值填充，pad 和 ffill 表示前向填充，即用缺失值的前一个值填充；limit 的值为整数，如果指定了 method，表示连续的缺失值的前向或后向填充的最多次数；参数 axis 和 inplace 与 dropna()方法中的用法一致。

【例 10.33】 缺失值处理 fillna()方法使用示例。

```
df1 = pd.DataFrame({'Sepal length':[5.1,np.nan,4.7],'Sepal width':[3.5,3.0,3.2],'Sepcies':
['Iris - setosa','Iris - setosa','Iris - setosa'],'Shape':[np.nan,np.nan,np.nan]})
df1
Out[1]:
      Sepal length   Sepal width   Species      Shape
0        5.1           3.5      Iris - setosa    NaN
1        NaN           3.0      Iris - setosa    NaN
2        4.7           3.2      Iris - setosa    NaN

df1.fillna('缺失值')                       #用'缺失值'填补缺失值
Out[2]:
      Sepal length   Sepal width   Species      Shape
0        5.1           3.5      Iris - setosa    缺失值
1        缺失值          3.0      Iris - setosa    缺失值
2        4.7           3.2      Iris - setosa    缺失值

df1.fillna(method = 'ffill')              #前向填充
Out[3]:
      Sepal length   Sepal width   Species      Shape
0        5.1           3.5      Iris - setosa    NaN
1        5.1           3.0      Iris - setosa    NaN
2        4.7           3.2      Iris - setosa    NaN

df1.fillna(method = 'backfill')            #后向填充
Out[4]:
      Sepal length   Sepal width   Species      Shape
0        5.1           3.5      Iris - setosa    NaN
1        4.7           3.0      Iris - setosa    NaN
2        4.7           3.2      Iris - setosa    NaN
```

除了采用前向填充和后向填充，也可以用字典的方式填充，这种方式需要自行设置填充的值，如例 10.34 所示，将 Sepal length 字段的缺失值用 100 填补，Shape 字段的缺失值用 circle 填补。

【例 10.34】 缺失值处理 fillna()方法的字典填补。

```
df1.fillna({'Sepal length':100,'Shape':'circle'})
Out[1]:
```

```
         Sepal length  Sepal width    Species      Shape
0            5.1          3.5      Iris－setosa     circle
1          100.0          3.0      Iris－setosa     circle
2            4.7          3.2      Iris－setosa     circle

df1.fillna({'Sepal length':100,'Shape':'circle'}, limit = 2)   # 连续缺失值最多填补 2 个
Out[2]:
         Sepal length  Sepal width    Species      Shape
0            5.1          3.5      Iris－setosa     circle
1          100.0          3.0      Iris－setosa     circle
2            4.7          3.2      Iris－setosa     NaN
```

扫一扫

视频讲解

10.2.4 数据离散化

数据离散化主要指将连续数据进行分箱，使数值隶属于不同的离散区间。Pandas 中连续数据离散化的方法主要有 cut() 和 qcut()。cut() 函数的语法格式如下。

```
pd.cut(x, bins, right = True, labels = None)
```

其中，x 表示要离散化的数据，支持列表、一维数组或 Series 等。bins 表示离散化方式，常用的有两种：一是给定整数 n，离散化成 n 个等宽区间，宽度为(max－min)/n；二是自定义区间，例如给定常量序列[1, 2, 5, 10]，则离散成(1,2]、(2,5]、(5,10]三个区间。right值为 True 或 False，指定面元 bins 左右开闭情况，默认值 True 为左开右闭，False 为左闭右开。labels 表示离散化的各个区间的标签，数组长度需要与区间个数相等，默认为区间。

【例 10.35】 cut() 函数的应用示例。

```
Sepal = pd.Series([1,2,3,4,5])
pd.cut(Sepal,2,right = False)              # 离散化为等宽的 2 个区间
Out[1]:
0    [1.0, 3.0)
1    [1.0, 3.0)
2    [3.0, 5.004)
3    [3.0, 5.004)
4    [3.0, 5.004)
dtype: category
Categories (2, interval[float64]): [[1.0, 3.0) < [3.0, 5.004)]

pd.cut(Sepal,bins = [1,4,5],labels = ['a','b'])    # 自定义区间离散化
Out[2]:
0    NaN
1     a
2     a
3     a
4     b
dtype: category
Categories (2, object): [a < b]
```

qcut() 函数可以进行分位数分箱，每个区间的数据个数大致相同。qcut() 函数的语

法格式如下。

```
pd.qcut(x, q, labels = None)
```

其中 x 和 labels 的含义与 cut() 方法一致。q 表示给定分位数,如果为整数 n,表示 n 分位数,如 10 表示十分位数,也可以是分位数列表,如[0,0.2,0.4,0.75,1.0]。

【例 10.36】 qcut() 方法使用示例。

```
Sepal = pd.Series([1,2,3,4,5])
pd.qcut(Sepal,5)                          # 五分位数分箱
Out[1]:
0    (0.999, 1.8]
1    (1.8, 2.6]
2    (2.6, 3.4]
3    (3.4, 4.2]
4    (4.2, 5.0]
dtype: category
Categories (5, interval[float64]): [(0.999, 1.8] < (1.8, 2.6] < (2.6, 3.4] < (3.4, 4.2] <
(4.2, 5.0]]

pd.qcut(Sepal,[0,0.4,0.8,1.0])            # 自定义分位数
Out[2]:
0    (0.999, 2.6]
1    (0.999, 2.6]
2    (2.6, 4.2]
3    (2.6, 4.2]
4    (4.2, 5.0]
dtype: category
Categories (3, interval[float64]): [(0.999, 2.6] < (2.6, 4.2] < (4.2, 5.0]]
```

10.2.5 One-Hot 编码

One-Hot 编码又称"一位有效"编码,编码结果也称为哑变量矩阵(dummy matrix)。在数据分析中,通常需要对分类变量进行 One-Hot 编码,以方便距离或相似度的计算。例如,某个数据中性别属性的值有 Female 和 Male 两个,One-Hot 编码时生成 Female 和 Male 两列。对于某条记录,如果性别属性值为 Female,则在哑变量矩阵中 Female 列为1,Male 列为 0,以此类推,如表 10.1 所示数据。表 10.2 为该数据的 One-Hot 编码结果。

表 10.1　原数据

ID	性　别	年　龄
01	Female	18
02	Male	19

表 10.2　One-Hot 编码后数据

ID	Female	Male	年　龄
01	1	0	18
02	0	1	19

Pandas 库中的 get_dummies()函数可以实现分类变量的 One-Hot 编码。

【例 10.37】 利用 get_dummies()方法进行 One-Hot 编码。

```
df = pd.DataFrame({'key':['a','b','c','d'],'color':['red','blue','white','red']})
pd.get_dummies(df['color'])                    # 对 color 列进行 One - Hot 编码
# 运行结果
   blue  red  white
0    0    1    0
1    1    0    0
2    0    0    1
3    0    1    0
```

实际应用中,get_dummies()方法经常和 cut()方法结合使用,对离散化后的数据进行 One-Hot 编码。

【例 10.38】 One-Hot 编码操作小技巧。

```
Sepal = pd.Series([1,2,3,4,5])
pd.get_dummies(pd.cut(Sepal,2,labels = ['a','b']))
# 运行结果
   a  b
0  1  0
1  1  0
2  1  0
3  0  1
4  0  1
```

语句 pd.get_dummies(pd.cut(Sepal,2,labels=['a','b'])),首先对 Sepal 数据分箱,并指定 2 个箱子的标签为 a 和 b,然后对离散化后的数据进行 One-Hot 编码。

扫一扫

视频讲解

10.3 数据统计基础

在对数据进行分析时,一项基本工作就是查看数据的汇总统计,如数据的均值、标准差、中位数等,有时也需要对数据进行分类汇总统计。本节重点介绍 Pandas 库中进行数据汇总统计的方法。

10.3.1 Pandas 数据对象的分组

在数据集准备好之后,通常的任务是计算分组统计或生成透视表,Pandas 提供了一个灵活且高效的 groupby()方法,能够以一种自然的方式对数据集进行切片和切块等操作。groupby()方法返回 DataFrameGroupBy 对象类型,该类型可以调用计算方法对分组的数据进行各类统计计算,如例 10.39 所示。

【例 10.39】 groupby()方法使用示例。

```
import pandas as pd
data = pd.read_csv('tips.csv')
```

```
data.head(5)
data_group = data.groupby(data['sex'])
data_group.mean( )
mean_tip = data['tip'].groupby([data['sex'],data['time']])
mean_tip.sum( )
# 运行结果
# 显示前 5 行
   total_bill  tip   sex smoker day  time  size
0     16.99   1.01  Female  No   Sun  Dinner  2
1     10.34   1.66  Male    No   Sun  Dinner  3
2     21.01   3.50  Male    No   Sun  Lunch   3
3     23.68   3.31  Male    Yes  Sat  Dinner  2
4     24.59   3.61  Female  No   Sun  Dinner  4
# 按性别分组,显示平均值
          total_bill       tip      size
sex
Female    18.056897   2.833448   2.459770
Male      20.744076   3.089618   2.630573
# 按性别和时间分组并计算 tip 列的总和
sex       time
Female    Dinner    98.85
Male      Dinner    86.25
          Lunch     46.00
Name: tip, dtype: float64
```

除了 mean( )和 sum( )方法,DataFrameGroupBy 对象还有一些其他常用方法,见表 10.3。

表 10.3 DataFrameGroupBy 对象的常用方法

方 法	功 能	方 法	功 能
first()	返回非 NaN 的第一个值	min()	非 NaN 的最小值
last()	返回非 NaN 的最后一个值	max()	非 NaN 的最大值
sum()	非 NaN 的和	std()	非 NaN 的标准差
mean()	非 NaN 的平均值	var()	非 NaN 的方差
median()	非 NaN 的算术中位数	prod()	非 NaN 的积
count()	非 NaN 的值的个数		

DataFrameGroupBy 对象的方法能够进行高级的聚合计算,即同时调用多个方法。聚合计算的方法为 agg( )。

【例 10.40】 聚合函数 agg( )使用示例。

```
data_group = data.groupby(data['time'])      # 按照 time 列分组
data_group['tip'].agg(['mean','std'])        # 计算各组的平均值和标准差
# 运行结果
          mean     std
time
Dinner    6.17   5.161024
Lunch     4.60   2.481039
```

聚合函数 agg( )除了可以聚合 Pandas 内置的计算方法,也可以聚合自定义函数,聚

合时使用的参数是自定义函数的函数名称，如例 10.41 所示。

【例 10.41】 聚合函数 agg( )使用自定义函数。

```
# 自定义函数求极差(极差为数据中最大值与最小值的差),函数名称为 max_min
def max_min(df):
    diff = df.max( ) - df.min( )
    return diff
# 函数调用
data_group['tip'].agg(['mean','std',max_min])
# 运行结果
          mean       std        max_min
time
Dinner    6.17       5.161024    19.0
Lunch     4.60       2.481039    9.0
```

10.3.2 基本统计计算

Pandas 库的常见统计函数一般针对列（axis＝1）进行统计，表 10.4 为 Pandas 库基本统计计算的方法。

表 10.4 Pandas 库基本统计计算的方法

方 法	功 能	方 法	功 能
count( )	统计非 NaN 值的数量	median( )	求中位数
min( )	获取最小值	std( )	求标准差
max( )	获取最大值	var( )	求方差
quantile( )	统计分位数	skew( )	求偏度
sum( )	求和	kurt( )	求峰度
mean( )	求平均值		

如果需要在指定轴上进行计算，可以通过方法的 axis 参数指定，axis＝0 表示按行计算，axis＝1 表示按列计算。

【例 10.42】 Pandas 库的基本统计计算。

```
df = pd.DataFrame({'key1':np.arange(5),'key2':np.random.rand(5) * 10})
print(df)
    key1    key2
0   0    9.546605
1   1    2.862609
2   2    7.824934
3   3    8.770264
4   4    1.358713
print(df.count( ),'↳ count 统计非 NaN 值的数量\n')
print(df.min( ),'↳ min 统计最小值\n',df['key2'].max( ),'↳ max 统计最大值\n')
print(df.quantile(q = 0.75),'↳ quantile 统计分位数,参数 q 确定位置\n')
print(df.sum( ),'↳ sum 求和\n')
print(df.mean( ),'↳ mean 求平均值\n')
print(df.median( ),'↳ median 求中位数,50 % 分位数\n')
print(df.std( ),'\n',df.var( ),'↳ std,var 分别求标准差,方差\n')
```

扫一扫

视频讲解

```
print(df.skew( ),'→ skew 样本的偏度\n')
print(df.kurt( ),'→ kurt 样本的峰度\n')
df.describe( )      #describe( )方法可以同时获取数据的各个统计指标
```

10.4 实例：学生成绩分析

本实例对学生成绩进行操作,主要实现成绩的合并、缺失值的查看与填补、查看不同科目最高分、男女生分组的平均成绩以及不及格情况等。学生成绩数据分别如表 10.5 和表 10.6 所示,包括 5 名学生,共 6 门课程成绩。本实例编程环境为 Jupyter Notebook。

表 10.5 理论课成绩

ID	Gender	Math	Chinese	English
001	F	78	89	65
002	M	89	76	78
003	M	67	65	77
004	F	98	89	84

表 10.6 专业课成绩

ID	Gender	Information	DataScience	Database
001	F	56	90	66
002	M	78	81	87
003	M	67	54	60
004	F	84	74	83
005	M	79	68	78

```
1. #导入库
2. import pandas as pd
3. #将成绩数据构建成 Pandas 数据
4. Theory = pd.DataFrame({'ID':['001','002','003','004'],
5.                        'Gender':['F','M','M','F'],
6.                        'Math':[78,89,67,98],
7.                        'Chinese':[89,76,65,89],
8.                        'English':[65,78,77,84]
9.                       })
10. Special = pd.DataFrame({'ID':['001','002','003','004','005'],
11.                        'Gender':['F','M','M','F','M'],
12.                        'Information':[56,78,67,84,79],
13.                        'DataScience':[90,81,54,74,68],
14.                        'Database':[66,87,60,83,78]
15.                       })
16. #将成绩单合并
17. summary = pd.merge(Theory, Special,on = 'ID',how = 'outer')
18. summary.head( )
#运行结果
```

	ID	Gender_x	Math	Chinese	English	Gender_y	Information	DataScience	Database
0	001	F	78.0	89.0	65.0	F	56	90	66
1	002	M	89.0	76.0	78.0	M	78	81	87
2	003	M	67.0	65.0	77.0	M	67	54	60
3	004	F	98.0	89.0	84.0	F	84	74	83
4	005	NaN	NaN	NaN	NaN	M	79	68	78

19. #索引列
20. summary = summary[['ID', 'Math', 'Chinese', 'English', 'Gender_y','Information', 'DataScience', 'Database']]
21. #查看缺失值情况
22. summary.isnull( ).apply(pd.Series.value_counts)
#运行结果

	ID	Math	Chinese	English	Gender_y	Information	DataScience	Database
False	5.0	4	4	4	5.0	5.0	5.0	5.0
True	NaN	1	1	1	NaN	NaN	NaN	NaN

NaN 表明值为 True 的数目为 0,因此相应的列没有缺失值。
23. #某一列的缺失值用其平均值填补
24. math_mean = summary['Math'].mean( )
25. Chinese_mean = summary['Chinese'].mean( )
26. English_mean = summary['English'].mean( )
27. summary.fillna({'Math':math_mean, 'Chinese':Chinese_mean,'English':English_mean}, inplace = True)
28. #再次查看是否有缺失值
29. summary.isnull( ).apply(pd.Series.value_counts)
#运行结果

	ID	Math	Chinese	English	Gender_y	Information	DataScience	Database
False	5	5	5	5	5	5	5	5

30. #查看数学课的成绩
31. summary['Math']
32. #查看 ID 为 003 的 Database 课程成绩
33. summary['Database'][summary['ID'] == '003']
34. #查看各门课程的最高分
35. summary[['Math', 'Chinese', 'English', 'Information', 'DataScience', 'Database']].max( )
36. #查看各门课程男生和女生各自的平均成绩
37. summary[['Math', 'Chinese', 'English', 'Information', 'DataScience', 'Database','Gender_y']].groupby(['Gender_y']).mean( )
38. #查看是否有不及格的成绩
39. summary[summary[['Math', 'Chinese', 'English', 'Information', 'DataScience', 'Database']] < 60]

10.5　习题

一、填空题

1. Pandas 库的两个基本数据对象是_____和_____。

2. 数据合并指将不同数据集的行或列连接。Pandas 用于数据合并的方法有_____、_____、_____、_____等。

3. 在 Pandas 库中,去除重复数据常用的方法是_____和_____。_____方法用于判断行数据是否重复,默认某两行数据所有值都相同时为重复,_____方法用于删除重复行。

4. 在 Pandas 库中,用于丢弃缺失数据的函数为_____,用于对缺失值进行填补的函数为_____。

5. Pandas 中连续数据离散化的方法主要有_____和_____。

二、编程题

1. 编程实现:从列表创建 Series,列表数据自定义。

2. 编程实现:从字典创建 Series,字典数据自定义。

3. 从 NumPy 二维数组创建 DataFrame,NumPy 用随机数产生二维数组,自定义 DataFrame 的行标和列标。

4. 用下述数据构建 DataFrame,并完成后续操作。

```
data = {'animal': ['cat', 'cat', 'snake', 'dog', 'dog', 'cat', 'snake', 'cat', 'dog', 'dog'],
        'age': [2.5, 3, 0.5, np.nan, 5, 2, 4.5, np.nan, 7, 3],
        'visits': [1, 3, 2, 3, 2, 3, 1, 1, 2, 1],
        'priority': ['yes', 'yes', 'no', 'yes', 'no', 'no', 'no', 'yes', 'no', 'no']}
labels = ['a', 'b', 'c', 'd', 'e', 'f', 'g', 'h', 'i', 'j']
```

(1) 构建 DataFrame,命名为 df。

(2) 显示 df 的基础信息,包括行的数量、列名、每一列值的数量、类型。

(3) 展示 df 的前 2 行。

(4) 取出 df 的 animal 和 age 列。

(5) 取出索引为[2,4,5]行的 animal 和 age 列。

(6) 取出 age 值大于 2 的行。

(7) 取出 age 值缺失的行。

(8) 将 f 行的 age 改为 4。

(9) 计算 visits 的总和。

(10) 计算每个不同种类 animal 的 age 的平均数。

(11) 计算 df 中每个种类 animal 的数量。

(12) 先按 age 降序排列,后按 visits 升序排列。

(13) 将 priority 列中的 yes 和 no 替换为布尔值 True 和 False。

(14) 在 df 中插入新行 k,然后删除该行。

三、简答题

1. 简述 Pandas 中主要的两种数据结构。

2. 简述重命名 Pandas DataFrame 的索引或列的方法。

3. 简述遍历 Pandas 的 DataFrame 结构的方法。

第 **11** 章

Matplotlib与Seaborn

学习目标

• 掌握 Matplotlib 的用法。
• 掌握 Seaborn 的用法。
• 掌握读入 csv 文件并将数据可视化的方法。

11.1 Matplotlib 介绍

在数据分析的预处理阶段,可以通过图形将数据分布可视化,并观察数据的分布特征和统计特征,还可将数据分析结果,如误差结果和预测结果等直观地展示。在可视化图形中,常见二维图形主要包括散点图、折线图、箱线图(盒图)、核密度图、小提琴图和饼图等。数据可视化的工具比较丰富,如 Tableau、Power BI、Qlik 、DataHunter、Python 语言及 R 语言等。其中 Python 语言具有开源、可编程和更新快等优点。本章主要介绍用 Python 语言的第三方库 Matplotlib 和 Seaborn 实现可视化图形。

Matplotlib 是 Python 语言的第三方绘图库,适合交互式制图,也可以将它作为绘图控件嵌入 GUI(Graphics User Interface)应用程序中。Matplotlib 的文档比较完备,网址 https://matplotlib.org/stable/gallery/index.html 的 Gallery 页面中的样例程序有助于初学者学习。导入 Matplotlib 模块使用下列语句。

```
import matplotlib.pyplot as plt
```

或

```
from matplotlib import pyplot as plt
```

11.1.1 图形中的组成元素

以二维图形为例,可视化图形中的组成元素主要包括坐标轴标签(x 轴标签和 y 轴标签)、标题、主刻度、次刻度、图例、标注以及背景模式等,如图 11.1 所示。

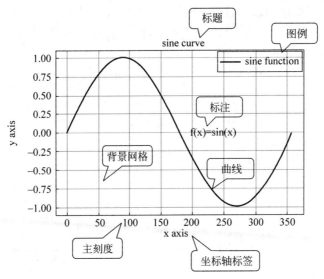

图 11.1 可视化图形中的组成元素

11.1.2 图形的绘制层次

Matplotlib 中常用的绘图模块为 matplotlib. pyplot 模块,Matplotlib API(Application Programming Interface,应用程序编程接口)包含三层,如图 11.2 所示。其中:第一层 backend_ bases. FigureCanvas 为图表的绘制区域(画布);第二层 backend_ bases. Renderer(渲染器)用于将数据绘制到画布中。前两个需要处理底层的绘图操作,而普通用户更关注第三层 artist. Artist。Artist 主要控制渲染器在画布中绘图。

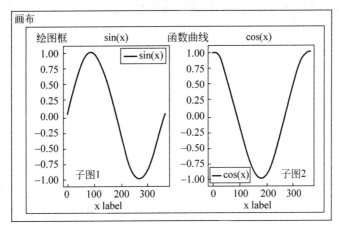

图 11.2 图形的层次

绘图的过程可描述为创建画布,创建单一图形或子图,设置标题、x 和 y 轴标签、刻度、图例,绘制图形,保存并显示。

【例 11.1】 绘制如图 11.3 所示的 sin(x)曲线。

在 Jupyter Notebook 中,经常用到魔术命令%matplotlib inline,IPython 有一组预定

义的"魔术函数"，可以使用命令行样式的语法调用它们。当使用该命令时，所绘制的图形显示在页面内而不是弹出一个窗口。在 Jupyter Notebook 中，利用注释，比较例 11.1 中使用与不使用％matplotlib inline 命令的区别。

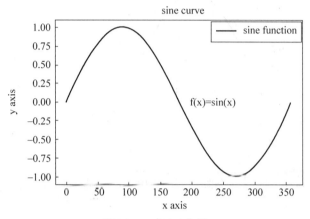

图 11.3　sin(x)曲线

第 4 行，用 Matplotlib 作图，当负号（一）不能正常显示时，加入这条语句。第 5～6 行，设置字体。第 7～10 行，设置 sine 曲线的 x 和 y 值。第 11 行，用 plot()绘图。第 12～15 行，分别设置显示区域的标题、x 轴和 y 轴的标签、曲线标注和图例。

```
1. import numpy as np
2. import matplotlib.pyplot as plt
3. # % matplotlib inline
4. plt.rcParams['axes.unicode_minus'] = False
5. plt.rcParams['font.family'] = ['sans - serif']
6. plt.rcParams['font.sans - serif'] = ['SimHei']
7. Fs = 360
8. sample = 360
9. x = np.arange(sample)
10. y = np.sin(2 * np.pi * x / Fs)
11. plt.plot(x, y)                  # 绘图
12. plt.xlabel('x axis')
13. plt.ylabel('y axis')
14. plt.text(200,0,'f(x) = sin(x)')     # plt.text( )为坐标图添加文本,200,0 是文本的坐标
15. plt.legend(labels = ['sine function'])   # 图例
16. plt.title('sine curve')
```

【例 11.2】　绘制如图 11.4 所示的电压变化曲线。

第 1～3 行，导入 Matplotlib 和 Numpy 库。第 4 行，利用 arange()方法生成[0.0,2.0)、步长为 0.01 的等差数列。第 6 行，创建子图。第 7 行根据变量 t 和 s 绘图。第 8 行，设置坐标系中的 x 轴和 y 轴标签、标题。第 9～11 行为分别设置背景网格、保存图片和显示结果。

```
1. import matplotlib
2. import matplotlib.pyplot as plt
```

```
 3. import numpy as np
 4. t = np.arange(0.0, 2.0, 0.01)
 5. s = 1 + np.sin(2 * np.pi * t)
 6. fig, ax = plt.subplots( )
 7. ax.plot(t, s)
 8. ax.set(xlabel = 'time (s)', ylabel = 'voltage (mV)',title = 'Voltage curve')
 9. ax.grid( )
10. fig.savefig("vol.png")
11. plt.show( )
```

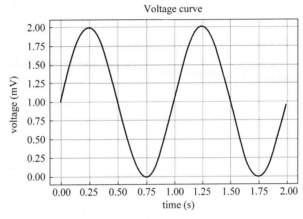

图 11.4　电压变化曲线

11.1.3　坐标轴设置

1. 坐标轴的范围

axis( )是获取或设置坐标轴属性的方法,如果不传递参数,坐标轴会采用自动缩放 autoscale 方式,由 Matplotlib 根据数据自动设置坐标轴范围和刻度。axis( )的返回值是由 xmin、xmax、ymin、ymax 构成的元组(xmin,xmax,ymin,ymax),元素类型为浮点数,分别表示 x 轴和 y 轴坐标的最值。如果 axis( )的范围边界比数据集合中的最大值小,则无法在图中看到所有数据点。此外,pyplot.autoscale( )方法可用于计算坐标轴的最佳大小以适应数据的显示,这里不做详细介绍。

【例 11.3】　坐标轴的取值范围。

pylab 是 Matplotlib 中的一个模块,pylab 中包含了 pyplot 模块和 NumPy 中常用的函数,适合交互式绘图。下面程序调用 axis( )方法后,返回默认值,结果如图 11.5 所示。

```
#示例一
import pylab
pylab.axis( )
Out[1]: (0.0, 1.0, 0.0, 1.0)
```

此外,还可以设置坐标系的 x 轴和 y 轴的取值范围,如设置 x 轴坐标的取值范围为

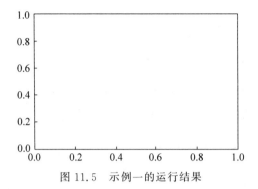

图 11.5　示例一的运行结果

[−1,1],y轴坐标的取值范围为[−10,10],结果如图 11.6 所示。

```
#示例二
import pylab
pylab.axis( )
ax = [ - 1,1, - 10,10]
axis(ax)
plt.show( )
```

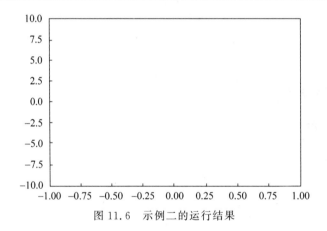

图 11.6　示例二的运行结果

2. 坐标轴的刻度与标签

（1）设置坐标轴的刻度。

【例 11.4】　按图 11.7 绘制图形设置坐标刻度。

程序中的 gca( )函数返回当前系统坐标。语句 ax. locator_params(tight = True, nbins =20)中的 tight 参数和 nbins 参数分别用于设置紧凑视图,且刻度间隔最大为 20。语句 np. random. normal(loc, scale, size)用于生成高斯分布的概率密度随机数,loc 为均值、scale 为标准差、size 为整数或整数元组,默认为 None,只输出一个数,在本例中生成了 100 个正态分布值。

```
from pylab import *
ax = gca( )
```

```
ax.locator_params(tight = True, nbins = 20)
ax.plot(np.random.normal(10, .1, 100))
```

【例11.5】 按图11.8所示的sine曲线。

函数plt.plot()用于绘制曲线,同时设置了线型参数为'--',颜色参数color为r红色。plt.xticks()和plt.yticks()分别设置x轴和y轴的刻度。通过语句"?plt.xticks"查看帮助文件,了解plt.xticks()方法的使用。以plt.xticks()方法为例,它包含三个参数ticks、labels和**kwargs。ticks是x轴刻度的位置列表;labels为刻度标签;**kwargs用于设置标签文本的属性。plt.xticks()方法返回值为x轴上刻度位置列表和刻度的标签列表。

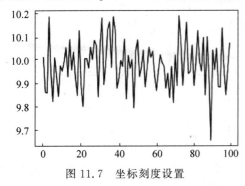
图11.7 坐标刻度设置

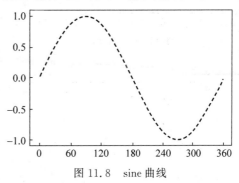
图11.8 sine曲线

```
import numpy as np
import matplotlib.pyplot as plt
Fs = 360
sample = 360
x = np.arange(sample)
y = np.sin(2 * np.pi * x / Fs)
plt.plot(x,y,'--',color = 'r')
plt.xticks(np.array([0,60,120,180,240,300,360]))
plt.yticks(np.arange(min(y),max(y) + 0.1,0.5))
```

【例11.6】 绘制图11.9~图11.11中三个示例的图形,并设置坐标刻度。

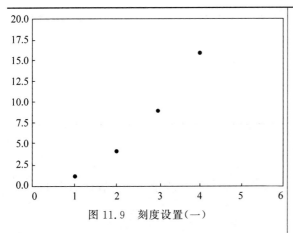
图11.9 刻度设置(一)

```
# 坐标点和点的样式 ro(红圈)
plt.plot([1, 2, 3, 4], [1, 4, 9, 16], 'ro')
# 坐标轴取值范围
plt.axis([0, 6, 0, 20])
plt.show()
```

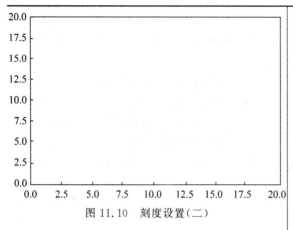

num1＝0
num2＝20
plt. xlim(num1，num2)
plt. ylim(ymin＝num1，ymax＝num2)

图 11.10　刻度设置（二）

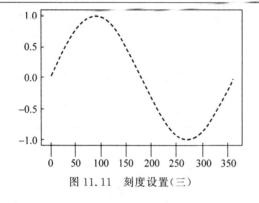

plt. plot(x，y，'--'，color＝'r')
plt. tick_params(axis＝"x"，color＝"green"，size＝30)
plt. tick _ params (axis ＝ " y " ， labelcolor ＝ "red"，labelsize＝15)

图 11.11　刻度设置（三）

（2）标签的属性设置。

【例 11.7】　设置图 11.12 中标签的属性设置。

在应用中，经常需要将标签字体和字号设置为合适大小，可利用 xlabel()方法实现。xlabel()中主要参数包括标签内容、标签属性以及标签位置等。

```
font2 = {'family' : 'Times New Roman',
'weight' : 'normal',
'size'    : 30,
}
plt.xlabel('round',font2)
plt.ylabel('value',font2)
```

11.1.4　线条的属性

线条的属性主要包括线条颜色、线条标记与线条风格。线条的常见属性如表 11.1 所示，其他属性可参见官方文档。

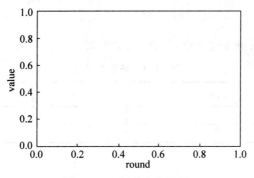

图 11.12　标签字体设置

表 11.1　线条的常见属性

属　　性	描　　述
color 或 c	设置线条颜色
label	为图例设置标签值
linestyle 或 ls	设置线条风格
linewidth 或 lw	设置以点为单位的线的宽度
marker	设置线条标记

（1）线条的颜色。

常用的线条颜色主要包括红、绿、蓝、白、青、品红、黄和黑色等，如表 11.2 所示。

表 11.2　线条的颜色

参数	颜色	参数	颜色
r	红色	c	青色
g	绿色	m	品红
b	蓝色	y	黄色
w	白色	k	黑色

（2）线条的标记。

线条的标记是指绘图时用哪种符号绘制，例如，用加号（＋）绘制曲线。常用的线条标记如表 11.3 所示。

表 11.3　线条的标记

参数	对应图形	参数	对应图形
'.'	●	's'	■
','	■	'p'	⬟
'o'	●	'*'	★
'v'	▼	'h'	⬣
'^'	▲	'H'	⬣
'<'	◀	'+'	+
'>'	▶	'x'	×
'1'	Y	'D'	◆
'2'	⅄	'd'	◆
'3'	◁	'|'	|
'4'	▷	'_'	─

（3）线条的风格。

线条风格是指绘图中线的类型，如表 11.4 所示。

表 11.4　线条的风格

线型	描述	线型	描述
'-'	实线	'-.'	点画线
'--'	虚线	':'	点线

11.1.5　子图绘制

【例 11.8】　创建图 11.13 所示的两个子图，子图 1 绘制 sin(x)，子图 2 绘制 cos(x)。

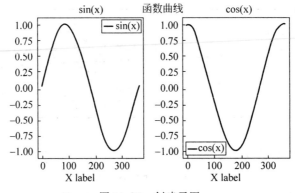

图 11.13　创建子图

（1）第 6～10 行，设置两个子图的坐标点(x,y1)和(x,y2)，x 为 0～360 的等差数列。

（2）第 12～16 行，绘制第一个子图，subplot()方法创建了 1 行 2 列的 2 个子图 plt.subplot(1,2,1)和 plt.subplot(1,2,2)。在第 1 个子图中，设置标题 title()、x 轴的标签 xlabel()和图例 legend()，legend()方法中的 local 参数用于设置图例出现的位置。

（3）第 18～25 行，绘制第二个子图，图例位置参数值为 best 自适应方式。有时，两个子图之间有重叠，plt.tight_layout()用于自动调整子图之间的间距。plt.suptitle()方法用于设置图的标题，程序中分别设置了字体(fontsize)、颜色(color)和透明度(alpha)。

```
1. import matplotlib.pyplot as plt
2. import numpy as np
3. import matplotlib as mpl
4. mpl.rcParams["font.sans-serif"] = ["SimHei"]
5. mpl.rcParams["axes.unicode_minus"] = False
6. Fs = 360
7. sample = 360
8. x = np.arange(sample)
9. y1 = np.sin(2 * np.pi * x / Fs)
10. y2 = np.cos(2 * np.pi * x / Fs)
11. #绘制第一个子图
12. plt.subplot(1,2,1)
13. plt.plot(x,y1)
14. plt.title('sin(x)')
```

```
15. plt.xlabel('X label')
16. plt.legend(['sin(x)'], loc = 'upper right')
17. #绘制第二个子图
18. plt.subplot(1,2,2)
19. plt.plot(x, y2)
20. plt.title('cos(x)')
21. plt.xlabel('X label')
22. plt.legend(['cos(x)'], loc = 'best')
23. #自动调整子图之间的间距
24. plt.tight_layout( )
25. plt.suptitle('函数曲线', fontsize = 16, color = 'b', alpha = 0.5)
```

扫一扫

视频讲解

11.2 基本图形绘制

用语句 import matplotlib.pyplot as plt 导入绘图模块后,可以绘制散点图、柱状图、直方图、饼图、箱线图、折线图和核密度图等,常见图形如表 11.5 所示。

表 11.5 基本图形

函 数	类 型	函 数	类 型
plt.scatter()	散点图	plt.pie()	饼图
plt.bar()	柱状图	plt.boxplot()	箱线图
plt.hist()	直方图	plt.plot()	折线图

11.2.1 柱状图

【例 11.9】 绘制如图 11.14 所示的柱状图,x 轴和 y 轴分别表示小组序号与学生人数。

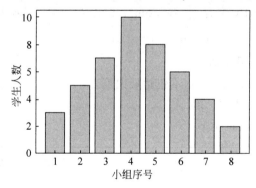

图 11.14 柱状图

显示不同类别的数目可以选择柱状图绘制。通过语句?plt.bar 查看柱状图 plt.bar()方法的参数,本题 plt.bar()方法用到的参数中,x 为小组序号组成的列表,y 为学生人数组成的列表。align 为柱状图与 x 轴坐标的对齐方式。柱状图的颜色 color 为 c(青色)。刻度标签(tick_label)为字符串组成的列表。

```
import matplotlib as mpl
import matplotlib.pyplot as plt
```

```
mpl.rcParams["font.sans - serif"] = ["SimHei"]
mpl.rcParams["axes.unicode_minus"] = False
x = ['1','2','3','4','5','6','7','8']
y = [3,5,7,10,8,6,4,2]
plt.bar(x,y,align = "center",color = "c",tick_label = x)
plt.xlabel("小组序号")
plt.ylabel("学生人数")
plt.show( )
```

11.2.2 直方图

【例 11.10】 绘制如图 11.15 所示图形，x 轴和 y 轴分别表示钢体重量与每个重量对应的数目。

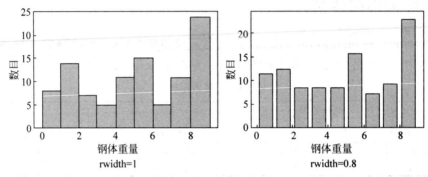

图 11.15 rwidth 取值分别为 1 和 0.8 时的直方图

在分析程序之前，首先介绍程序中的 np.random.randint()和 plt.hist()函数的使用。

（1）np.random.randint()函数的用法。

程序中用到了 NumPy 中的 np.random.randint()函数，其语法格式如下。

randint(low, high = None, size = None, dtype = int)

low：生成随机数的最小值。

high：生成的随机数的最大值（不包括最大值）。

size：输出的形状，整数或元组。

dtype：生成结果的数据类型。

```
m1 = np.random.randint(1,10)              #生成 1～10 的一个随机整数
Out[1]: 8
m2 = np.random.randint(1,10,size = 3)     #生成 1～10 的 3 个随机整数组成的数组
Out[2]: array([8, 4, 4])
m3 = np.random.randint(1,10,size = (2,3)) #生成 1～10 的 2 行 3 列的随机整数数组
Out[3]: array([[8, 9, 7],
       [5, 8, 7]])
```

与前面 random 库中的 randint()函数略有不同，random.randint(a,b)生成随机数的取值范围包含最大值 b。

（2）plt.hist()函数的用法。

plt. hist()函数的参数可查看帮助文件,这里只对程序中所用参数进行说明。

x:输入值。

bins:图形中柱形的个数,即将数据分成若干区域,每一柱形表示数据中有多少值落入该范围内。

histtype:直方图的风格,可选项(bar/barstacked/step/stepdilled)。

rwidth:相对宽度,如果该参数取值为 None,柱形间没有间隙;当参数设置为 0.8时,柱形宽度为默认宽度的 0.8。

alpha:直方图的透明度。

本例中,直方图中的 x 值由 np. random. randint(0,10,100)随机生成,为[0,9]的 100个整数。bins 由 range()生成,为[0,10)步长为 1 的等差数列。plt. hist()函数的作用是绘制直方图。plt. xlabel()和 plt. ylabel()分别用于设置 x 轴和 y 轴的标签,plt. show()用于绘制图形。比较 rwidth 取值不同时,图形的变化。

```
import matplotlib as mpl
import matplotlib. pyplot as plt
mpl. rcParams["font. sans − serif"] = ["SimHei"]
mpl. rcParams["axes. unicode_minus"] = False
import numpy as np
weight = np. random. randint(0,10,100)
x = weight
bins = range(0,10,1)
plt. hist(x,bins = bins,color = "b",histtype = "bar",rwidth = 1,alpha = 0.5)
plt. xlabel("钢体重量")
plt. ylabel("数目")
plt. show( )
```

11.2.3 散点图

【例 11.11】 随机生成 100 个数,子图 1 显示随机数的散点分布情况,子图 2 显示随机数的指数分布情况,观察数据之间的相关性,如图 11.16 所示。

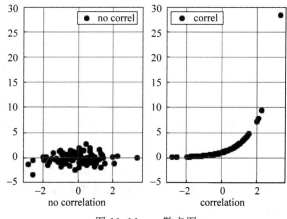

图 11.16 散点图

第 3 行，随机生成 100 个数。生成随机数 numpy. random. randn( )与 numpy. random. rand( )的含义为，numpy. random. randn(d0,d1,…,dn)是从标准正态分布中返回一个或多个样本值，numpy. random. rand(d0,d1,…,dn)的随机样本位于[0,1)中。

第 5～7 行，len( )函数用于返回容器中元素的个数，容器可以为列表、字典、元组、集合等。len(x)为取随机数 x 的个数，np. random. randn(len(x))对应随机生成 x 个 y1 值。y2 根据指数函数 exp(x)生成。

第 8～18 行为绘图过程。其中 subplot(121)创建 1 行 2 列子图的第 1 个图，类似 subplot(122)创建第 2 个子图，而且坐标系与 ax1 相同。plt. scatter( )用于绘制散点图。plt. grid( )为设置背景网格，显示网格为 True，否则为 False。

从图 11.16 可以看出，(x,y1)表示的散点之间不相关，而(x,y2)表示的点之间具有相关性。

```
1. import matplotlib.pyplot as plt
2. import numpy as np
3. x = np.random.randn(100)
4. # no correlation
5. y1 = np.random.randn(len(x))
6. # correlation
7. y2 = np.exp(x)
8. ax1 = plt.subplot(121)
9. plt.scatter(x, y1,label = 'no correl')      #散点图
10. plt.xlabel('no correlation')
11. plt.grid(True)                              #设置背景网格
12. plt.legend( )                               #生成图例
13. ax2 = plt.subplot(122, sharey = ax1, sharex = ax1)
14. plt.scatter(x, y2, label = 'correl')
15. plt.xlabel('correlation')
16. plt.grid(True)
17. plt.legend( )
18. plt.show( )
```

11.2.4 箱线图

箱线图（boxplot）也称盒图，一般用于展示数据的离散分布情况，它由五个数值点组成：最小观测值（min），下四分位数（Q_1），中位数（median），上四分位数（Q_3），最大观测值（max）。由于真实数据中存在"离群点"，为了避免数据的整体特征受个别离群点影响而偏移，将离群点单独绘制。在盒图中，两端的胡须分别表示最小观测值与最大观测值。最大/最小观测值设置为上、下四分位数值间距离（IQR）的 1.5 倍，箱线图结构如图 11.17 所示。

（1）$IQR = Q_3 - Q_1$，IQR 为上四分位数与下四分位数之间的差。

（2）最小观测值（min）：$min = Q_1 - 1.5 \times IQR$，如果存在离群点小于最小观测值，则在胡须下限，即最小观测值的下方绘制。

（3）最大观测值（max）：$max = Q_3 + 1.5 \times IQR$，如果存在离群点大于最大观测值，则

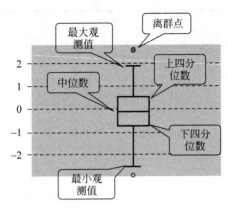

图 11.17 箱线图

胡须上限为最大观测值,离群点在胡须上方单独绘制。

绘制箱线图使用 boxplot() 函数,常用参数 x 和 showfliers。x 为绘制箱线图的数据。showfliers 为是否显示异常值,默认显示。

【例 11.12】 随机生成 100 个数,用箱线图显示数据的分布情况,如图 11.18 所示。

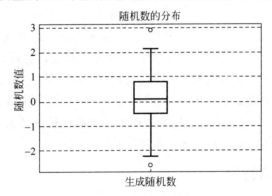

图 11.18 随机数分布

程序中 matplotlib.pyplot.grid() 函数的参数含义如表 11.6 所示,函数的语法格式如下。

```
matplotlib.pyplot.grid(b, which, axis, color, linestyle, linewidth, ** kwargs)
```

表 11.6 grid() 函数的参数

参 数	含 义
b	布尔值,是否显示网格线
which	取值 'major'(主刻度),'minor'(次刻度),'both',默认为 'major'
axis	取值为 'both','x','y',网格线方向
color/c	网格线的颜色
linestyle/ls	网格线的风格
lw	网格线的宽度

** kwargs 的用法见 5.1.4 节,与可变参数传递同理。

```
import matplotlib as mpl
import matplotlib.pyplot as plt
import numpy as np
mpl.rcParams["font.sans - serif"] = ["FangSong"]
mpl.rcParams["axes.unicode_minus"] = False
x = np.random.randn(100)
plt.boxplot(x)
plt.xticks([1],["生成随机数"])
plt.ylabel("随机数值")
plt.title("随机数的分布")
plt.grid(axis = "y",ls = ":",lw = 3,color = "gray",alpha = 0.2)
plt.show( )
```

11.3　Seaborn 介绍

　　Seaborn 是基于 Matplotlib 核心库进行了更高级的 API 封装，Matplotlib 参数较多，而 Seaborn 可以简化复杂绘图，但更个性化的作图需要用 Matplotlib 实现。

　　Seaborn 的特点为函数简单、配色美观、内置多种绘图主题以及能快速美化图表；支持 DataFrame、ndarray 等数据结构，可自由选择特征进行统计分析；能可视化类别变量，较简洁地绘制具有统计意义的图表；能够可视化时间序列数据，提供灵活的数据预测功能等。导入 Seaborn 模块命令为 import seaborn as sns。本章使用的两个数据文件 iris. csv 和 tips. csv 来源于 Seaborn 库的内置数据集。下面通过统计关系、线性关系、分类数据和分布数据的可视化详细介绍 Seaborn 的使用。

扫一扫

视频讲解

11.3.1　统计关系可视化

　　通过统计分析，可以了解数据集中变量之间的关联关系及这些关系与其他变量之间的依赖关系。下面介绍统计关系中 relplot() 的使用，一般需要指定字段名、数据集、图形类别及按哪个维度分组等，relplot() 常用参数主要包括 x、y、data、kind 和 hue 等，见表 11.7。

```
import seaborn as sns
sns.relplot(kind = "scatter")    ♯绘制散点图
sns.relplot(kind = "line")       ♯绘制曲线图
```

表 11.7　relplot() 常用参数

参　　数	含　　义	参　　数	含　　义
x、y	数据集中字段名	ci	置信区间的浮点数，可设为 None
data	数据集名	kind	point(散点图)、bar(柱形图)、box(箱线图)、violin(小提琴)，默认 point
hue	在某一维度上分组	orient	方向，v/h(垂直/水平)

续表

参　　数	含　　义	参　　数	含　　义
style	线的风格	color	颜色
size	控制数据点大小或线条粗细	palette	调色板

【例 11.13】 tips.csv 数据集的内容是关于顾客支付小费的情况，字段及含义如表 11.8 所示。

表 11.8　顾客支付小费数据集的字段

字　　段	含　　义	字　　段	含　　义
total_bill	总账单	day	星期几
tip	小费	time	午餐/晚餐
sex	性别	size	人数
smoker	是否吸烟		

（1）绘制 total_bill 字段的散点图。

（2）绘制 total_bill 字段的散点图，并按 smoker 字段将数据集分组显示。

tips.csv 数据集的前 6 行数据如下。

total_bill	tip	sex	smoker	day	time	size
16.99	1.01	Female	No	Sun	Dinner	2
10.34	1.66	Male	No	Sun	Dinner	3
21.01	3.5	Male	No	Sun	Dinner	3
23.68	3.31	Male	No	Sun	Dinner	2
24.59	3.61	Female	No	Sun	Dinner	4
25.29	4.71	Male	No	Sun	Dinner	4

第 4 行，导入 tips.csv 数据集；第 5~6 行，设置散点的 x 轴和 y 轴分别表示哪个字段，用 data 指定数据集；设置 hue 参数使得数据集在某一维度上分组，结果如图 11.19 所示。

```
1. import seaborn as sns
2. import matplotlib.pyplot as plt
3. import pandas as pd
4. tips = sns.load_dataset("tips")
5. sns.replot(x = "total_bill", y = "tip", data = tips)
6. sns.replot(x = "total_bill", y = "tip", hue = "smoker", data = tips)
```

11.3.2　线性关系可视化

线性关系可视化可用 regplot()和 implot()函数。regplot()中的参数 x 和 y 可选择 NumPy 数组、Pandas 序列（Series）等多种数据类型，还可以将 Pandas DataFrame 传递给 data 参数。regplot()仅提供了 implot()特性的一部分。implot()的 data 参数不能为空，

扫一扫

视频讲解

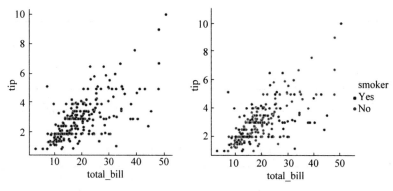

图 11.19　relplot()散点图

参数 x 和 y 必须以字符串形式指定。

【例 11.14】　读入 tips 数据集，查看 total_bill 和 tip 两个字段的线性关系。

```
import seaborn as sns
tips1 = sns.load_dataset('tips')
sns.regplot(x = "total_bill", y = "tip", data = tips1)
sns.implot(x = "total_bill", y = "tip", row = "sex", col = "time", data = tips1, height = 3)
```

在 implot() 中，通过参数 row 和 col 的设置，实现按性别（sex）和就餐时间（time）在不同行、不同列中分别绘制回归图，运行结果如图 11.20 和图 11.21 所示。

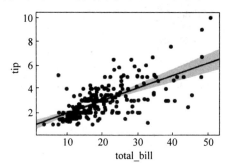

图 11.20　使用 regplot() 函数绘制回归图

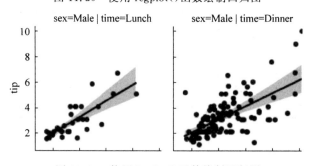

图 11.21　使用 implot() 函数绘制回归图

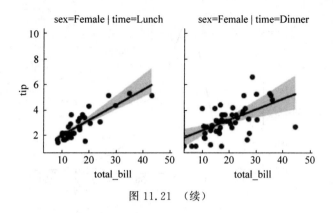

图 11.21　（续）

11.3.3　分布数据可视化

1. 单变量分布

在 Seaborn 中，单变量分布常使用 displot()函数。默认情况下，该方法绘制直方图并拟合核密度估计（Kernel Density Estimation，KDE）。displot()函数结合了 Matplotlib 中的 hist()函数、kdeplot()函数和 rugplot()函数，如图 11.22 所示。

```
import seaborn as sns
tips1 = sns.load_dataset('tips')
sns.displot(tips1['total_bill'],color = 'black',kde = True)
```

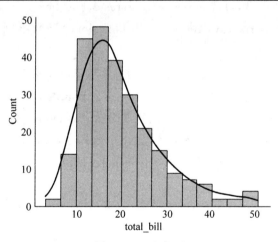

图 11.22　直方图

核密度估计是在概率论中用于估计未知的密度函数，属于非参数检验方法之一。在 Seaborn 中，使用 kdeplot()函数拟合数据，绘制单变量或双变量的核密度图。单变量核密度图如图 11.23 所示。

```
sns.kdeplot(tips["total_bill"])
```

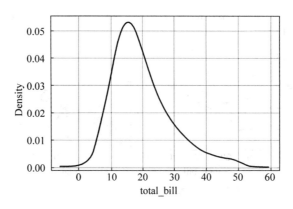

图 11.23　核密度估计图

2. 绘制二元分布

在 Seaborn 中，要实现两个变量的二元分布可视化，较为简单的方法是使用 jointplot()
函数作图。jointplot()函数的参数较多，可参看帮助文件，这里仅对例 11.15 中使用的参
数作以说明。

- jointplot() 是对 JointGrid 类的实现，可以绘制单变量或两个变量的图形。
- x 和 y 分别代表 DataFrame 中的字段名或是两组数据。
- data 指向 DataFrame 对象（指定数据集）。
- kind 为图形的类型，可选择 scatter、reg、resid、kde、hex。

【例 11.15】　读入 iris. csv 数据集，并用 jointplot()函数绘制散点图，如图 11.24
所示。

用 pd. read_csv()导入 iris（鸢尾花）数据集，鸢尾花数据集有 5 个字段 sepal. length
（萼片长度）、sepal. width（萼片宽度）、petal. length（花瓣长度）、petal. width（花瓣宽度）和
species（品种）。根据前 4 个字段，可以将鸢尾花分为不同的种类（species）。sns. set()为
设置画图空间的主题风格，主题风格主要包括 darkgrid、whitegrid、dark、white 和 ticks。
用 jointplot()绘制散点图，根据字段 sepal_length 和 petal_length 绘制散点图，图形类型
为 reg。

```
import seaborn as sns
import pandas as pd
iris = pd. read_csv('d:/iris.csv')
sns. set(style = "white")
sns. jointplot(x = "sepal_length", y = "petal_length", data = iris, kind = "reg")
```

根据字段 total_bill 和 tip 绘制双变量核密度估计图，如图 11.25 所示。

```
sns.kdeplot(x = tips["total_bill"],y = tips['tip'])
```

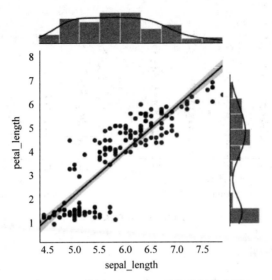

图 11.24　使用 jointplot() 函数绘制散点图

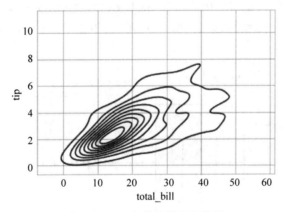

图 11.25　双变量核密度估计图

11.3.4　分类数据可视化

1. 分类散点图

图 11.26 中是 catplot() 默认风格的分类散点图与蜂群图。catplot() 函数中 kind 参数为散点的样式,默认为 strip(分类散点图),可选项还有 swarm(蜂群图)、box(箱线图)、bar(条形图)和 point(散点图)等。x 和 y 分别对应数据集中的不同字段,data 表示所采用的数据集,DataFrame 类型。

```
import seaborn as sns
tips = sns.load_dataset('tips')
sns.catplot(x = "day", y = "total_bill", data = tips)
sns.catplot(kind = "swarm", x = "day", y = "tip", data = tips)
```

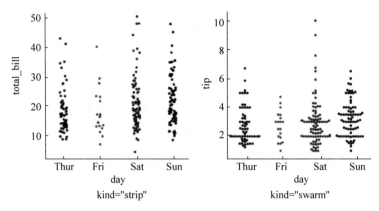

图 11.26　分类散点图

2. 分类观测分布图

针对 tips 数据集，可选择按星期几查看字段 total_bill 的值，即分类观测。在绘制分类观测图之前，首先介绍盒图的用法。在 Seaborn 中，使用 boxplot 绘制盒图（箱线图），盒图主要体现数据的分布情况，如图 11.27 所示，利用盒图查看字段 total_bill 的中位数、最值和离群值。

```
sns.boxplot(x = tips["total_bill"])
```

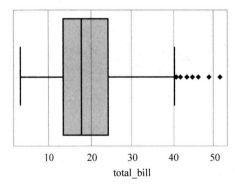

图 11.27　盒图

在 catplot()中，当 kind 类型为 box 和 violin 时，分别对应盒图和小提琴图。

（1）利用盒图实现字段 total_bill 的分类显示。

hue 参数用于分组，图 11.28 的右图为 hue 参数按 smoker 分组后得到的分类结果。

```
sns.catplot(kind = "box", x = "day", y = "total_bill", data = tips)
sns.catplot(kind = "box", x = "day", y = "total_bill", hue = "smoker", data = tips)
```

（2）利用小提琴图实现字段 total_bill 的分类显示。

小提琴图是盒图和核密度图的结合，能够一次从多个维度反映数据的分布。Seaborn 中，使用 violinplot()函数绘制小提琴图，如图 11.29 所示。

```
sns.violinplot(x = tips["total_bill"])
```

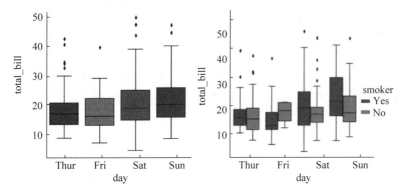

图 11.28　分类观测分布图

3. 分类统计估计图

柱状图可以反映离散特征中不同特征值的数目,如图 11.30 所示为 tips 数据集中客户在星期几就餐的统计,如星期五就餐 19 次。

```
sns.countplot(x = "day", data = tips)
```

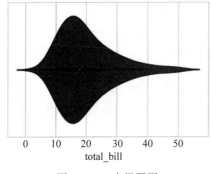

图 11.29　小提琴图

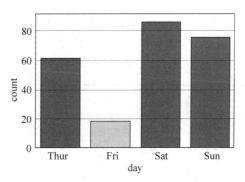

图 11.30　柱状图

使用两个离散变量作柱状图,hue 参数按字段 sex(性别)分组,统计不同性别在星期几就餐的次数,如图 11.31 所示。

```
sns.countplot(x = "day", hue = "sex",  data = tips)
```

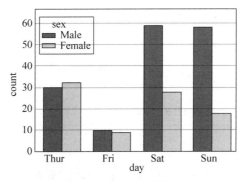

图 11.31　两个离散变量的柱状图

11.4 实例

【例 11.16】 sensor.txt 是一个传感器采集数据文件，文件内容如下。其中每行是一条记录，逗号分隔多个属性。属性包括日期、时间、温度、湿度、光照、电压，温度位于第 3 列。

（1）以读入文件的形式编写程序，统计并输出温度的平均值。

（2）绘图显示温度的变化。

```
date,time,temp,humi,light,volt
2021 - 01 - 012,20:03:16.01235,19.2024,26.4629,46.05,3.58772
2021 - 01 - 012,20:06:16.01553,19.1752,26.8039,46.05,3.58772
2021 - 01 - 012,20:06:46.73806,19.185,26.8379,46.05,3.58952
```

根据文件类型选择读入文件的函数。read_csv()为从文件、URL、文件型对象中加载带分隔符的数据，默认分隔符为逗号；read_table()为从文件、URL、文件型对象中加载带分隔符的数据，默认分隔符为制表符("\t")。

第 6 行，open()函数为打开文件，编码方式 UTF-8，方式为只读。

第 7 行，以逗号为分隔符加载文件。

第 8 行，head()方法默认读取数据的前 5 行，也可以在括号中指定读取的行数。

第 9 行，计算字段 temp(温度)的平均值。

第 12～13 行，绘制温度和时间的折线图，并输出显示。

```
 1. ♯输出温度的平均值
 2. import pandas as pd
 3. import numpy as np
 4. import matplotlib.pyplot as plt
 5. import seaborn as sns
 6. f = open('D:/sensor.txt','r', encoding = 'UTF - 8')
 7. data = pd.read_table(f,sep = ',')
 8. data.head( )
 9. data_mean = data['temp'].mean( )
10. print(data_mean)
11. ♯显示温度的变化
12. plt.plot(data['time'],data['temp'])
13. plt.show( )
```

【例 11.17】 房价数据分析

对数据集 boston_house_prices.csv 中的字段进行数据分析，并绘制散点图、直方图、盒图、柱状图和核密度图，如图 11.32 所示。数据集字段及其含义如表 11.9 所示。

表 11.9 数据集字段及其含义

字　　段	含　　义
CRIM	犯罪率
CHAS	Charles 河是否穿过，"是"值为 1，"否"值为 0
NOX	一氧化氮浓度

续表

字 段	含 义
RM	每个住宅的平均房间数
LSTAT	低收入人群的百分比
MEDV	自住房屋价格的中位数

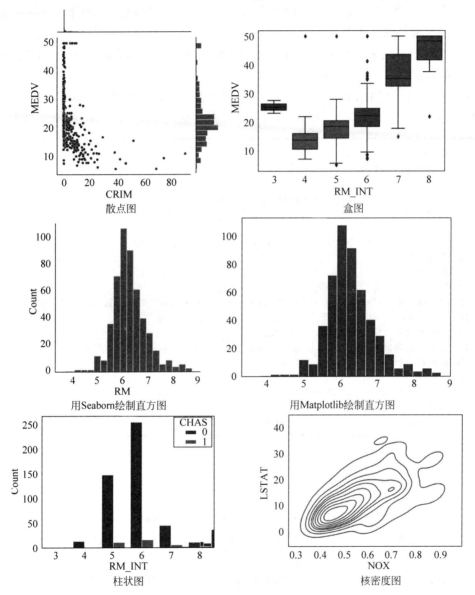

图 11.32 房价数据分析

（1）第1～3行，导入 Pandas、Matplotlib 和 Seaborn 库。

（2）第4～5行，读入数据集，并显示前5行。

（3）第7行，取数据集中的字段 CRIM 和 MEDV，用 jointplot()函数绘制散点图。查看犯罪率与房屋价格之间的关系。

（4）第9～11行，astype()函数为数据类型转换，将每个住宅的平均房间数（RM）转换为整型。读取字段 RM_INT（房间数）和 MEDV（自住房屋价格的中位数）绘制盒图；data 为用于绘图的数据集，可以为 DataFrame、数组或数组列表，本例中为 DataFrame 类型。可选参数 orient 为盒图的绘制方向，v 为垂直，h 为水平。

（5）第13～15行，利用字段 RM（每个住宅的平均房间数）分别采用 Seaborn 和 Matplotlib 中的盒图函数绘图。

（6）第17行，分析房间数与河流之间的关系，房间数为5和6的数目较多，且没有河流经过的房间数比有河流经过的多。

（7）第19行，利用字段 NOX（一氧化氮浓度）和 LSTAT（低收入人群的百分比）绘制核密度图，查看一氧化氮浓度与低收入人群的分布情况。

```python
1. import pandas as pd
2. import matplotlib.pyplot as plt
3. import seaborn as sns
4. house = pd.read_csv("d:/boston_house_prices.csv")
5. house.head()                                    #显示前5行
6. #散点图
7. sns.jointplot(x = "CRIM" , y = "MEDV",data = house)
8. #盒图
9. import math
10. house["RM_INT"] = house["RM"].astype(int)
11. sns.boxplot(x="RM_INT", y="MEDV",data = house,orient = "v")#参数 orient 为盒图的绘制方向
12. #直方图
13. sns.displot(house["RM"],bins = 20)
14. sns.displot(house["RM"],bins = 20,kde = False)      #用 Seaborn 绘制直方图
15. plt.hist(house["RM"], bins = 20)                    #用 Matplotlib 绘制直方图
16. #柱状图
17. sns.countplot(x = "RM_INT", hue = "CHAS", data = house)
18. #核密度图
19. sns.kdeplot(x = house["NOX"], y = house["LSTAT"])
```

11.5 习题

1. 编程实现：绘制散点图，取横坐标为1～10，纵坐标随机生成。

2. 编程实现：在区间[0,2]上绘制函数 $f(x) = \sin^2(x-2)$，并添加适当的轴标签、标题等。

3. 编程实现：生成一个向量 x，其中包含来自 10 000 个观测值（可随机生成）。然后用高斯核密度估算器绘制一个柱状图，显示 x（bins=25）及密度估计值。

4. 列表 a 和 b 分别是北京 2020 年 3 月和 10 月每日白天的最高气温。编程实现：用折线图、散点图显示气温随时间（天）变化的规律。

a = [11,17,16,11,12,11,12,6,6,7,8,9,12,15,14,17,18,21,16,17,20,14,15,15,15,19,21,22, 22,22,23]

b = [26,26,28,19,21,17,16,19,18,20,20,19,22,23,17,20,21,20,22,15,11,15,5,13,17,10,11,
13,12,13,6]

5. 利用 Seaborn 对鸢尾花数据集进行分析。

(1) 读取字段 sepal(鸢尾花萼片)和 petal(花瓣)的属性值,并绘制散点图。

(2) 分析不同种类(species)的鸢尾花萼片和花瓣的分布情况,并绘制箱线图。

(3) 分析鸢尾花萼片和花瓣大小的联合分布情况,并绘制核密度图。

实 践 篇

第 **12** 章

数据分析

学习目标

- 掌握数据分析的基本流程。
- 掌握数据分析工具的使用。
- 掌握用 Python 编程实现数据分析的方法。

扫一扫

视频讲解

12.1 数据分析概述

广义上的数据分析是指采用任何方法对数据进行计算和处理,得出有意义结论的过程。而狭义的数据分析是指通过统计方法对数据进行筛选、排序、运算、汇总等处理,得出有意义的结论。随着信息技术的发展,数据分析又与数据挖掘、大数据等概念密不可分。

数据挖掘是通过关联分析、聚类分析等各种算法从海量数据中找到未知的、隐藏的规则,这些规则无法从观察图表中直接得出,需要通过一定的数据分析方法对原数据进行分析才能得出。

对于大数据,麦肯锡全球研究所给出的定义是:一种规模大到在获取、存储、管理、分析方面远超出传统数据库软件工具能力范围的数据集合,具有海量的数据规模、快速的数据流转、多样的数据类型和价值密度低四大特征。大数据技术则是采集、处理、存储庞大数据并进行分析、应用的信息技术手段。IBM 公司提出了大数据的 5V 特点:Volume(大量)、Velocity(高速)、Variety(多样)、Value(低价值密度)、Veracity(真实性)。随着大数据时代的到来,信息收集与挖掘的成本骤降,对全样本分析也能轻而易举,大数据分析应运而生。

目前,数据分析一般是指采用适当的统计分析方法,对利用信息技术采集的大量数据进行分析,从隐藏在看似杂乱无章的数据信息中提炼有用的数据,以找出所研究对象的内在规律,最大化地开发数据的功能,发挥数据的作用。

扫一扫

视频讲解

12.1.1 数据分析基本流程

正确的流程往往可以事半功倍,一个完整的数据分析流程通常包括以下几个步骤。

1. 需求分析

需求分析也称为问题识别,即明确要解决的问题。问题往往来自业务部门,如何提高产品销售量?是否要上线新产品?产品定价多少?明确问题可为后续的分析决策提供方向指导。当需求明确后,可以进一步对思路进行梳理分析——要达到分析目的,该如何开展数据分析?需要采集什么样的数据?需要从哪几个角度进行分析?采用哪些分析指标?明确数据分析目的以及确定分析思路,是确保数据分析过程有效进行的先决条件,它可以为数据收集、处理以及分析提供清晰的指引方向。

2. 数据采集

数据采集也称为数据获取。数据采集是按照确定的分析目的和方案,收集相关数据的过程,它为数据分析提供了素材和依据。不同的数据有不同的采集渠道与采集方式,这里的数据包括一手数据和二手数据。一手数据也称原始数据,主要指可直接获取的数据,如公司内部的业务数据库、通过访谈、询问、问卷、测定等方式直接获取的数据等;二手数据是指并非为当前数据分析目的,而是为其他目的已经收集好的统计资料,如政府相关部门在互联网上发布的公开数据、公开出版物中的数据等。与原始数据相比,二手数据具有取得迅速、成本低、易获取等优点。

数据采集过程中需要考虑和确定用什么方法收集数据?哪些数据是可以合法获取,哪些数据需要购买?数据预算有多少?

3. 数据预处理

数据预处理是指对采集的数据进行加工整理,形成适合数据分析的样式,保证数据的一致性和有效性。它是数据分析前必不可少的阶段。

数据预处理主要包括数据清洗、数据转化、数据抽取、数据合并、数据计算等处理方法。一般的数据都需要进行一定的处理才能用于后续的数据分析工作。

数据预处理的基本目的是从大量的、杂乱无章、难以理解的数据中抽取并推导出对解决问题有价值、有意义的数据。如果数据本身存在错误,那么即使采用最先进的数据分析方法,得到的结果也是错误的,不具备任何参考价值,甚至还会误导决策。

4. 分析建模

分析建模是数据分析的核心步骤,这一步骤是指通过对比分析、平均分析、分组分析、回归分析等分析方法以及采用聚类模型、分类模型、关联规则等模型算法对已经整理好的数据进行分析处理,发现数据中有价值的信息并得出结论的过程。

分析建模首先明确需要做的是描述型分析还是预测型分析。如果分析目的是类似描述客户行为模式、购买模式等,则采用描述型分析。描述型分析一般先分析数据的集中趋势、分散程度以及频数分布,再在此基础上进行进一步的深入分析,如采用关联规则、序列规则、聚类等模型。如果分析的目的是预测在未来一段时间内某个事件的发生概率,则采用预测型分析。预测分析主要有两类模型:分类预测模型和回归预测模型。常见的分类预测模型中,目标变量通常都是二元分类变量,例如,欺诈与否,流失与否,信用好坏等。而回归预测模型中,目标变量通常都是连续型变量,例如,股票价格预测、房价预测等。

数据模型也可以从业务角度分成两类:第一类是业务模型,即数据分析项目有对应的专业领域模型,如 PEST 分析模型、5W2H 分析模型、AARRR 分析模型、RFM 分析模型、4P 营销理论模型等;第二类是算法模型,即算法不局限于具体的专业领域,只取决于数据本身的特点及分析目的。这类模型包含分析结构化数据的数据挖掘算法模型,处理非结构化数据的语义引擎,可视化策略等,具体如流失预警模型、信用评估模型、推荐系统模型等。

在分析建模过程中,模型评价也是不可或缺的环节。模型构建好后,如何判断这个模型好不好？对同一个问题可以建立不同的模型,又如何判断哪个模型更好？这都需要我们对模型进行科学的评价。对于模型的评价,主要从两个角度:一是模型的区分度,或称预测精度,评价的指标包括 AUC、C 指数、NRI 等;二是模型的校准度,评价指标包括 AIC、BIC、R^2、Brier 分数等。经过评价后,最终选择符合要求的最优模型。

5. 结果展示

通过数据分析,隐藏在数据内部的关系和规律就会逐渐浮现,最后通过什么方式展现这些关系和规律,也是数据分析是否达到预期目的重要环节。一般情况下,会通过撰写报告的方式对整个数据分析过程进行总结和呈现。通过报告,把数据分析的起因、过程、结果及建议完整地呈现,以供用户参考。为了能让用户一目了然,通常采用表格和图形的方式呈现结果数据,即用图表说话,以便更加有效、直观地传递出数据分析的结果。一份好的分析报告,需要有明确的结论,没有明确结论的分析称不上分析,同时也失去了报告的意义。如果有要求,还要提出具有可行性的建议或解决方案。

扫一扫

视频讲解

12.1.2 数据分析应用场景

数据分析已广泛应用于各个行业、各种领域,包括金融、交通、电商零售、教育、气象生态环境、制造、医疗、服务、能源、娱乐等,具体应用场景举例如下。

1. 金融数据分析

在金融数据分析中,最常用到的是预测模型。通过预测模型可完成对公司运营财务情况的了解;对投资项目的风险评估;设计最佳金融产品、最优投资组合、分配资产以及完成产业内部优化预算等。实际案例包括哪些事件会影响企业的未来估值、未来股价,哪些特征用户群体能够获得利润最高,不同的销售渠道之间的利润率,利用有限的预算安排最优的投资组合等。

数据分析在金融行业应用范围较广,主要包括以下几方面。

- 精准营销:依据用户消费习惯、地理位置、消费时间进行推荐。例如,招商银行利用用户刷卡、存取款、电子银行转账、微信评论等行为数据进行分析,每周给用户发送针对性广告信息,里面有用户可能感兴趣的产品和优惠信息。
- 风险管控:依据用户消费和现金流提供信用评级或融资支持,利用用户社交行为记录实施信用卡反欺诈。大部分银行在做信贷业务时,需要进行风险分析,也是对大量数据做相关性分析,很多数据来源于政府各个职能部门,包括工商税务、质量监督法院等。

- 产品设计:利用数据分析技术为用户推荐理财投资产品,利用用户行为数据设计满足用户需求的金融产品。例如,银行利用对用户数据分析的结果为财富管理客户推荐产品;利用用户点击数据集为用户提供特色服务。

2. 交通数据分析

交通包括城市交通和城际交通,其中城市交通数据又包含公共交通数据和道路交通数据。如轨道交通自动售检票系统数据、交通卡自动刷卡计费系统数据属于公共交通数据,对这些数据进行分析,可获得不同车站间乘客的路径分布,以及换乘站分方向、分时段的客流量,以便调节发车间隔,提高出行效率。而运营车辆的 GPS 数据则属于道路交通数据,可用于了解车辆通行密度,合理进行道路规划,还可以用于进行信号灯的调度,提高已有线路运行能力。

城际交通主要涉及航空和铁路。航空公司利用数据分析可以提高上座率,降低运行成本。铁路集团则利用数据分析可以有效安排客运和货运列车,以提高效率、降低成本。

3. 电商零售数据分析

电商是最早利用数据分析进行精准营销的行业,主要有几种方式:一是基于用户交易行为分析进行商品推荐,即根据用户信息、用户交易历史、用户购买过程的行为轨迹等用户行为数据进行分析,为用户推荐最可能购买的商品;二是根据同一商品其他访问或成交用户的用户行为数据,如浏览这一商品的用户还浏览了哪些商品、购买这一商品的用户还购买了哪些商品等数据进行用户之间行为的相似性分析,以预测用户喜欢哪些商品,三是基于用户社交行为分析的社区营销,通过分析用户在微博、微信、社区里的兴趣、关注、爱好和观点等数据,投其所好,为用户推荐他本人喜欢的、或是他的圈子流行的、或推荐给他朋友偏好的相关产品。商品推荐是 Amazon 最先采用,它为 Amazon 赢得了近1/3 的新增商品交易。

零售数据中还包含用户对商品的评价,目前对商品的购买评价也是数据分析的一个研究方向,例如,发现用户的投诉增多,用户评价出现负面情绪,用户购买量明显减少等现象,可预测用户流失的可能性,并采取针对性措施预防或减少用户流失。

零售行业的数据分析对于商品的生产厂家同样有帮助,厂商可依据商品的销售数据按实际需求进行生产,有助于资源的有效利用,降低产能过剩,减少不必要的生产浪费。

4. 教育数据分析

随着信息技术在教育领域越来越广泛的应用,课堂、考试、师生互动及家校关系等各个环节都被数据包裹,如慕课等在线教育的应用,更是产生了大量的数据。

对教育数据的分析,一是可以改善教育教学,如提供各种测评工具,根据测评数据让教师跟踪学生学习情况,从而找到适合学生的学习特点和方法,实施因材施教;二是可以帮助优化教育机制或进行教育改革,如探索教育开支与学生学习成绩提升的关系;三是可以用于诊断预警,例如,利用数据诊断处在辍学危险期的学生、探索学生缺课与成绩的关系。

5. 气象生态环境数据分析

天气预报的应用,可以通过收集大量的数据(气温、湿度、风向和风速、气压等),并对这些数据进行专业的计算和分析,得出预报结果。

空气中的污染物浓度直接影响到空气质量指数(AQI),尤其是 PM2.5、PM10 等,影响能见度,且对人体的心血管系统造成不良影响。空气污染是一个复杂的现象,在特定的时间和地点,空气污染物浓度受到许多因素影响,如车辆、船舶、飞机的尾气、工业企业生产的排放、居民生活和取暖、垃圾焚烧等,而城市的发展密度、地形地貌和气象等也是影响空气质量的重要因素,诸多因素往往还相互关联影响,需要对这些数据做相关性分析并建立适合的模型,才能对空气质量指数进行准确预测,以采取相应措施减少污染物的排放,提高空气质量。

6. 舆情监控分析

目前,各个国家正在将基于互联网、社交媒体的数据分析技术用于舆情监控。大量的社会行为正逐步走向网络,人们更愿意借助于网络平台表述自己的想法和宣泄情绪。社交媒体也成为追踪社会行为的主要平台。利用社交媒体分享的图片和交流信息,收集个体情绪信息,进行舆情监督,预防个体犯罪行为和反社会行为。

扫一扫

视频讲解

12.2 Python 数据分析常用类库

单纯依赖 Python 自带的库进行数据分析具有一定局限性,需要安装第三方扩展库以增强数据分析和数据挖掘的能力。而 Python 之所以能够成为数据分析领域的热门语言,也是因为有很多第三方库可以使用,例如,像 MATLAB 一样强大的数值计算工具包 NumPy,能够对数据和结果进行可视化的绘图工具包 Matplotlib,用于解决科学计算中各种标准问题域的科学计算工具包 SciPy,支持机器学习算法的 Scikit-learn 等。常用于数据分析的第三方扩展库有 Pandas、NumPy、Matplotlib、SciPy、Scikit-learn、Scrapy、Gensim 等。

1. Pandas

Pandas 是 Python 的数据分析和探索工具,是数据预处理阶段的常用工具,也可以做简单的数据统计,其名称来自面板数据(Panel Data)和数据分析(Data Analysis)。Pandas 提供了一系列能够快速、便捷地处理结构化数据的数据结构和函数,包含 Series、DataFrame 等高级数据结构和工具。安装 Pandas 可使 Python 中处理数据更为快速和简单。Pandas 建立在 NumPy 之上,有高性能的数组计算功能,使得 NumPy 应用变得更为简单。Pandas 还支持类似于 SQL 语言的添加、删除、修改、查询功能,可灵活处理电子表格和关系数据库的数据。复杂精细的索引功能,使得便捷地完成重塑、切片和切块、聚合及选取数据子集等操作成为可能。

Pandas 最初被作为金融数据分析工具而开发,因此为时间序列分析也提供了较好的支持。

2. NumPy

Python 没有提供数组功能,NumPy 可以提供数组支持以及相应的高效处理函数,是 Python 数据分析的基础,也是 SciPy、Pandas 等数据处理和科学计算库基本的函数功能库。NumPy 提供了两种基本的对象:ndarray 和 ufunc。ndarray 是存储单一数据类型的多维数组,而 ufunc 是能够对数组进行处理的函数。

3. Matplotlib

Matplotlib 是数据可视化工具和作图库,主要用于绘制数据图表以展示数据分析结果,是结果展示阶段的常用工具。

Matplotlib 操作比较容易,几行代码即可生成直方图、功率谱图、条形图、误差图和散点图等图形。Matplotlib 主要绘制的是二维绘图,也支持一些简单的三维绘图,其提供了 pylab 的模块,其中包括 NumPy 和 pyplot 中许多常用的函数,方便用户快速地进行计算和绘图,提供交互式的数据绘图环境,所绘制的图表也具有交互性。

Matplotlib 支持所有操作系统下不同的 GUI 后端,且可以将图形输出为常见的矢量图,如 PDF、SVG、JPG、PNG、BMP、GIF。通过数据绘图,可以将枯燥的数字转化成更为容易接受的图表。

4. SciPy

SciPy 是一组专门解决科学计算中各种标准问题域的包的集合,包含的功能有最优化、线性代数、积分、插值、拟合、特殊函数、快速傅里叶变换、信号处理、图像处理、常微分方程求解和其他科学与工程中常用的计算等,主要用在数据分析建模阶段。

SciPy 主要包含 8 个模块,不同的子模块有不同的应用,如插值、积分、优化、图像处理和特殊函数等,其中:

- scipy. integrate:数值积分例程和微分方程求解器。
- scipy. linalg:扩展了由 numpy. linalg 提供的线性代数例程和矩阵分解功能。
- scipy. optimize:函数优化器(最小化器)以及根查找算法。
- scipy. signal:信号处理工具。
- scipy. sparse:稀疏矩阵和稀疏线性系统求解器。
- scipy. special:SPECFUN(一个实现了许多常用数学函数的 Fortran 库)的包装器。
- scipy. stats:检验连续和离散概率分布、各种统计检验方法,以及更好地描述统计法。
- scipy. weave:利用内联 C++代码加速数组计算的工具。

5. Scikit-learn

Scikit-learn 是 Python 常用的机器学习工具包，提供了完善的机器学习工具箱，在安装使用时需要依赖于 NumPy、SciPy 和 Matplotlib 等。Scikit-learn 封装了一些常用的算法，其基本模块主要有数据预处理、模型选择、分类、聚类、数据降维和回归 6 个模块，在数据量不大的情况下，Scikit-learn 可以解决数据分析各步骤中的多数问题。

Scikit-learn 自带一些经典的数据集，例如用于分类的 iris 和 digits 数据集，还有用于回归分析的 Boston house prices 数据集等。Scikit-learn 还有一些库，例如用于自然语言处理的 NLTK、用于网站数据抓取的 Scrapy、用于网络挖掘的 Pattern、用于深度学习的 Theano 等。

6. Scrapy

Scrapy 是专门为爬虫而生的工具，具有 URL 读取、HTML 解析、存储数据等功能，可以使用 Twisted 异步网络库处理网络通信，其架构清晰，且包含各种中间件接口，可以灵活地完成多种需求，主要用在数据采集（获取）阶段。

7. Gensim

Gensim 是用于文本主题模型的库，常用在自然语言处理的应用中，如计算文本相似度、进行摘要提取等。Gensim 支持 TF-IDF、LSA、LDA 和 Word2Vec 在内的多种主题模型算法，支持流式训练，并提供了诸如相似度计算、信息检索等常用任务的 API 接口。

扫一扫

视频讲解

12.3　基于 K-means 的客户偏好分析

面对多领域的数据，针对不同的任务目标，在进行数据分析时，会选择不同的模型进行建模，从而发现数据中的特征，提取其中隐藏的价值。常见的数据分析模型有分类分析、预测分析、聚类分析、关联规则、时序模式、离群点检测等。本小节以某航空公司的客户价值分析为例，分步展示数据分析的整体流程。

1. 项目需求分析

面对激烈的市场竞争，各个航空公司通常会采用各种优惠、促销的营销方式吸引更多的客户。而客户营销战略的倡导者 Jay & Adam Curry 从数百家公司客户营销实施经验中总结得出：公司 90% 以上的收入来自现有客户，但大部分的营销预算经常被用在非现有客户上。因此，通过建立合理的客户价值评估模型，对客户进行分类，分析并比较不同客户群体的价值，区别低价值客户与高价值客户，对不同的客户群体制定相应的营销策略，开展不同的个性化服务是必须和有效的。这样才能将有限的资源合理地分配给不同价值的客户，从而实现效益最大化。

本次数据分析案例的背景为某航空公司面临客户流失、竞争力下降和航空资源未充分利用等经营危机,该航空公司已积累大量的会员档案信息和其乘坐航班记录,通过对这些数据进行分析,以实现下列目标。

(1) 对客户进行分类。

(2) 对不同的客户类别进行特征分析,比较不同类别客户的价值。

(3) 针对不同价值的客户类别制定相应的营销策略,为其提供个性化服务。

识别客户价值应用得最广泛的模型是 RFM 模型,即通过 Recency(最近消费时间间隔)、Frequency(消费频率)、Monetary(消费金额)进行客户划分。本案例在此基础上再加上两个指标用于训练模型,即 LRFMC 模型,增加的两个指标为 L(客户关系长度)和 C(平均折扣系数)。本案例采用聚类分析方法对客户群进行分类,采用的聚类算法是 K-means 方法。

案例总体分析流程如下。

(1) 抽取航空公司一定区间段的数据。

(2) 对抽取的数据进行数据探索分析与预处理,包括数据缺失值与异常值的探索分析、数据清洗、特征构建及标准化等操作。

(3) 基于 RFM 模型,使用 K-means 算法进行客户分类。

(4) 针对模型结果得到不同价值的客户,采用不同的营销策略,提供个性化的服务。

2. 数据获取及数据说明

本案例的数据均来自航空公司内部的数据库,包括客户基本信息、乘机信息、积分信息等详细数据。选取跨度为两年的时间段作为分析观测窗口,抽取观测窗口从 2012 年 4 月 1 日至 2014 年 3 月 31 日内有乘机记录的所有客户的详细数据形成历史数据,共计 62 988 条记录。数据包含会员卡号、入会时间、性别、年龄、会员卡级别、在观测窗口内的飞行公里数、飞行时间等 44 个特征属性。查看数据集属性特征代码如下。

```
# 导入数据分析中用到的第三方工具包
import pandas as pd
import numpy as np
from sklearn.cluster import  KMeans
import matplotlib.pyplot as plt

# 查看每个特征属性有无空值
datafile = "air_data.csv"
data = pd.read_csv(datafile, encoding = "gb18030")
explore = data.describe(percentiles = [],include = 'all').T
explore['null'] = len(data) - explore['count']
explore = explore[['null']]
explore.columns = [[u'空值数']]
print(explore)

# 运行结果
                        空值数
MEMBER_NO               0
FFP_DATE                0
FIRST_FLIGHT_DATE       0
```

```
GENDER                      3
FFP_TIER                    0
WORK_CITY                   2269
WORK_PROVINCE               3248
WORK_COUNTRY                26
AGE                         420
LOAD_TIME                   0
FLIGHT_COUNT                0
BP_SUM                      0
EP_SUM_YR_1                 0
EP_SUM_YR_2                 0
SUM_YR_1                    551
SUM_YR_2                    138
        ⋮
Ration_L1Y_BPS              0
Point_NotFlight             0
```

3. 数据预处理

（1）数据清洗。

通过对原始数据集的观察，发现数据集中存在票价为空值、票价为0，但是飞行公里大于0、客户年龄大于100的不合理值，由于所占比例较小，可以直接丢弃。

具体处理方法如下。

① 丢弃票价为空的记录。

② 保留票价不为0，或平均折扣率不为0且总飞行公里数大于0的记录。

③ 丢弃年龄大于100的记录。

具体代码如下。

```
print('原始数据的形状为:',data.shape)
# 丢弃票价为空的记录
airline_notnull = data.loc[data['SUM_YR_1'].notnull( ) &
                                  data['SUM_YR_2'].notnull( ),:]
print('删除缺失记录后数据的形状为:',airline_notnull.shape)

#只保留票价不为0,或平均折扣率不为0且总飞行公里数大于0的记录。
index1 = airline_notnull['SUM_YR_1'] != 0
index2 = airline_notnull['SUM_YR_2'] != 0
index3 = (airline_notnull['SEG_KM_SUM']> 0) & (airline_notnull['avg_discount'] != 0)
index4 = airline_notnull['AGE'] > 100      #去除年龄大于100的记录
airline = airline_notnull[(index1 | index2) & index3 & ~index4]
print('数据清洗后数据的形状为:',airline.shape)
cleanedfile = './data_cleaned.csv'
airline.to_csv(cleanedfile)                    #保存清洗后的数据

#运行结果
原始数据的形状为:(62988, 44)
删除缺失记录后数据的形状为:(62299, 44)
数据清洗后数据的形状为:(62043, 44)
```

删除后剩余的样本值是62 043条记录,可见异常样本的比例不足1.5%,丢弃并不会对分析结果产生较大的影响。

(2)特征提取。

RFM模型中的R(Recency)是指最近一次消费时间与截止时间的间隔。通常情况下,客户最近一次消费时间与截止时间的间隔越短,对即时提供的商品或服务也可能最感兴趣。这一特征在数据集中可以直接提取,即LAST_TO_END属性。

F(Frequency)是指客户在某段时间内所消费的次数。消费频率越高的客户,其满意度越高,其忠诚度也就越高,客户价值也就越大。这一特征在数据集中可以直接提取,即FLIGHT_COUNT属性。

M(Monetary)是指客户在某段时间内所消费的金额。消费金额越大的顾客,其消费能力自然也就越大。虽然数据集中有观测窗口第一年SUM_YR_2和第二年的消费金额SUM_YR_1,但考虑到航空票价受到运输距离、舱位等级等多种因素的影响,对于航空公司来说,并不是票价越高、飞行距离越长就越能创造利润,反而是那些飞行距离短的舱位等级高的客户能创造更大的利润,这类客户对于航空公司而言更有价值。因此,选择客户在观测窗口内累积的飞行里程M和乘坐舱位所对应的折扣系数的平均值C两个特征代替消费金额。这两个特征在数据集中都可以直接提取,即SEG_KM_SUM和AVG_FLIGHT_COUNT属性。

从航空公司会员入会时间的长短可以看出客户是不是老用户及其忠诚度,在一定程度上能够影响客户价值,所以在模型中增加客户关系长度L,作为区分客户的另一特征。这一特征可通过入会时间FFP_DATE和观测窗口截止日期LOAD_TIME这两个属性之间相差的月数体现。特征提取代码如下。

```
cleanedfile = './data_cleaned.csv'    #数据清洗后保存的文件路径
airline = pd.read_csv(cleanedfile, encoding = 'utf-8')
#选取需求属性
airline_selection = airline[['FFP_DATE','LOAD_TIME','LAST_TO_END',
                             'FLIGHT_COUNT','SEG_KM_SUM','avg_discount']]
print('提取特征前5行为:\n',airline_selection.head())

#运行结果
提取特征前5行为:
    FFP_DATE   LOAD_TIME  LAST_TO_END  FLIGHT_COUNT  SEG_KM_SUM  avg_discount
0  2006/11/2  2014/3/31            1           210      580717      0.961639
1  2007/2/19  2014/3/31            7           140      293678      1.252314
2   2007/2/1  2014/3/31           11           135      283712      1.254676
3  2008/8/22  2014/3/31           97            23      281336      1.090870
4  2009/4/10  2014/3/31            5           152      309928      0.970658
```

(3)特征变换。

在LRFMC模型中,特征值需要经过规约后的属性变换得到,而得到这些特征值之后,往往还需要对数据集进行标准化处理,因为不同属性的值通常具有不同的计量单位和数量级。当各指标间的水平相差较大时,如果直接引用原始指标值进行分析,就会突出数值较高的指标在综合分析中的作用,相对削弱数值水平较低指标的作用。

在完成 5 个指标的数据提取后,发现 5 个指标的取值范围数据差异较大,为了消除数量级数据带来的影响,保证结果的可靠性,需要对原始指标进行数据标准化处理。标准化处理的方法通常是将数据按比例缩放,使之落入一个小的特定区间。去除数据的单位限制,将其转化为无单位限制的纯数值,便于不同单位或量级的指标能够进行比较和加权处理。

标准化处理的代码如下。

```
# 构造属性 L
L = pd.to_datetime(airline_selection['LOAD_TIME']) - \
pd.to_datetime(airline_selection['FFP_DATE'])
L = L.astype('str').str.split( ).str[0]
L = L.astype('int')/30

# 合并属性
airline_features = pd.concat([L,airline_selection.iloc[:,2:]],axis = 1)
airline_features.columns = ['L','R','F','M','C']
print('构建的 LRFMC 特征前 5 个行为:\n',airline_features.head( ))

# 数据标准化处理
from sklearn.preprocessing import StandardScaler
data = StandardScaler( ).fit_transform(airline_features)
np.savez('./airline_scale.npz',data)
print('标准化后 LRFMC 5 个特征为:\n',data[:5,:])
# 运行结果
构建的 LRFMC 特征前 5 个行为:
        L       R    F     M       C
0  90.200000    1  210  580717  0.961639
1  86.566667    7  140  293678  1.252314
2  87.166667   11  135  283712  1.254676
3  68.233333   97   23  281336  1.090870
4  60.533333    5  152  309928  0.970658
标准化后 LRFMC 5 个特征为:
[[ 1.43579256 -0.94493902 14.03402401 26.76115699  1.29554188]
 [ 1.30723219 -0.91188564  9.07321595 13.12686436  2.86817777]
 [ 1.32846234 -0.88985006  8.71887252 12.65348144  2.88095186]
 [ 0.65853304 -0.41608504  0.78157962 12.54062193  1.99471546]
 [ 0.3860794  -0.92290343  9.92364019 13.89873597  1.34433641]]
```

4. 分析建模

K-means 聚类算法也称 K 均值聚类算法,是一种基于距离的聚类算法,即采用距离作为相似性的评价指标,认为两个对象的距离越近,其相似度越高。该算法认为类簇是由距离靠近的对象组成的,因此把得到紧凑且独立的簇作为最终目标。其基本步骤是随机选取 K 个对象作为初始的聚类中心,然后计算每个对象与各个种子聚类中心之间的距离,把每个对象分配给距离它最近的聚类中心。聚类中心以及分配给它们的对象就代表一个聚类。每分配一个样本,聚类的聚类中心会根据聚类中现有的对象被重新计算。这个过程将不断重复直到满足某个终止条件。终止条件可以是没有(或最小数目)对象被重新分配给不同的聚类,没有(或最小数目)聚类中心再发生变化,误差平方和局部最小。

Scikit-learn 的 cluster 模块提供了 KMeans 函数来构建 K-means 聚类模型,KMeans 函数的常用参数及取值说明如下。

n_clusters:聚类的个数 k,默认值:8。

init:初始化的方式,默认值:k-means++。

n_init:运行 K-means 的次数,取效果最好的一次,默认值:10。

max_iter:最大迭代次数,默认值:300。

tol:收敛的阈值,默认值:1e-4。

n_jobs:多线程运算,default=None,None 代表一个线程,−1 代表启用计算机的全部线程。

algorithm:有 auto、full 和 elkan 三种选择。full 是指传统的 K-means 算法,elkan 是指 elkan K-means 算法。默认值 auto 则根据数据值是否稀疏,决定如何选择 full 和 elkan。一般数据是稠密的,则选择 elkan,否则选择 full。一般来说建议直接用默认值 auto。

使用 KMeans 函数为航空公司客户进行分群的具体代码如下。

```
from sklearn.cluster import  KMeans                    # 导入 K-means 算法

# 读取标准化后的数据
airline_scale = np.load('./airline_scale.npz')['arr_0']
k = 5                                                  # 确定聚类中心个数

# 构建模型,随机种子设为 123
kmeans_model = KMeans(n_clusters = k,n_jobs = 4,random_state = 123)
fit_kmeans = kmeans_model.fit(airline_scale)           # 模型训练

# 查看聚类结果
kmeans_cc = kmeans_model.cluster_centers_              # 聚类中心
print('各类聚类中心为:\n',kmeans_cc)
kmeans_labels = kmeans_model.labels_                   # 样本的类别标签
print('各样本的类别标签为:\n',kmeans_labels)
r1 = pd.Series(kmeans_model.labels_).value_counts( )   # 统计不同类别样本的数目
print('最终每个类别的数目为:\n',r1)
# 输出聚类分群的结果
cluster_center = pd.DataFrame(kmeans_model.cluster_centers_,\
            columns = ['ZL','ZR','ZF','ZM','ZC'])      # 将聚类中心放在数据框中
cluster_center.index = pd.DataFrame(kmeans_model.labels_ ).\
            drop_duplicates( ).iloc[:,0]               # 将样本类别作为数据框索引
print(cluster_center)
# 运行结果
各类聚类中心为:
[[ 1.1606821    − 0.37729768   − 0.08690742   − 0.09484273   − 0.15591932]
 [ − 0.31365557   1.68628985   − 0.57402225   − 0.53682279   − 0.17332449]
 [ 0.05219076   − 0.00264741   − 0.22674532   − 0.23116846    2.19158505]
```

```
[ - 0.70022016   - 0.4148591    - 0.16116192   - 0.1609779    - 0.2550709 ]
[ 0.48337963   - 0.79937347    2.48319841    2.42472188    0.30863168]]
```
各样本的类别标签为:
```
[4 4 4 ... 3 1 1]
```
最终每个类别的数目为:
```
3    24661
0    15739
1    12125
4    5336
2    4182
dtype: int64
```

	ZL	ZR	ZF	ZM	ZC
0					
4	1.160682	- 0.377298	- 0.086907	- 0.094843	- 0.155919
2	- 0.313656	1.686290	- 0.574022	- 0.536823	- 0.173324
0	0.052191	- 0.002647	- 0.226745	- 0.231168	2.191585
3	- 0.700220	- 0.414059	- 0.161162	- 0.160978	- 0.255071
1	0.483380	- 0.799373	2.483198	2.424722	0.308632

5. 结果展示

雷达图可以在同一坐标系内展示多指标的分析比较情况。它是由一组坐标和多个同心圆组成的图表。雷达图分析法是综合评价中常用的一种方法,尤其适用于对多属性体系结构描述的对象作出全局性、整体性评价。

针对聚类的结果进行特征分析,绘制客户分群雷达图,具体代码如下。

```python
# 客户分群雷达图
labels = ['入会时间长度','最后一次飞行时间间隔差','飞行次数','飞行总里程','平均折扣率']
legen = ['客户群' + str(i + 1) for i in cluster_center.index]  # 客户群命名,作为雷达图的图例
lstype = ['-','--',(0, (3, 5, 1, 5, 1, 5)),':','-.']
kinds = list(cluster_center.iloc[:, 0])
# 雷达图要保证数据闭合,添加 L 列,并转换为 np.ndarray
cluster_center = pd.concat([cluster_center, cluster_center[['ZL']]], axis = 1)
centers = np.array(cluster_center.iloc[:, 0:])

# 分割圆周长,并让其闭合
n = len(labels)
angle = np.linspace(0, 2 * np.pi, n, endpoint = False)
angle = np.concatenate((angle, [angle[0]]))

# 绘图
fig = plt.figure(figsize = (8,6))
ax = fig.add_subplot(111, polar = True)              # 以极坐标的形式绘制图形
plt.rcParams['font.sans-serif'] = ['SimHei']         # 用于正常显示中文标签
plt.rcParams['axes.unicode_minus'] = False           # 用于正常显示负号
# 画线
for i in range(len(kinds)):
    ax.plot(angle, centers[i], linestyle = lstype[i], linewidth = 2, label = kinds[i])
# 添加属性标签
ax.set_thetagrids(angle * 180 / np.pi, labels)
```

```
plt.title('Customer Profile Analysis')
plt.legend(legen)
```

运行结果如图 12.1 所示。

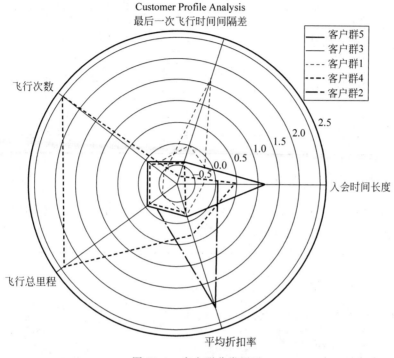

图 12.1　客户群分类展示

通过分析各个客户群的雷达图,可以看到不同类别的客户偏好有一定差别,可以根据这些差别,结合业务分析制定符合客户群的营销手段和策略。

12.4　实例:泰坦尼克号生存分析

1912 年 4 月 15 日,泰坦尼克号在首次航行时撞到冰山而沉没,2224 名乘客和船员中有 1502 人遇难。海难造成大量伤亡的原因之一是没有足够的救生艇给乘客和船员,但是乘客能够幸存也有一些其他因素。本节采用数据科学方法对泰坦尼克号乘客的生存情况进行分析。

12.4.1　泰坦尼克号数据集

泰坦尼克号数据集来源于 Kaggle 网站(https://www.kaggle.com/c/titanic),主要字段见表 12.1。其中 PassengerId 为乘客 ID,Ticket 为船票编号;参与数据分析的字段中 Survived、Pclass、Sex、Embarked 为类别型属性,字段 Age、SibSp、Parch、Fare 为数值型属性。

表 12.1　泰坦尼克号数据集

字　　段	描　　述	属　　性
PassengerId	乘客 ID	
Survived	是否获救	1 表示获救，0 表示未获救
Pclass	客舱等级	1 表示 Upper，2 表示 Middle，3 表示 Lower
Sex	乘客性别	male 表示男性，female 表示女性
Age	乘客年龄	数值
SibSp	同乘的配偶及兄弟姐妹数量	数值
Parch	同乘的父母及子女数量	数值
Ticket	船票编号	
Fare	票价	数值
Embarked	乘客登船港口	C、Q、S 三个港口

12.4.2　泰坦尼克号数据分析

在对泰坦尼克号数据进行分析时，主要采用可视化的方式，绘制不同情形下的获救率。本实例代码在 Jupyter Notebook 中实现。

```
1.  # 导入模块
2.  import pandas as pd
3.  import numpy as np
4.  import matplotlib.pyplot as plt
5.  import matplotlib as mpl
6.  import seaborn as sns
7.  % matplotlib inline
8.  import warnings
9.  warnings.filterwarnings('ignore')
10. mpl.rcParams["font.sans-serif"] = ["SimHei"]
11. mpl.rcParams["axes.unicode_minus"] = False
12. # 打开数据并查看行列数
13. titanc = pd.read_csv('Titanic.csv')
14. titanc.shape
15. # 查看数据
16. titanc.head(5)
17. # 查看数据基本信息
18. titanc.info()
19. # 对年龄字段的缺失值用其平均值进行填补
20. titanc['Age'].fillna(titanc['Age'].mean(),inplace = True)
21. titanc['Age'].isnull().value_counts()
22. # 查看数值型数据基本信息
23. titanc[['Age', 'SibSp', 'Parch','Fare']].describe()
24. # 采用直方图查看数值型数据的分布
25. for i,item in zip([1,2,3,4],['Age', 'SibSp', 'Parch','Fare']):
26.     ax = fig.add_subplot(1,4,i)
27.     ax.hist(titanc[item],bins = 15,color = 'g', density = True)
28.     plt.xlabel(item,fontdict = {'fontsize':16,'fontfamily':'Times New Roman'})
29.     plt.xticks(fontsize = 16,fontfamily = 'Times New Roman')
30.     plt.yticks(fontsize = 16,fontfamily = 'Times New Roman')
31. fig = plt.figure(figsize = (16,10))
```

```
32. colors = ['navy','lavender','lightsteelblue']
33. for i,item in zip([1,2,3,4],['Survived', 'Pclass', 'Sex', 'Embarked']):
34.     labels = titanc[item].value_counts( ).index
35.     pie_color = colors[:len(labels)]
36.     fig.add_subplot(1,4,i)
37.     wedges, label, autopct = plt.pie(titanc[item].value_counts( ),\  autopct = '%.
        2f%%', labels = labels, colors = pie_color, \ textprops = {'fontsize':16,'
        fontfamily':'Times New Roman'})
38.     plt.title(item,fontdict = {'fontsize':16,'fontfamily':'Times New Roman'})
39.     plt.setp(label, fontsize = 16, fontfamily = 'Times New Roman')
40. #查看不同性别、不同船舱等级、不同登船港口下获救比例
41. fig = plt.figure(figsize = (16,4.5))
42. for i,item in zip([1,2,3],['Sex','Pclass','Embarked']):
43.     fig.add_subplot(1,3,i)
44.     x = titanc[['Survived',item]].groupby([item]).mean( ).index.astype('str')
45.     y = titanc[['Survived',item]].groupby([item]).mean( )['Survived']
46.     plt.bar(x,y,color = 'c')
47.     plt.title('不同%s获救率'% item,fontdict = {'fontsize':16})
48.     plt.ylabel('获救率',fontdict = {'fontsize':16})
49.     plt.xticks(fontsize = 16,fontfamily = 'Times New Roman')
50.     plt.yticks(fontsize = 16,fontfamily = 'Times New Roman')
51. #Age和Sex, Pclass, Embarked获救情况分析
52. sns.set(font = 'SimHei', font_scale = 1.2)
53. fig,ax = plt.subplots(1,4, figsize = (20,6))
54. sns.violinplot("Age","Pclass",hue = "Survived",data = titanc,split = True,ax = ax[0],
        palette = 'Set2', orient = 'h')
55. ax[0].set_title('Pclass 和 Age')
56. ax[0].set_xticks(range(0,100,10))
57. sns.violinplot("Age","Sex",hue = "Survived",data = titanc,split = True,ax = ax[1],
        palette = 'Set2',  orient = 'h')
58. ax[1].set_title('Sex 和 Age')
59. ax[1].set_xticks(range(0,100,10))
60. sns.violinplot("Age","Embarked",hue = "Survived",data = titanc,split = True,ax = ax[2],
        palette = 'Set2', orient = 'h')
61. ax[2].set_title('Embarked 和 Age ')
62. ax[2].set_xticks(range(0,100,10))
63. sns.violinplot("Age",'Survived',data = titanc,split = True,ax = ax[3],palette = 'dark',
        orient = 'h',inner = 'quart')
64. ax[3].set_title('Age ')
65. ax[3].set_xticks(range(0,100,10))
```

(1) 第 21 行代码的运行结果如下,功能为判断'Age'列是否为空并统计值的数量。

False 891

Name:Age,dtype:int64

(2) 22~30 行代码的运行结果。

23 行代码为查看数值型数据的描述信息,主要包括数据记录数、平均值、标准差、最小值、四分位数、最大值。25~30 行代码采用循环绘制各个数值型属性的直方图,图形中柱形的个数设置为 15。由图 12.2 可以看出,除 Age 属性外,各数值型数据呈右偏分布。

(3) 31~39 行代码的运行结果。

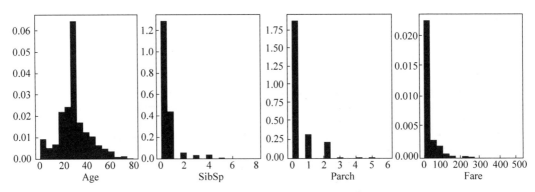

图 12.2　泰坦尼克号数据集数值型数据直方图

31 行代码为新建画布，参数 figsize 定义画布宽 16 英寸、高 10 英寸；代码 32 行为定义颜色列表；33～39 行代码采用循环遍历类别型属性并绘制类别型属性的饼图，其中 34 行代码为获取类别属性的唯一值；35 行代码为获取与唯一值个数相等长度的颜色列表，作为绘制饼图的颜色；36 行代码为添加子图；37 行代码为绘制饼图，3 个返回值 wedges、label、autopct 分别为饼图 Wedge 对象、label 为饼图标签、autopct 为各类别占比，该 3 个返回值均为列表；定义参数 labels 为属性唯一值，参数 colors 为 35 行代码获取的颜色列表，参数 autopct 为设置百分比信息的字符串格式化方式；38 行代码为添加标题；39 行代码为设置饼图标签的字号和字体，其中参数值 label 为 37 行代码的返回值。

由图 12.3 可以看出，获救比例为 38.38%，三等舱乘客占比最大，超过 50%；乘客中男性比例较高；S 港口的登船乘客占比 72.44%。

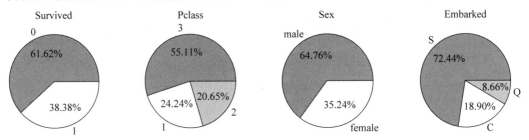

图 12.3　泰坦尼克号数据集按类别的获救率饼图

（4）40～50 行代码的运行结果。

代码 41 行是新建画布，代码 42～50 行采用循环绘制不同类别属性获救率柱状图，其中 43 行代码为添加子图，44 行代码为提取所需数据，并获取分组类别，如绘制"不同 Sex 获救率"子图时，提取数据为 Survived 和 Sex 两列，获取的分组类别是 Sex 列的值 female 和 male；45 行代码为计算不同类别的获救率，如计算 female 和 male 类别各自的获救率；46 行代码为绘制柱状图；47 行代码为设置柱状图标题；48 行代码为设置 y 轴标题；49～50 行代码为设置 x 轴和 y 轴刻度标签字号和字体。

由图 12.4 可以看出，从性别看，女性获救率较高；从船舱等级看，船舱等级为 1 的获救率最高；从登船港口看，C 港口获救率最高。

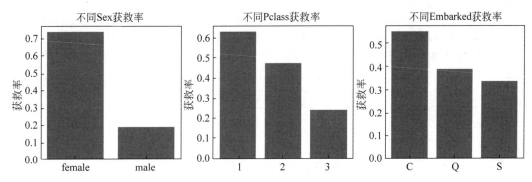

图 12.4 泰坦尼克号乘客不同性别、船舱等级、登船港口获救率

（5）51～65 行代码的运行结果。

本段代码采用 Seaborn 库中的小提琴图函数 violinplot（）绘制小提琴图，以结合多个属性查看获救情况。代码 52 行为解决 Seaborn 里中文显示问题和字体大小设置；代码 53 行为采用 subplots（）函数创建包含子图的绘图空间；代码 54 行为绘制以字段 Age 为横坐标，字段 Pclass 为纵坐标，Hue 参数为 Survived 列，ax＝ax[0]表示绘制在第 1 个子图，palette＝'Set2'设置颜色调色板；代码 55 行为设置标题；代码 56 行为设置 x 轴刻度范围。

从图 12.5 可以看出，年龄在 30 岁左右的乘客存活和死亡的比例都最高，可能因为乘客中该年龄段的人数较多；船舱等级（Pclass 字段）2 和 3 存活比例存在 2 个波峰，除了 30 岁左右的乘客群体，另一个群体是年龄较小的婴幼儿，船舱等级 1 级未呈现该趋势；从性别（Sex 字段）看，无论是男性或女性，存活乘客年龄分布存在 2 个波峰；从登船港口（Embarked 字段）看，同样存在该趋势。表明乘客对儿童等人群的照顾。

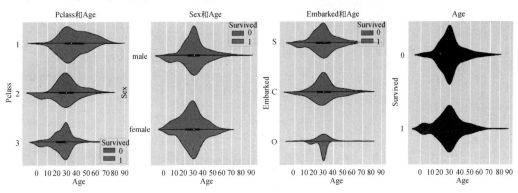

图 12.5 泰坦尼克号不同船舱等级、性别、登船港口获救/非获救的年龄分布

12.5 实例：《红楼梦》文本分析

《红楼梦》是中国古代章回体长篇小说，中国古典四大名著之一。小说以贾、史、王、薛四大家族的兴衰为背景，以富贵公子贾宝玉为视角，以贾宝玉与林黛玉、薛宝钗的爱情婚姻悲剧为主线，展现了真正的人性美和悲剧美，是一部从各个角度展现中国古代社会世态

百相的著作。

一般认为《红楼梦》前八十回和后四十回为不同作者所著。为了研究《红楼梦》前八十回与后四十回的区别,本小节通过统计不同章节的词频来查看其异同。

```
1.   import matplotlib.pyplot as plt
2.   import matplotlib as mpl
3.   import jieba
4.   import wordcloud
5.   mpl.rcParams["font.sans - serif"] = ["SimHei"]
6.   mpl.rcParams["axes.unicode_minus"] = False
7.   import warnings
8.   warnings.filterwarnings('ignore')
9.   for c in ['1_80','80_1']:     #1_80 为前 80 回文件名,80_1 为后 80 回文件名
10.      con = open('G:\\' + c + '.txt',encoding = 'utf - 8').read( )
11.      words = jieba.lcut(con)
12.      vocabulary = list(set(words))
13.      if c == '1_80':
14.          cc = '前八十回'
15.      else:
16.          cc = '后四十回'
17.      print(cc + '词汇数量为:',len(words))
18.      print(cc + '不重复词汇数量为:',len(vocabulary))
19.      excludes = ['什么','如今','不好','一面','不知','罢了','出去','起来','只得','知道','听
             见','只是','这些','越发','一个','这样','咱们','看见','听见','不是','记得','两个',
             '几个','没有','只见','我们','他们','那里','你们','出来']
20.      counts = {}
         #统计词频
21.      for word in words:
22.          if len(word) == 1:
23.              continue
24.          else:
25.              counts[word] = counts.get(word,0) + 1
26.      #去掉停用词
27.      for word in excludes:
28.          if word not in counts.keys( ):
29.              continue
30.          else:
31.              del(counts[word])
32.      #转换成列表
33.          items = list(counts.items( ))
34.      #词频排序
35.      items.sort(key = lambda x:x[1],reverse = True)
36.      #生成词云图
37.      word_dic = {}
38.      for key,fre in items:
39.          word_dic[key] = fre
40.      Word_Cloud = wordcloud.WordCloud(max_words = 50,background_color = "white")
41.      Word_Cloud.generate_from_frequencies(word_dic)
42.      plt.axis('off')
43.      plt.imshow(Word_Cloud,interpolation = 'bilinear')
44.      plt.show( )
```

```
#运行结果
前八十回词汇数量为: 396180
前八十回不重复词汇数量为: 36107
后四十回词汇数量为: 193468
后四十回不重复词汇数量为: 18244
```

用第 1～7 行代码导入所需库,第 8 行代码为设置不发出警告消息,第 9～35 行代码为统计文本中词语数量并进行排序,第 37～44 行代码为根据词频绘制词云图。

《红楼梦》前八十回词汇数量为 396 180,不重复词汇数量为 36 107;后四十回词汇数量为 193 468;不重复词汇数量为 18 244。该数量与章节的长度成正比。

从图 12.6 和图 12.7 看出,无论前八十回还是后四十回,"宝玉"都是出现频次最高的词汇;前 10 个高频词汇("宝玉"除外),基本是以"贾母""凤姐""王夫人""老太太""姑娘""老爷""众人"等表示主要人物的词汇为主;前八十回和后四十回中,"王夫人"和"老太太"的词频变动比较明显。

图 12.6　《红楼梦》前八十回高频词汇词云　　　　图 12.7　《红楼梦》后四十回高频词汇词云

12.6　实例：天气数据分析

某城市天气数据字段如表 12.2 所示。本实例主要对天气指标之间的相关性和趋势进行分析。本节示例代码的编程环境为 Jupyter Notebook。

表 12.2　天气数据字段

字 段 名	数 据 类 型	字 段 含 义
date	varchar	日期
质量等级	varchar	质量等级
AQI 指数	int	空气质量指数
当天 AQI 排名	int	当天空气质量指数排名
PM2.5	int	细颗粒物
PM10	int	可吸入颗粒物
SO_2	int	二氧化硫
NO_2	int	二氧化氮
CO	int	一氧化碳
O_3	int	臭氧

```
#导入库
 1. import pandas as pd
 2. import numpy as np
 3. import matplotlib.pyplot as plt
 4. import matplotlib as mpl
 5. import seaborn as sns
 6. % matplotlib inline
 7. import warnings
 8. warnings.filterwarnings('ignore')
 9. mpl.rcParams["font.sans-serif"] = ["SimHei"]
10. mpl.rcParams["axes.unicode_minus"] = False
11. #读入数据
12. weather = pd.read_csv('G:\\ weather.csv')
13. #查看数据缺失情况
14. weather[['QL', 'AQI', 'AQIR', 'PM2.5', 'PM10', 'SO2', 'NO2', 'CO', 'O3']].isnull().apply(pd.
Series.value_counts)
15. #用前向填充法填充缺失值
16. weather[['QL', 'AQI', 'AQIR', 'PM2.5', 'PM10', 'SO2', 'NO2', 'CO', 'O3']] = weather[['QL', 'AQI',
'AQIR', 'PM2.5', 'PM10', 'SO2', 'NO2', 'CO', 'O3']].fillna(method='ffill')
17. #查看缺失值填补后的数据缺失情况
18. weather[['QL', 'AQI', 'AQIR', 'PM2.5', 'PM10', 'SO2', 'NO2', 'CO', 'O3']].isnull().apply(pd.
Series.value_counts)
19. #查看数据的相关性
20. sns.set(style='ticks')
21. sns.pairplot(weather[['PM2.5', 'PM10', 'SO2', 'NO2', 'CO', 'O3']], kind='reg', markers='.')
22. #查看 PM2.5 数据趋势
23. plt.figure(figsize=(10,6))
24. PM25_Series = pd.Series(weather['PM2.5'].values, index=pd.to_datetime(list(weather[
'date'].values)))
25. PM25_Series.plot(style='g', marker='.', grid=True)
26. plt.grid(linestyle='--')
```
#运行结果如图 12.8 所示

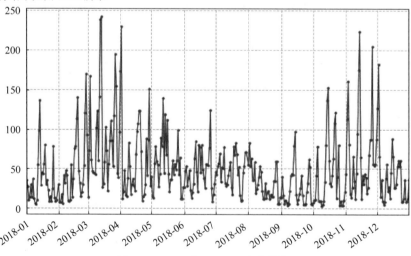

图 12.8　2018 年 PM2.5 变化趋势

```
27. PM25 = np.diff(weather['PM2.5'].values)
```

```
28. print('PM25 的形状为',PM25.shape,'PM25 的数据类型为:',type(PM25))
29. plt.figure(figsize = (10,6))
30. PM25_pd = pd.Series(PM25,index = np.arange(0,len(PM25)))
31. PM25_pd.plot(style = '--.r',marker = '.',grid = True)
32. plt.grid(linestyle = '--')
```
♯运行结果如图 12.9 所示

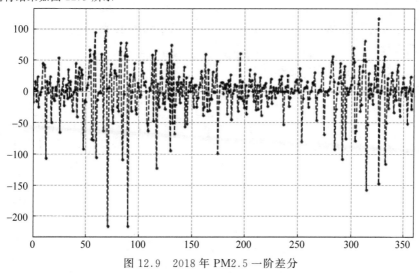

图 12.9 2018 年 PM2.5 一阶差分

从图 12.8 看,PM2.5 在 3 月和 11 月较高,8 月较低。

一阶差分可以反映 PM2.5 的增量,即后一天相对前一天的变化。第 27 行代码为提取 Series 数据的 values 属性,结果为 ndarray 数据对象,并采用 np.diff() 函数计算该数据的差分,差分结果如图 12.9 所示。第 28 行代码为查看数据的维度大小和类型;第 29~32 行代码为绘制折线图。

12.7 习题

一、选择题

1. 关于数据分析,下列说法错误的是(   )。
    A. 需求分析可以为数据收集、处理和分析提供清晰的指引方向
    B. 数据采集只能采集原始数据
    C. 数据预处理是指对采集到的数据进行加工整理,形成适合数据分析的样式,保证数据的一致性和有效性
    D. 结果展示通常采用图表形式

2. 数据预处理不包含步骤(   )。
    A. 数据清洗   B. 数据转化   C. 数据合并   D. 数据采集

3. 下列选项中,(   )是常用的机器学习工具。
    A. Scikit-learn   B. Pandas
    C. Matplotlib   D. SciPy

4. 下列选项中,(　　)工具常用于做数据分析结果的图形展示。

    A. Scikit-learn　　　　　　　　　　B. NumPy

    C. Matplotlib　　　　　　　　　　　D. SciPy

5. 下列不属于数据分析场景的是(　　)。

    A. 天气预报　　　　　　　　　　　B. 文本分析

    C. 星座命运分析　　　　　　　　　D. 客户分类

二、简答题

1. 简述数据分析的基本流程。

2. 简述分析建模的两个主要分析方向。

第 **13** 章

Python实践

学习目标

- 掌握 Spyder 的基本使用方法。
- 了解 Python 程序中的常见错误。
- 掌握 Python 的异常处理方法。

扫一扫

视频讲解

13.1 Python 集成开发环境——Spyder

Spyder 是 Anaconda 中的 Python 集成开发环境，是一个强大的交互式开发环境，提供代码编辑、交互测试以及程序调试等功能，支持 Windows、Linux 和 OS X 等操作系统。和其他的 Python 开发环境相比，Spyder 最大的特点是模仿 MATLAB 的"工作空间"的功能，除了有 IDE 普遍具有的编辑器、调试器以及用户图形界面等组件外，还具有对象查看器、变量查看器、交互式命令窗口、历史命令窗口等组件，工具丰富且功能强大，所以在 Python 用户中广受欢迎。

Spyder 对 Python 初学者而言也非常友好，不仅有函数调用提示以及随地访问帮助文档的功能，而且在其菜单栏中的 Help 选项下为用户提供了交互式的使用教程以及快捷方式的备忘单，能够帮助新用户快速、直观地了解 Spyder 的用户界面及使用方式。

Spyder 还提供了很多资源及文档链接，如 Python、Matplotlib、NumPy、SciPy、IPython 等多种工具及工具包的使用手册，方便用户随时查阅。

图 13.1 为 Spyder 的操作窗口界面。窗口最上方的 Spyder(Python 3.8)显示了应用程序名及 Python 版本。

1. 菜单栏

菜单栏(Menu bar)中分组放置了 Spyder 的所有功能，显示可用于操纵 Spyder 各项功能的不同选项，单击选项卡，会出现下拉菜单，显示这个功能卡的各项功能及快捷键，如图 13.2 所示。

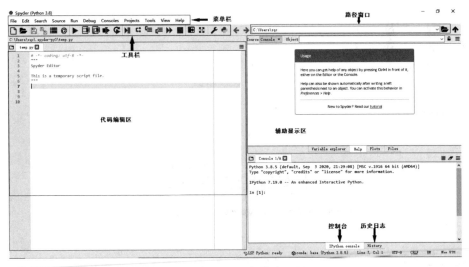

图 13.1　Spyder 的操作窗口界面

图 13.2　Spyder 的菜单栏

2. 工具栏

工具栏(Tools bar)用于放置快捷菜单，通过单击图标可快速执行 Spyder 中常用的操作，将鼠标悬停在某个图标上可以获取相应功能说明。通过勾选菜单栏 View 中 Toolbars 的复选框，选择对应的工具，可以定制工具栏，工具栏显示结果如图 13.3 所示。

图 13.3　Spyder 的工具栏

3. 路径窗口

路径窗口(Python path)用于显示当前打开文件所处的路径，通过其下拉菜单和后面的两个图标可以方便地进行文件路径的切换，如图 13.4 所示。

C:\Users\zqc

图 13.4　Spyder 的路径窗口

4. 代码编辑区

代码编辑区(Editor)用于编写 Python 代码，左边的行号区域显示代码的所在行，如图 13.5 所示。

5. 变量查看器

变量查看器(Variable explorer)类似 MATLAB 的工作空间，可以方便地查看变量的

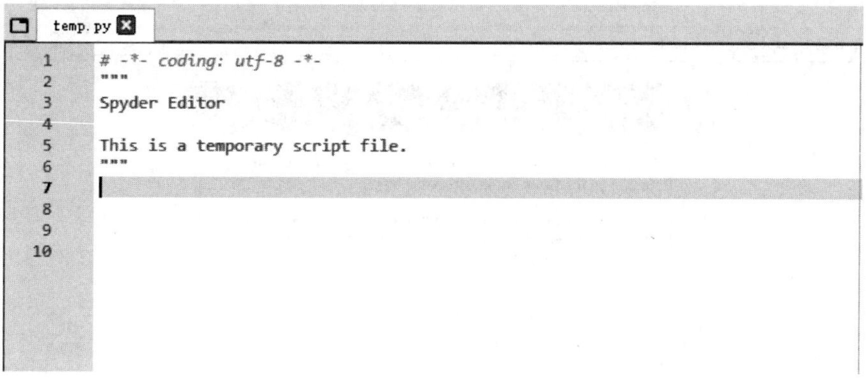

图 13.5　Spyder 的代码编辑区

名称、类型及变量值。例如，在代码区录入如下代码并运行。

```python
import numpy as np
a = np.arange(2,10,2)
b = 10
```

在变量查看器中，可查看到如图 13.6 所示信息。

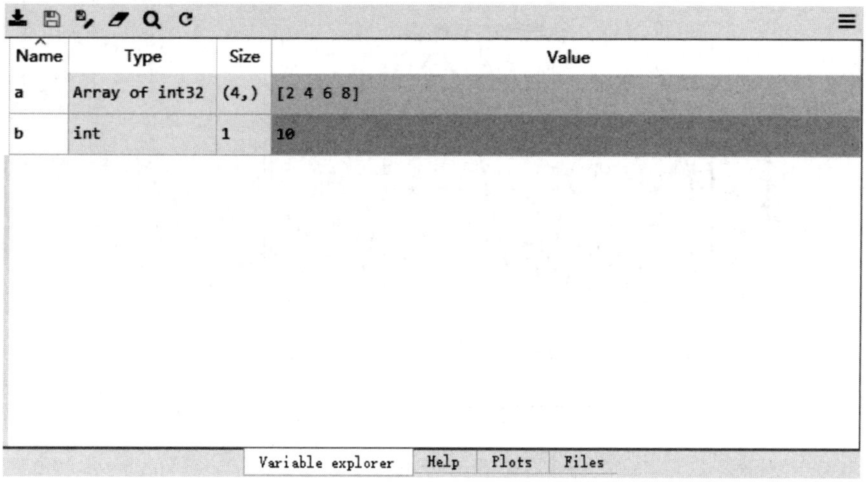

图 13.6　　Spyder 的变量查看器

6. 帮助查看器

帮助查看器（Help）用于帮助用户快速、便捷地查看帮助文档，如图 13.7 所示。

7. 图形查看器

程序运行结果中如果有图形，可以在图形查看器（plots）中查看图形，并且保存图片，如图 13.8 所示。

8. 文件查看器

通过文件查看器（File explorer），可以查看当前文件夹下的文件，如图 13.9 所示。

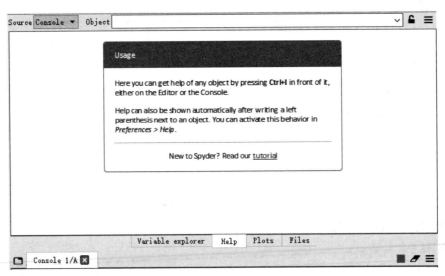

图 13.7　Spyder 的帮助查看器

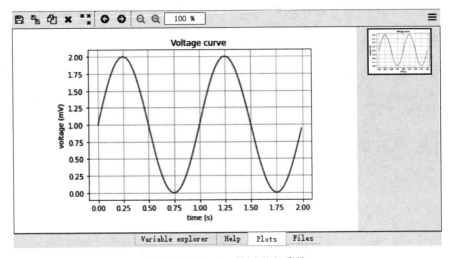

图 13.8　Spyder 的图形查看器

9. 控制台

控制台(IPython console)可以交互地执行 Python 程序。例如，代码中有语句 a＝input("请输入 a 变量的值：")，则程序运行到此处会暂停，等待用户在控制台录入数据后再执行后续代码，如图 13.10 所示。

10. 历史日志

历史日志(History log)中，按时间顺序记录输入 Spyder 控制台的每个命令，如图 13.11 所示。

熟练使用 Spyder 中的一些快捷键，能较好地提升编程的效率。下面列出了 Spyder 中编写及调试程序时常用的快捷键。

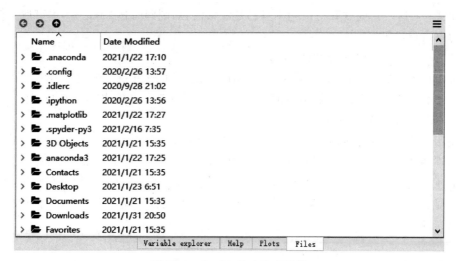

图 13.9 Spyder 的文件查看器

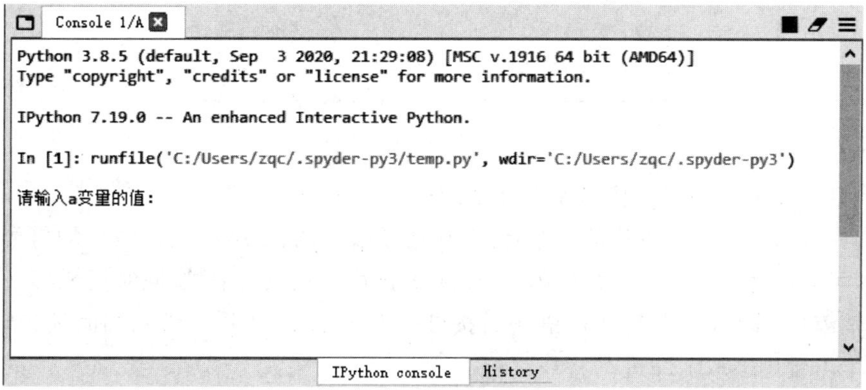

图 13.10 Spyder 的控制台

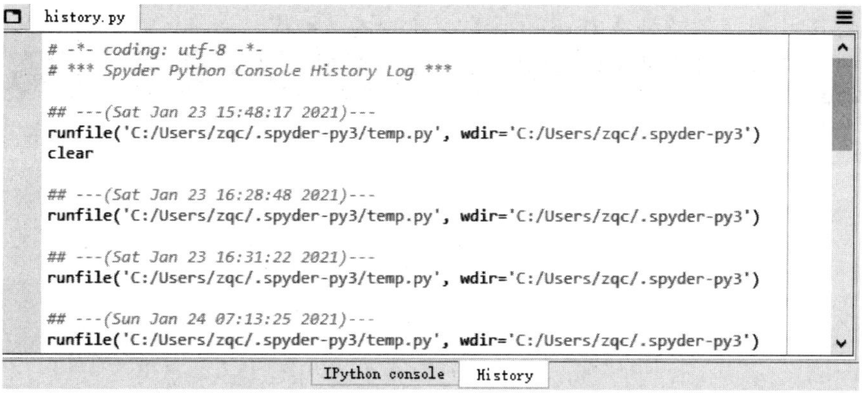

图 13.11 Spyder 的历史日志

(1) Ctrl+1：注释/取消注释。

选中代码中的某一行或某几行语句,同时按 Ctrl+1 键,可将这一行或这几行语句设置为注释；若这一行或这几行语句本身已是注释内容，则同时按 Ctrl +1 键可取消注释，恢复为可执行代码。

（2）Ctrl+4/5：块注释/取消块注释。

选中代码中的某几行语句，同时按下 Ctrl+4 键，可将这几行语句设置为块注释；若这几行语句本身已是块注释内容，则同时按 Ctrl+5 键可取消块注释，恢复为可执行代码。

（3）Ctrl+L：跳转到行号。

使用 Ctrl+L 快捷键时，会出现如图 13.12 所示窗口，在 Go to line 文本框中输入想要跳转到的行号，单击 OK 按钮，即可跳转到该语句。Current line 和 Line count 分别表示目前所在代码行及整个程序代码行的总数。在运行或调试程序时，如果有错误，则会在控制台显示错误提示，提示中会有错误语句的行号，使用该快捷键可以帮助用户快速定位到有错误的代码语句。

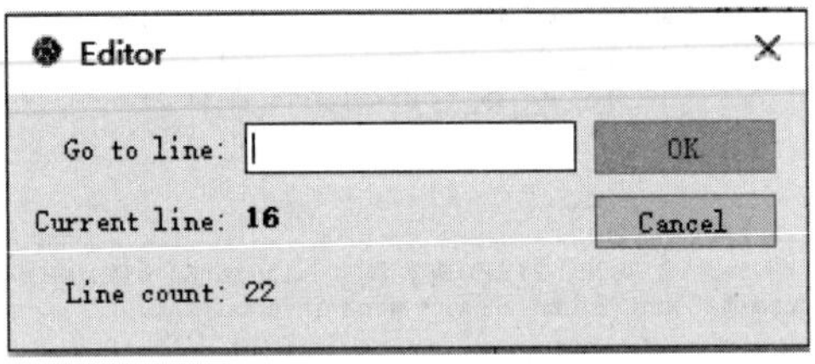

图 13.12　Editor 窗口

（4）Tab/Shift+Tab：代码缩进/反缩进。

代码缩进是 Python 程序的一个特点，在选择结构、循环结构及函数中均需要进行代码缩进，可以把光标停在某一行代码前，按 Tab 键可以把该行缩进，同时按 Shift+Tab 键则会取消缩进；同时选中某几行语句后按 Tab 键可以把这几行语句同时缩进，同时按 Shift+Tab 键则会取消缩进。

（5）Ctrl+I：查看某个函数的帮助文档。

在代码区选中某函数，同时按 Ctrl+I 键，会在辅助显示区显示关于该函数的帮助信息，图 13.13 中显示的就是选中 print 函数后出现的帮助信息。

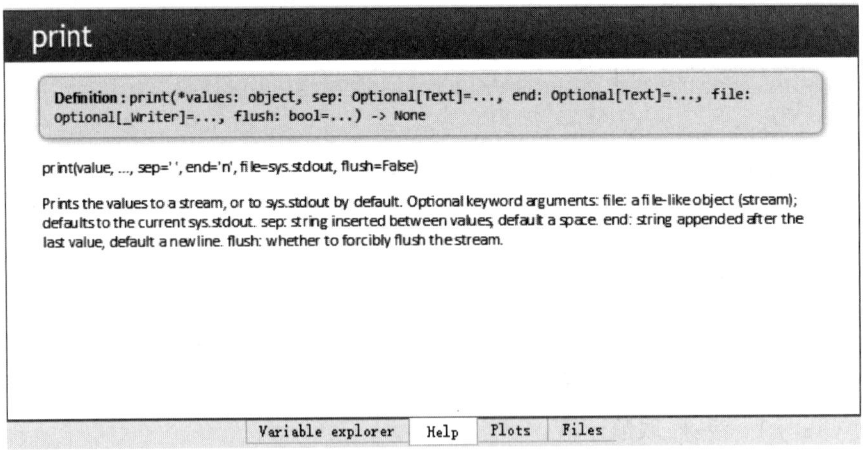

图 13.13　帮助文档

（6）F5：运行整个程序。

按 F5 键，可运行整个程序代码。

（7）F9：运行选中代码。

按 F9 键，只运行所选中的程序代码。单击菜单栏 Tools ｜ Preferences ｜ Keyboard shortcuts，可以查看所有快捷键，如图 13.14 所示。

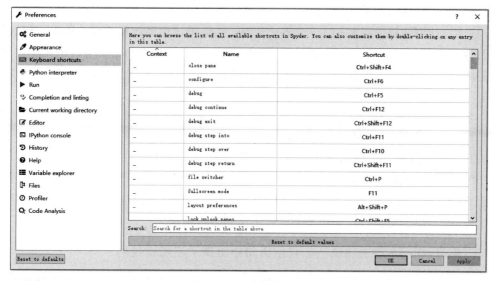

图 13.14　查看快捷键

Spyder 还提供了中文界面，可通过菜单栏 Tools ｜ Preferences ｜ General ｜ Advanced settings ｜ language 进行设置，在下拉选项框中选择"简体中文"，然后重启 Spyder 即可得到如图 13.15 所示的中文界面。

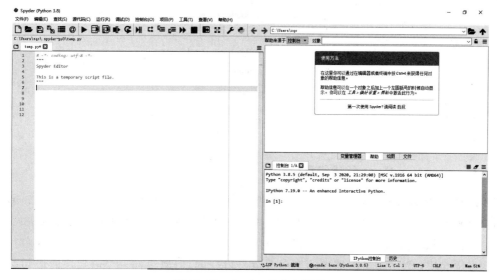

图 13.15　Spyder 的中文界面

视频讲解

13.2 常见错误

在 Python 编程过程中，难免会出现一些错误，使得程序无法正常执行。一旦出现错误，应该对错误进行分析、改正，并总结经验，避免以后再犯同样的错误，代码调试能力是提高编程技能必备的能力之一。

程序设计中的错误有两类：一是语法错误；二是设计中的逻辑错误。如果有语法错误，程序则无法正常执行，对于这类错误，支持 Python 的 IDE 都会给出对应的报错信息；逻辑错误是程序设计中的缺陷，程序没报错也能执行，却得不到想要的结果，这类错误需要人工排查。

当 Python 程序中有语法错误时，首先要看懂 IDE 给出的报错信息，如果不知道报错的含义，也就无法改正错误和解决问题了。下文收集了一些常见的语法错误及对应的报错信息，并给出了改正的方法或建议，仅供读者参考。

语法错误也被称为解析错误，初学 Python 时，由于对 Python 中的语法要求不够熟悉，经常会出现这类错误。对于语法错误，Python 语法分析器能准确地指出出错的语句行，且在该行标记特定符号，使用户能快速定位到语法错误。

1. SyntaxError 语法错误——程序语句中出现了不能识别的字符

这类错误最常见的是出现中文标点符号。在 Python 中单引号、双引号或其他标点符号，均为英文标点符号，如果输入了中文标点符号，则 Python 无法识别，从而出现语法错误，如图 13.16 所示。

```
a= "hello"
```
```
  File "<ipython-input-42-6526faaad5e3>", line 1
    a= "hello"
```
SyntaxError: invalid character in identifier

图 13.16　SyntaxError 语法错误

错误原因：上述语句中的第一个双引号是中文符号。

报错信息：SyntaxError：invalid character in identifier（语法错误：出现无效字符）。

改正方法：使用英文符号"。

2. IndentationError 缩进错误——代码没有按语法要求缩进

Python 没有像其他语言一样采用{}或 begin…end 分隔语句块，而是采用语句缩进和冒号来区分语句之间的层次，缩进相同的一组语句构成一个语句块。像 if、while、def 和 class 这样的复合语句，首行以关键字开始，以冒号（:）结束，该行之后的一行或多行语句构成语句块。注意：虽然缩进的空白数量是可变的，但属于同一个语句块的语句必须包含相同的缩进空白数量。

未按语法要求缩进，如图 13.17 所示。

```
a=85
if a>=60:
print("pass!")
```

```
  File "<ipython-input-43-8026b4a97b56>", line 3
    print("pass!")
```

IndentationError: expected an indented block

图 13.17 IndentationError 缩进错误 1

错误原因：满足 if 条件需要执行的语句块没有按语法要求缩进。

报错信息：IndentationError：expected an indented block(缩进错误：应为缩进块)。

改正方法：按语法要求缩进。

如果不该缩进的语句进行了缩进，Python 程序会提示如图 13.18 的错误。

```
a=85
  print(a)
```

```
  File "<ipython-input-44-161878c174b7>", line 2
    print(a)
    ^
```

IndentationError: unexpected indent

图 13.18 IndentationError 缩进错误 2

错误原因：上述两个语句属于同一层次，应严格对齐，不应该缩进。

报错信息：IndentationError：unexpected indent(缩进错误：意外缩进，即这里不应该缩进)。

改正方法：同层语句要对齐，取消缩进。

3. TypeError 类型错误——传入对象类型与要求不相符

如果在某个运算或操作中，变量或常量不是该类运算或操作所支持的类型，则会出现 TypeError 类型错误，如图 13.19 所示。

```
a=85
print("我的成绩是"+a)
```

TypeError   Traceback (most recent call last)
<ipython-input-46-d07cc188b942> in <module>()
      1 a=85
----> 2 print("我的成绩是"+a)

TypeError: must be str, not int

图 13.19 TypeError 类型错误

错误原因：试图将整型数值与字符串"我的成绩是"进行连接，而 Python 不支持数值与字符之间进行运算。

报错信息：TypeError：must be str，not int(类型错误：必须是字符串，不能是整型)。

改正方法：可将变量 a 转换成 str 类型，即 print("我的成绩是"+str(a))。

4. IndexError 索引错误——索引超出序列的范围

Python 中的序列类型，如列表、字符串、元组等，索引号均是从 0 开始，所以可以访问的最大索引号应该是序列长度减 1。Python 还支持反向递减序号，反向时从序列尾部开始访问，索引号从 −1 开始。无论是正向序号还是反向序号，都不能超过序列索引范围，否则就会出现 IndexError 索引错误，如图 13.20 所示。

```
a=[85, 67, 94]
print(a[3])
```

```
IndexError                              Traceback (most recent call last)
<ipython-input-47-bdf42ed4a52f> in <module>()
      1 a=[85, 67, 94]
----> 2 print(a[3])

IndexError: list index out of range
```

图 13.20　IndexError 索引错误

错误原因：在 Python 中索引是从 0 开始的，所以列表 a 的第 3 个元素的索引为 2，试图访问 a[3]，超出了列表范围。

报错信息：IndexError：list index out of range（索引错误：列表索引超出范围）。

改正方法：可提前对序列类型求长度，知道其索引范围后再访问。

5. NameError 变量错误——试图访问一个没有声明的变量

Python 虽然不需要定义变量，但也必须为变量赋值之后才可以访问，否则就会出现 NameError 变量错误，如图 13.21 所示。

```
print(b)
```

```
NameError                               Traceback (most recent call last)
<ipython-input-48-67e500defa1b> in <module>()
----> 1 print(b)

NameError: name 'b' is not defined
```

图 13.21　NameError 变量错误

错误原因：试图输出的变量 b 没有声明过。

报错信息：NameError：name 'b' is not defined（变量错误：变量 b 没有声明）。

改正方法：先为变量 b 赋值，再输出显示。

6. AttributeError 属性错误——试图访问一个对象没有的属性或方法

如果试图访问某个对象没有的属性或调用某个对象所属类型没有定义的方法，则会出现 AttributeError 属性错误，如图 13.22 所示。

错误原因：a 是一个元组，元组是不可变对象，元组类型没有 append()方法。

报错信息：AttributeError：'tuple' object has no attribute 'append'（属性错误：元组

```
a=(1,2,3)
a.append(4)
```

```
AttributeError                          Traceback (most recent call last)
<ipython-input-49-70b5dc3341e7> in <module>()
      1 a=(1,2,3)
----> 2 a.append(4)

AttributeError: 'tuple' object has no attribute 'append'
```

图 13.22　AttributeError 属性错误

对象没有 append 属性/方法）。

改正方法：可定义 a 为列表。

7. KeyError 键错误——试图访问字典里不存在的键

在读取字典中的 key 和 value 时，如果 key 不存在，就会触发 KeyError 错误，如图 13.23 所示。

```
dict={'Li':85,'Zhao':90,'Wang':76}
print(dict[Zhang])
```

```
NameError                               Traceback (most recent call last)
<ipython-input-51-769136115ac1> in <module>()
      1 dict={'Li':85,'Zhao':90,'Wang':76}
----> 2 print(dict[Zhang])

NameError: name 'Zhang' is not defined
```

图 13.23　KeyError 键错误

错误原因：dict 字典中没有 Zhang 这个键。

报错信息：KeyError：'Zhang' is not defined。

改正方法：可以先测试指定的键是否存在，再进行下一步操作，就可以避免出现此类错误。

8. IOError：输入/输出错误——试图打开不存在的文件或以非法方式访问文件

在 Python 中，引起 IOError 错误的主要原因是在指定路径下未找到要访问的文件，可能是文件名拼写错误，也可能是文件路径错误，如图 13.24 所示。

```
f=open("D:\\test2.txt","r")
```

```
FileNotFoundError                       Traceback (most recent call last)
<ipython-input-38-896d5130b9b9> in <module>()
----> 1 f=open("D:\\test2.txt","r")

FileNotFoundError: [Errno 2] No such file or directory: 'D:\\test2.txt'
```

图 13.24　IOError：输入/输出错误 1

错误原因：在 D 盘根目录下未找到文件 test2.txt。

报错信息：FileNotFoundError：No such file or directory：'D:\\test2. txt'。

改正方法：确认指定路径下是否有该文件，检查路径和文件名是否拼写正确。

还有一种情况也会造成文件 IOError 错误，以读取方式打开文件，并在读取模式中写入文件内容，如图 13.25 所示。

```
f=open("D:\\test.txt","r")
f.write("hello")
```

```
UnsupportedOperation                         Traceback (most recent call last)
<ipython-input-39-a4175942ff72> in <module>()
      1 f=open("D:\\test. txt","r")
——> 2 f.write("hello")

UnsupportedOperation: not writable
```

图 13.25　IOError：输入/输出错误 2

错误原因：test. txt 以只读模式打开，试图在只读模式下写入数据。

报错信息：UnsupportedOperation：not writable。

改正方法：在读取文件之后记得关闭文件，当需要写入文件时，要再将文件以读写模式（W＋）打开，然后写入数据。

9. ImportError：导入模块错误——试图导入不存在或无法获取的模块

Python 自带的标准库，例如前文介绍过的 math、random、datetime、re 等模块，都可以直接用 import 命令导入，但对于第三方库，需要自行安装后才可导入使用，否则就会出错，如图 13.26 所示的 genius，是一个基于条件随机场的中文分词工具，需要安装后才可导入使用。

```
import genius
```

```
ModuleNotFoundError                          Traceback (most recent call last)
<ipython-input-40-9683f73b5968> in <module>()
——> 1 import genius

ModuleNotFoundError: No module named 'genius'
```

图 13.26　ImportError：导入模块错误

错误原因：没有安装 genius 第三方库。

报错信息：ModuleNotFoundError：No module named 'genius'（没有找到名为genius 的模块）。

改正方法：确认要导入的模块是 Python 自带的标准库或已安装的第三方库。

10. ValueError：值错误——传入无效的参数

在函数调用时，如果所给实参类型和形参类型不一致且不相容，或者实参个数与形参个数不符合，都会给出 TypeError 类型错误。如果类型相同，但所传入的值不合适，则会报 ValueError 类型错误，如图 13.27 所示。

```
import math
math.sqrt(-9)
```

```
ValueError                              Traceback (most recent call last)
<ipython-input-41-81c7b5ce2563> in <module>()
      1 import math
----> 2 math.sqrt(-9)

ValueError: math domain error
```

图 13.27 ValueError:值错误

错误原因：试图对一个负数求平方根，不符合参数值的范围。

报错信息：ValueError：math domain error(值错误：值域错误)。

改正方法：调用函数前，应充分了解函数的功能、参数类型及值域要求。

11. UnicodeDecodeError 解码错误——文件的编码方案不是打开文件时指定的编码方案

在使用 Python 读取或写入文件时，有时会遇到不能读取或乱码的问题，这类错误通常是由文件的编码方案不是打开文件时所指定的编码方案所造成的。

在编程中常常可以见到各种字符集和编码，如 ASCII 码、Unicode 等字符集。字符集和编码是两个不同的概念，对于 ASCII 码字符集，只采用一种编码方案——单字节编码，标准 ASCII 码字符集编码有 128 个，可以表示所有的英文字符和很多控制符号。而对于 Unicode，字符集和编码方案是分开的。Unicode 是一种字符集而不是具体的编码，即每个字符都对应一个唯一编号，但它并没有规定字符的存储和传输方式。Unicode 主要有 3 种编码方式：最初是使用 2 字节表示 1 个字符，编码方案——UTF-16；使用 4 字节表示 1 个字符的编码方案——UTF-32；后来考虑到节省存储空间，改成 UTF-8 编码。在 UTF-8 编码方案中，英文占 1 字节，中文占 3 字节。以 Windows 系统自带的记事本为例，记事本的"另存为"命令中有 4 种编码方式，含义分别如下：

ANSI：对英文系统即 ASCII 码，对中文系统即 gbk/big5。

Unicode：UTF-16(LE)。

Unicode big endian：UTF-16(BE)。

UTF-8：UTF-8-SIG。

记事本存储文件时默认是 ANSI 编码类型。

例如，如果指定用 UTF-8 编码方案读取编码方案为 ANSI 的 TXT 文件，则出现如图 13.28 所示的情况。

错误原因：试图读取一个编码方案不是 UTF-8 的文件。

报错信息：UnicodeDecodeError：'utf-8' codec can't decode byte 0xd6 in position 0：invalid continuation byte (解码错误：UTF-8 编解码器无法解码位置 0 中的字节 0xd6)。

改正方法：有两种方式，一种将 TXT 文件另存，其编码类型改成 UTF-8；另一种是在 open 函数 encoding 参数中设置正确的文件编码方案，如图 13.29 所示。

按照 Python 程序的语法要求编写代码、拼写关键词、命名变量、加必要的代码注释，

```
f=open("D:\\test.txt","r",encoding='utf-8')
print(f.read())
f.close()
```

UnicodeDecodeError   Traceback (most recent call last)
<ipython-input-35-c7036fc5dcc5> in <module>()
      1 f=open("D:\\test.txt","r",encoding='utf-8')
——> 2 print(f.read())
      3 f.close()

~\Anaconda3\lib\codecs.py in decode(self, input, final)
    319   # decode input (taking the buffer into account)
    320   data = self.buffer + input
——> 321   (result, consumed) = self._buffer_decode(data, self.errors, final)
    322   # keep undecoded input until the next call
    323   self.buffer = data[consumed:]

UnicodeDecodeError: 'utf-8' codec can't decode byte 0xd6 in position 0: invalid continuation byte

图 13.28　UnicodeDecodeError 解码错误 1

```
f=open("D:\\test.txt","r",encoding='gbk')
print(f.read())
f.close()
```

好好学中文！

图 13.29　UnicodeDecodeError 解码错误 2

能减少出现语法错误的概率。在利用 Python 进行科学计算时，还有一些常见的计算错误，如 OverflowError（数值运算超出最大限制）、FloatingPointError（浮点计算错误）、ZeroDivisionError（除数为零）等，这些错误可通过计算前了解计算对数值的要求，仔细检查参与计算的数值进行有效的避免。

13.3　异常处理

在程序设计中，异常也称为中断或例外，是指由于程序的非法操作码、地址越界、算术溢出、访问不存在的变量或对象等引起程序运行的非正常中断。异常是 Python 对象，表示一个错误。在 Python 中不同的异常可以用不同的异常类型标识，不同的类对象标识不同的异常，一个异常标识一种错误。Python 中的标准异常类见表 13.1 所示。

表 13.1　Python 中的标准异常类

异 常 名 称	描　　　述
BaseException	所有异常的基类
SystemExit	解释器请求退出
KeyboardInterrupt	用户中断执行（通常是输入^C）
Exception	常规错误的基类
StopIteration	迭代器没有更多的值
GeneratorExit	生成器（generator）发生异常，通知退出
StandardError	所有内建标准异常的基类
ArithmeticError	所有数值计算错误的基类

续表

异 常 名 称	描　　述
FloatingPointError	浮点计算错误
OverflowError	数值运算超出最大限制
ZeroDivisionError	除（或取模）零（所有数据类型）
AssertionError	断言语句失败
AttributeError	对象没有这个属性
EOFError	没有内建输入，到达 EOF 标记
EnvironmentError	操作系统错误的基类
IOError	输入/输出操作失败
OSError	操作系统错误
WindowsError	系统调用失败
ImportError	导入模块/对象失败
LookupError	无效数据查询的基类
IndexError	序列中没有此索引（index）
KeyError	映射中没有这个键
MemoryError	内存溢出错误（对于 Python 解释器不是致命的）
NameError	未声明/初始化对象（没有属性）
UnboundLocalError	访问未初始化的本地变量
ReferenceError	弱引用（Weak reference)试图访问已经垃圾回收了的对象
RuntimeError	运行时错误
NotImplementedError	尚未实现的方法
SyntaxError	Python 语法错误
IndentationError	缩进错误
TabError	Tab 键和空格键混用
SystemError	解释器系统错误
TypeError	对类型无效的操作
ValueError	传入无效的参数
UnicodeError	Unicode 相关的错误
UnicodeDecodeError	Unicode 解码时的错误
UnicodeEncodeError	Unicode 编码时错误
UnicodeTranslateError	Unicode 转换时错误
Warning	警告的基类
DeprecationWarning	关于被弃用的特征的警告
FutureWarning	关于构造将来语义会有改变的警告
OverflowWarning	旧的关于自动提升为长整型（long）的警告
PendingDeprecationWarning	关于特性将会被废弃的警告
RuntimeWarning	可疑的运行时行为（runtime behavior)的警告
SyntaxWarning	可疑的语法的警告
UserWarning	用户代码生成的警告

在 Python 无法正常处理程序时，则发生一个异常，这时程序就会终止执行。如果不想在异常发生时结束程序运行，可以捕获异常信息并处理——当程序发生异常的时候，捕捉异常，让程序暂停当前执行的代码并跳转至错误处理代码，处理结束再继续程序的运

行,从而避免程序因发生异常而导致终止。

异常处理是高级编程语言必备的一个功能模块。通过异常处理,可以对用户在程序中的非法输入进行控制和提示,以防程序崩溃。在程序运行的过程中,如果发生错误,可以事先约定返回一个错误代码,这样就可以知道是否有错以及出错的原因。在操作系统提供的调用中,返回错误码比较常见。

在 Python 中,通过"try…except…else…finally…"语句块处理异常,基本格式如下。

```
try:
    # 可能发生异常的代码
except <异常类型名>:
    # 当 try 语句中的代码发生指定类型的异常,则执行此处的处理异常代码,针对不同类型的
    异常,可以写多个 except 子句。
else:
    # 当 try 语句中的代码没有出现异常,则执行此处代码
finally(可省略):
    # 无论异常是否发生都会执行的代码
```

当开始执行一个 try 语句后,Python 就在当前程序的上下文中作标记,这样当异常出现时就可以回到标记处。先执行 try 子句,如果 try 子句执行时发生异常,则程序跳回到 try 子句,并执行第一个匹配该异常的 except 子句,异常处理完毕,控制流则通过整个 try 语句。

如果执行 try 子句时发生异常,却没有找到匹配的 except 子句,则异常将被递交到上层的 try 子句,或者到程序的最上层(这样程序将结束,并输出默认的出错信息)。

如果执行 try 子句时没有发生异常,Python 将执行 else 语句后的语句(如果有 else 语句),控制流则通过整个 try 语句块。

如果有 finally 子句,无论执行 try 子句时有没有发生异常,都会执行 finally 子句,控制流则通过整个 try 语句块。

IndexError 是 Python 中的一种异常,如果对这种异常不加以处理,则程序在运行时会给出报错信息,并终止程序运行,如图 13.30 所示。

```
a=[85, 67, 94]
print(a[3])
```

```
IndexError                          Traceback (most recent call last)
<ipython-input-47-bdf42ed4a52f> in <module>()
      1 a=[85, 67, 94]
----> 2 print(a[3])

IndexError: list index out of range
```

图 13.30 IndexError 异常

尝试用 try 语句捕获异常,即将可能发生异常的语句 print(a[3])放在 try 语句块中,当发生 IndexError 类型的异常后,程序并没有终止,而是跳转到执行 except IndexError 语句块,即给出错误提示信息,并等待重新输入一个索引号,如图 13.31 所示。

用户输入一个在索引范围内的索引值后,程序则继续正常运行,如图 13.32 所示。

```
a=[85, 67, 94]
try:
    print(a[3])
except IndexError:
    print("超出索引范围，请重新输入索引号：")
    v=eval(input())
    print(a[v])
```

```
|
```

超出索引范围，请重新输入索引号：

图 13.31 异常处理示例 1

```
a=[85, 67, 94]
try:
    print(a[3])
except IndexError:
    print("超出索引范围，请重新输入索引号：")
    v=eval(input())
    print(a[v])
```

超出索引范围，请重新输入索引号：
2
94

图 13.32 异常处理示例 2

从上面的例子可以看出：通过异常处理可以使得程序更人性化，用户体验更好。

下面这个例子是特别用于展示 try 语句块中各子句的执行情况的，当没发生异常时，则执行 else 子句及最后的 finally 子句，如图 13.33 所示。

```
a=[85, 67, 94]
try:
    print("我的成绩是："+str(a[2]))
except IndexError:
    print("超出索引范围，请重新输入索引号：")
    v=eval(input())
    print("我的成绩是："+a[v])
except TypeError:
    print("数值和字符串不能做+运算：")
else:
    print("未发生异常")
finally:
    print("try语句执行完毕")
```

我的成绩是：94
未发生异常
try语句执行完毕

图 13.33 异常处理示例 3

在一个 try 语句块中可以写多个 except 子句，即一个 try 语句可以捕获多个异常，根据捕获的异常和 except 子句的异常类型匹配，属于哪类异常，就执行哪个 except 子句，如图 13.34 所示。

在 Python 的异常中，有一个万能异常：Exception，它可以捕获任意异常。如果想要的效果是无论出现什么异常，都用同一段代码去处理，那么只有一个 except Exception 即

```
a=[85, 67, 94]
try:
    print("我的成绩是："+a[2])
except IndexError:
    print("超出索引范围，请重新输入索引号：")
    v=eval(input())
    print("我的成绩是："+a[v])
except TypeError:
    print("数值和字符串不能做+运算：")
else:
    print("未发生异常")
finally:
    print("try语句执行完毕")
```

数值和字符串不能做+运算：
try语句执行完毕

图 13.34　异常处理示例 4

可。如果对于不同的异常想用不同的代码处理，则需要使用多个 except，也可以使用多分支结构加万能异常处理异常，即使用多分支结构优先处理一些能预料的错误类型，而一些预料不到的错误类型则被最终的万能异常捕获。注意：万能异常一定要放在最后，否则其他异常也会先被万能异常捕获，就没有意义了。

13.4　习题

一、选择题

1. 在 Spyder 中，查看某个函数帮助文档的快捷键为（　　　）。
    A. Ctrl+I　　　　　B. Ctrl+1　　　　　C. Ctrl+A　　　　　D. Ctrl+B
2. 有关异常说法正确的是（　　　）。
    A. 程序中抛出异常终止程序
    B. 程序中抛出异常不一定终止程序
    C. 拼写错误会导致程序终止
    D. 缩进错误会导致程序终止
3. 对以下程序描述错误的是（　　　）。

```
try:
    #语句块 1
except  IndexError as i:
    # 语句块 2
```

    A. 该程序对异常处理了，因此一定不会终止程序
    B. 该程序对异常处理了，不一定不会因异常而引发终止程序
    C. 语句块 1 如果抛出 IndexError 异常，就不会因为异常终止程序
    D. 语句块 2 不一定会执行
4. 关于程序的异常处理，以下选项中描述错误的是（　　　）。
    A. 程序异常发生经过妥善处理可以继续执行
    B. 异常语句可以与 else 和 finally 保留字配合使用

C. 编程语言中的异常和错误是完全相同的概念

D. Python 通过 try 和 except 等保留字提供异常处理功能

5. 当用户输入 abc 时，下面代码的输出结果是( )。

```
try:
    n = 0
    n = input("请输入一个整数：")
    def pow10(n):
        return n ** 10except:
    print("程序执行错误")
```

A. 输出：abc

B. 程序没有任何输出

C. 输出：0

D. 输出：程序执行错误

二、简答题

1. 简述异常的含义和 Python 语言的异常处理机制。

2. 简述编程时怎样能有效地减少出现语法错误和计算错误。

上机实验

实验一　Python 基础知识

1. 实验目的

(1) 掌握在 Anaconda 环境下,用 Python 编写与运行程序的基本方法。

(2) 掌握 Python 中 3 种程序控制结构的实现。

(3) 掌握 Python 的输入、输出和赋值等语句。

(4) 掌握 Python 中的数字类型。

2. 实验内容

(1) 编程求 $y = \dfrac{x^3 + 6}{4}$ 的值,其中 x 从键盘录入,y 的值保留两位小数。

(2) 分别用 for、while 循环实现求 1~100 的奇数和。

(3) 编写程序,输出 1000~2000 年所有的闰年,要求每行输出 4 个年份。

(4) 编程实现:从键盘输入个人基本信息(姓名、学号、性别等),程序运行时,输入提示如下。

请输入您的姓名:

请输入您的学号:

请输入您的性别:

输入数据后,屏幕显示如下信息。

***(此处为用户输入的姓名),您好! 请核对您的个人信息:

姓名:***

学号:***

性别:***

核对无误,则输入 Y 确认,程序结束;否则输入 N,重新输入。

（5）编程实现：在某项竞赛中，共有 n 个评委打分，统计最终得分时，需要去掉一个最高分和一个最低分后求均值（具体要求：输入评委人数 n，输入 n 个分数，求均值后显示输出结果，均值保留两位小数）。

（6）编程实现：将学生百分制的成绩转换成 5 级等级制，即 90 分以上为优秀，80～89分为良好，70～79 分为中等，60～69 分为及格，60 分以下为不及格（具体要求：输入一个百分制成绩，输出其对应的成绩等级）。

实验二　Python 组合数据类型

1. 实验目的

（1）理解 Python 中的组合数据类型：列表、元组、字典和集合的相关概念。
（2）掌握列表、元组、字典与集合的建立和使用方法。
（3）掌握列表推导式。

2. 实验内容

（1）创建学生个人信息列表，列表中包括"班级""姓名"和"年龄"信息，在 list1 中完成以下操作。
① 在列表的最后添加"性别"项和"籍贯"项。
② "姓名"项前添加"学号"项。
③ 用不同的方法分别删除"年龄"项和"性别"项。
④ 切片输出列表中"班级""学号"与"姓名"的信息。
（2）创建列表，列表中存放 6 名学生某课程的补考成绩，按学校规定补考成绩为 60（含 60）以上的分数按 60 登记，60 以下的分数按原始成绩登记。编写程序，对原列表进行处理，以得到实际登记成绩的数据列表。
（3）用列表推导式求出 100 以内的质数，求解结果形成一个列表。
（4）有学生学号信息（S1，S2，S3，S4，S5）及各学生对应的实验成绩信息（88，67，90，78，98，85），建立两个元组，分别对学生的学号和成绩信息进行存储。通过遍历成绩元组，计算成绩最高的前两名学生的成绩并输出其学号和成绩。
（5）建立字典，对（4）中的学生学号和成绩信息进行存储，学号为键。读取用户输入的新数据（S6，92）添加到字典中，计算并输出成绩超过平均分的所有同学的学号和成绩。
（6）创建一个长度为 5 的列表 name，列表内有 5 个人名，要求去掉重复的人名。

实验三　函数及 math、random、datetime 库的使用

1. 实验目的

（1）理解函数及其参数的概念。

（2）掌握 Python 函数的定义及使用方法。

（3）了解 math 库、random 库、datetime 库，掌握其常见函数的用法。

2. 实验内容

（1）以自定义函数方式，实现任意两数之间的累加。

（2）以 lambda 函数形式，实现计算 x 的 y 次方。

（3）"Python 程序设计"课程的最终成绩由期末考试成绩和平时考试成绩组成。编写一个函数，用于计算课程的最终成绩，该函数有期末成绩、平时成绩和平时成绩所占比例 3 个参数，其中平时成绩所占比例为默认参数，设为 0.2。编写函数后，用(80,90)这组数据测试，第一次调用时，平时成绩所占比例采用默认值；第二次调用时，平时成绩所占比例调整为 0.3(结果保留两位小数)。

（4）"Python 程序设计"课程的最终成绩由期末成绩、平时成绩、特别加分项组成。编写一个函数，用于计算课程的最终成绩，其中特别加分项个数不确定，最终成绩＝期末成绩 * 0.7＋(平时成绩＋所有特别加分项) * 0.3，其中平时成绩和特别加分项的总分值不能超过 100，如果超过 100 则按 100 计算。编写好函数后，用(80,90,1,2,3)和(80,90,1,11)这两组数据测试(提示：使用不定长参数)。

（5）编程实现：输入出生日期(含年月日)，取系统时间，计算年龄，不满一年的输出天数(要求：输出形式为"我出生在 **** 年 ** 月 ** 日，星期 *，现在 ** 岁 ** 天了")。

（6）从 random 库中分别选取相应的函数，产生下列要求的随机数并进行题目所要求的计算。

① 随机选取 0～100 的偶数。

② 随机选取 0～100 的 60 个实数，对这 60 个实数求平均值，均值取整后输出。

③ 随机生成由大、小写字母及数字构成的 8 位密码。

④ 模拟"石头""剪刀""布"游戏，每次玩家输入动作，并与计算机随机出的动作比较，然后输出玩家出的是 **，计算机出的是 **，计算机或玩家赢，如果出的动作相同，则输出平局。

实验四　类与对象

1. 实验目的

（1）掌握类和对象的概念。

（2）掌握类的继承原则，理解对象的引用模型。

（3）掌握自定义类并实现类的方法。

2. 实验内容

（1）定义一个 Student(学生)类，该类有 3 个属性：name(姓名)、age(年龄)、score(成绩)。科目为语文、数学、英语。编码实现以下类的方法。

① 获取学生的姓名：get_name()。

② 获取学生的年龄：get_age()。

③ 返回 3 门科目中最高的分数，get_course()。

（2）设计银行卡类并进行测试，该类有账户名、卡号、余额、状态（是否正常）等属性，并实现存、取、转账等操作。

（3）定义校园卡类及其两个子类并进行测试。定义校园卡类，有属性：卡号、姓名、性别、年龄；定义校园卡类的子类教工卡（补充属性：所属单位）；定义校园卡类的子类学生卡（补充属性：所属学院、所在班级）。为两个子类各创建一个对象并输出其属性信息。

实验五　字符串类型及正则表达式

1. 实验目的

（1）熟练掌握 Python 字符串类型的使用。

（2）理解正则表达式的概念及规则，掌握编写正则表达式的基本方法。

（3）掌握 re 模块的基本用法。

2. 实验内容

（1）把用户输入的小写字母转换成大写字母，直至输入为非小写字母。

（2）编程实现：提取身份证号码中出生日期的信息。

（3）编程实现：判断给定字符串是否为回文。

（4）编写一个正则表达式，用于验证用户密码长度是否为 6～12 位，并以字母开头，由数字和字母组成的字符串。

（5）编写一个正则表达式，用于验证用户填写的邮箱地址是否为正确的电子邮箱格式。

（6）编写一个正则表达式，用于判断 IPv4 地址是否为合法地址（IPv4 的地址长度为 32 位，点分十进制表示通常采用 x. x. x. x 的格式，每个 x 范围都是 0～255）。

实验六　文件的读写

1. 实验目的

（1）Python 文件的概念及使用方法。

（2）掌握针对文件的数据输入和输出方法。

（3）掌握 JSON 库的使用。

2. 实验内容

（1）编写程序，提示用户输入名字，待用户输入后，将其名字写入文件 guest. txt 中。

（2）有文件 booklist. txt，其内容的每一行分别为图书名称、价格、册数，编程读取文件信息，并计算总价格。

（3）定义 High_school_student 类，在类的__init__()方法中导入 teenager_sns.cvs 数据到 teenager_sns 列表中。

（4）定义 High_school_student 类的子类 Male_student，在子类中将父类 teenager_sns 列表中的男生数据导入 male_teenager_sns 列表，输出 male_teenager_sns 列表的前 5 个数据。

（5）编程实现：将 JSON 字符串'[{"title"："Python 程序设计"，"price"："59.00"}，{"title"："机器学习"，"price"："78.00"}] load 成 Python 对象。

（6）编程实现：将如"图书名称：价格"的字典类型数据转换成 JSON 字符串形式，并显示输出结果。

实验七　第三方库的使用

1. 实验目的

（1）了解数据分析的主要步骤。

（2）了解 NumPy、Pandas、Matplotlib、Seaborn 等第三方库的基本用法。

（3）掌握利用第三方库进行简单的数据分析并将分析结果进行可视化显示。

2. 实验内容

（1）NumPy 库的使用。

① 创建一个长度为 10 的空向量（提示：np.zeros）。

② 创建一个值域范围为 10～49 的向量（提示：np.arange）。

③ 创建一个 3×3，且值为 0～8 的矩阵（提示：reshape）。

④ 创建一个 10×10 的随机数组并求它的最大值、最小值、平均值（提示：min，max，mean）。

⑤ 输出 2020 年 5 月的所有日期（提示：np.arange('2020-05'，'2020-06'，dtype＝'datetime64[D]')）。

（2）Pandas 库的使用。

对 teenager_sns.csv 数据集操作。

① 丢弃全部为缺失值的行，并显示前 5 行数据。

② 丢弃全部为缺失值的列，并显示前 10 行数据。

③ 用 mean()计算 age 列有效值的均值 avg_age，用 fillna()填补 gender 和 age 列的缺失值，'gender'：'M'，'age'：avg_age，并显示前 5 行。

下面对 tips 数据集操作。

① 查看并输出 tips 数据集的所有列名。

② 读取并显示 tips 数据集中的"total_bill"列。

③ 读取并显示 tips 数据集中的第 6～10 行的数据。

④ 按照 sex 进行分组,并计算 tip 列的平均值、最大值和最小值。

(3) Matplotlib 库、Seaborn 库的使用。

① 绘制方程 $y=x^2+5(1\leqslant x\leqslant 10)$ 图形。提示:x=np. arange(1,11)。

② 任意挑选两个城市最近 6 个月的房产均价数据,并用条形图方式对比显示。

③ 将下表数据用饼状图显示,其中不及格的数据突出显示。

成绩等级	优秀	良好	中等	及格	不及格
人数	11	25	33	29	7

实验八　数据分析综合实践

1. 实验目的

(1) 能够利用 Pandas、Scikit-learn 对数据做预处理。

(2) 掌握利用 Scikit-learn 进行聚类、分类和回归三类问题的模型构建及评价。

2. 实验内容

项目描述:seeds_dataset 数据集存放了不同品种小麦种子的区域、周长、压实度、籽粒长度、不对乘系数、籽粒腹沟长度和类别数据(target),构建基于 seeds 数据集的 K-means 分类模型。

对 seeds_dataset 数据集进行如下操作。

(1) 数据预处理。

① 使用 Pandas 的 read_csv 读入 seeds_dataset 数据集。

② 使用 Pandas 将 seeds 数据集切片分为 seeds_data 和 seeds_target。

③ 采用 StandardScaler()对数据进行标准化处理。

(2) 建模分析。

① 对 seeds 数据集构建聚类模型(指定 n_clusters=3),输出建模信息。

② 分别指定 n_clusters 为 2~6,比较并评价聚类模型。

附录 A

保 留 字

保留字是 Python 语言中一些已经被赋予特定意义的标识符,用户编写程序时,不能使用这些保留字对变量、函数、类以及其他对象命名。Python 的保留字如附表 A.1 所示。

附表 A.1　Python 的保留字

保　留　字	说　明
False	逻辑"假"
None	特殊常量,表示空值,可以将 None 赋值给任何变量。注意：None 不是 0,不是空字符串,None 有的数据类型为 NoneType
True	逻辑"真"
and	用于表达式运算,逻辑"与"操作
as	用于类型转换
assert	断言,用于判断变量或条件表达式的值是否为真
break	中断循环语句的执行
class	用于定义类
continue	继续执行下一次循环
def	用于定义函数或方法
del	删除变量或序列的值
elif	条件语句,与 if、else 结合使用
else	条件语句,与 if、elif 结合使用,也可用于异常和循环语句
except	except 包含捕获异常后的操作代码块,与 try、finally 结合使用
exec	用于执行 Python 语句
for	for 循环语句
finally	用于异常语句,出现异常后,始终要执行 finally 包含的代码块,与 try、except 结合使用
from	用于导入模块,与 import 结合使用
globe	定义全局变量
if	条件语句,与 else、elif 结合使用
import	用于导入模块,与 from 结合使用
in	判断变量是否存在于序列中

保 留 字	说 明
is	判断变量是否为某个类的实例
lambda	定义匿名变量
nonlocal	用于在函数或其他作用域中使用外层(非全局)变量
not	用于表达式运算,逻辑"非"操作
or	用于表达式运算,逻辑"或"操作
pass	空的类、方法、函数的占位符
print	打印语句
raise	异常抛出操作
return	用于从函数返回计算结果
try	try 包含可能会出现异常的语句,与 except、finally 结合使用
while	while 的循环语句
with	控制流语句
yield	用于从函数依次返回值

附录 B

Python内置函数

Python 的内置函数是 Python 标准库中的公共函数,无须导入模块即可直接使用。Python 中有许多内置函数的功能强大,可以提高代码效率。本书以常用基本函数、数学运算类函数、数据转换类函数、序列操作类函数及创建/操作对象类函数等分类介绍 Python 的内置函数,如附表 B.1～附表 B.5 所示。

附表 B.1　常用基本函数

函　　数	描　　述	示　　例
input(["prompt"])	接收一个标准输入数据,返回为 string 类型,prompt 为提示性语句	a = input("输入:") 输入:5 运行结果:a="5"
print (* objects, sep=' ',end='\n')	object 为可变参数,表示可以一次输出多个对象。用逗号(,)分隔要输出多个对象;sep 参数用于间隔输出的多个对象,默认值是一个空格;end 参数用于设定以什么结尾,默认值是换行符 \n,可以换成其他字符串	print (" www "," baidu "," com ", sep=".") 运行结果:www. baidu. com
format(x)	以指定形式格式化数字或字符串	print("{:.2f}". format(3.1415926)) 运行结果:3.14
help([object])	用于查看函数或模块用途的详细说明	help(math) 运行结果:显示 math 模块的详细说明
dir([object])	函数不带参数时,返回当前范围内的变量、方法和定义的类型列表;带参数时,返回参数的属性、方法列表	dir([ ]) 运行结果:显示列表的所有方法
id([object])	返回对象的内存地址	a=5 id(a) 运行结果:1614638720(注意:每次会有变化)
ascii(object)	返回一个表示对象的字符串	ascii(5t) 运行结果:" 5"

函　　数	描　　述	示　　例
eval(ex)	ex 为数值表达式形式的字符串,函数返回表达式的值	eval("3 * 5") 运行结果:15
len(object)	返回 object 对象(字符、列表、元组等)长度或项目个数	len([1,2,3,4,5]) 运行结果:5
type(object)	返回 object 对象的类型	type(5) 运行结果:int
locals()	函数以字典类型返回当前位置的全部局部变量	略
globals()	函数以字典类型返回当前位置的全部全局变量	略

附表 B.2　数学运算类函数

函　　数	描　　述	示　　例
abs(x)	x 为数值表达式,可以是整数、浮点数、复数。函数返回 x 的绝对值,如果 x 是一个复数,则返回它的模	abs(-5) 运行结果:5
divmod(x,y)	x、y 为整数,函数把除数和余数运算结果结合,返回一个包含商和余数的元组(x // y,x % y)	divmod(5,2) 运行结果:(2,1)
min(x,y,z,…)	x,y,z,… 为数值表达式,参数也可以为序列,函数返回给定参数的最小值	min(5,12,2) 运行结果:2
max(x,y,z,…)	x,y,z,… 为数值表达式,参数也可以为序列,函数返回给定参数的最大值	max(5,12,2) 运行结果:12
pow(x,y[,z])	函数计算 x 的 y 次方,如果有 z 参数,则再对结果进行取模,其结果等价于 pow(x,y)%z	pow(5,2) 运行结果:25
round(x [,n])	x 为浮点数,n 为整数,函数返回浮点数 x 保留 n 位小数的四舍五入值,n 缺省时,则返回 x 四舍五入的整数值	round(5.6782,2) 运行结果:5.68

附表 B.3　数据转换类函数

函　　数	描　　述	示　　例
bin(x)	x 为整数,函数用于将 x 转换为二进制数,返回一个以 0b 开头的字符串	bin(10) 运行结果:'0b1010'
oct(x)	x 为整数,函数用于将 x 转换为八进制数,返回一个以 0o 开头的字符串	oct(10) 运行结果:"0o12"
hex(x)	x 为整数,函数用于将 x 转换为十六进制数,返回一个以 0x 开头的字符串	hex(50) 运行结果:'0x32'
int(x,base=10)	函数用于将一个字符串或数字转换为整型。x 为字符串或数字;base 为 x 的进制数,默认十进制。注意:若 x 为纯数字,则不能有 base 参数	int(3.6)　int("123",8) 运行结果:3　83
str([object])	object 为一对象,函数对象的 string 格式	s = 'Python' str(s) 运行结果:'Python'

函　　数	描　　述	示　　例
bool([x])	函数用于将给定参数 x 转换为布尔类型,如果没有参数或参数为 0 时,返回 False	bool(1) 运行结果：True
float([x])	x 为整数或字符串,函数用于将整数和字符串转换为浮点数	float(5) 运行结果：5.0
chr(x)	x 为整数,函数返回当前整数对应的 ASCII 字符	chr(97) 运行结果：'a'
classcomplex([real[,imag]])	函数用于创建一个值为 real+imag×j 的复数或转化一个字符串/数为复数	complex(5,2) 运行结果：(5+2j)
tuple(iterable)	函数将可迭代系列(如列表)转换为元组	tuple([1,2,3]) 运行结果：(1,2,3)
list(x)	函数将元组或字符串 x 转换为列表	list("hello") 运行结果： ['h','e','l','l','o']
set([iterable])	函数创建一个无序不重复元素集	set(' hello ') 运行结果：{'e','h','l','o'}

附表 B.4　序列操作类函数

函　　数	描　　述	示　　例
all(iterable)	Iterable 中的元素均为真时,函数返回为 True。注意：若参数为空串,返回为 True。可用于判断可迭代对象中是否有 0 值或 False 值	all([5,0,2]) 运行结果：False
any(iterable)	Iterable 中的元素有一个为真时,函数返回为 True。注意：若参数为空串,返回 False	any([5,0,2]) 运行结果：True
iter(object)	object 为支持迭代的序列对象,函数生成一个对象的迭代器	it =iter([5,12,2]) while True: 　x =next(it,'a')
next(iterable[,default])	函数返回迭代器的下一个项目,要与生成迭代器的 iter() 函数一起使用。Default 用于设置当没有下一个元素时,返回该默认值	print(x,end=" ") 　if x == 'a': 　　break 运行结果：5 12 2 a
enumerate (sequence [,start = 0])	函数用于将 sequence(序列对象)组合为一个索引序列,同时列出数据和数据下标,start 为下标起始位置	lst= ['one','two','three'] for i,elem in enumerate(lst): print i,elem 运行结果： 0 one 1 two 2 three
sorted(iterable, reverse =False)	函数返回按 reverse 参数指定的排序规则排序后的列表,True 为降序,False 为升序(默认)	sorted([5,12,2]) 运行结果：2,5,12
zip([iterable,…])	函数用于将 iterable 中对应的元素打包成一个个元组,然后返回由这些元组组成的对象	a = [1,2,3] b = [4,5,6] zip(a,b) 运行结果： (1,4),(2,5),(3,6)

续表

函 数	描 述	示 例
reversed(iterable)	反转 iterable 序列生成新的可迭代对象	reversed([1,2,3,4,5]) 运行结果：[5,4,3,2,1]
filter(function,iterable)	函数用于过滤序列 iterable，function 为函数，iterable 的每个元素作为参数传递给函数进行判断，将结果为 True 的保留	def isodd(n): return n % 2 == 1 lst = filter(isodd,[1,2,3,4,5]) 运行结果：1,3,5
map(function,iterable,…)	iterable 序列中的每个元素调用 function 函数，返回包含每次 function 函数返回值的新列表	def double(x): return x * 2 map(double,[1,2,3]) 运行结果：[2,4,6]
sum(iterable)	函数返回对序列进行求和计算的结果	sum([5,12,2]) 运行结果：19
frozenset([iterable])	返回一个冻结的集合，冻结后集合不能再添加或删除任何元素	略

注意：表中的 iterable 参数为序列对象，如列表、元组、集合、字符串。

附表 B.5 创建/操作对象类函数

函 数	描 述	示 例
dict(** kwarg) dict(mapping,** kwarg) dict(iterable,** kwarg)	函数用于创建一个字典。** kwargs 为关键字；mapping 为元素的容器；iterable 为可迭代对象	dict([('one',1),('two',2),('three',3)]) 运行结果：{'three':3,'two':2,'one':1}
isinstance(object,classinfo)	用于判断 object 是否为 classinfo 类的对象，返回 True 或 False	a = 5 isinstance(a,int) 运行结果：True

issubclass(class,classinfo)	用于判断参数 class 是否是类型参数 classinfo 的子类，返回 True 或 False	class A：
		    pass
		class B(A)：
		    pass
		issubclass(B,A)
		运行结果：True

super(type[,object-or-type])	用于调用父类（超类）的一个方法	cass A：
		    pass
		class B(A)：
		def add(self,x)：
		    super().add(x)

range(start,stop[,step])	函数返回的是一个可迭代对象（类型是对象）	详见 3.4.1 节

附录 C

math库

math 库是 Python 提供的内置数学函数库，一共提供了 4 个数学常数和 44 个函数，其中 44 个函数又分为 4 类，分别是 16 个数值表示函数、8 个幂对数函数、16 个三角对数函数、4 个高等特殊函数，如附表 C.1～附表 C.5。

附表 C.1　数学常数

常 数	数学表示	描 述
math. pi	π	圆周率，值为 3.141592653589793
math. e	e	自然对数，值为 2.718281828459045
math. inf	∞	正无穷大，负无穷大为 -math. inf
math. nan		非浮点数标记，NaN(Not a Number)

附表 C.2　16 个数值表示函数

函 数	数学表示	描 述
math. fabs(x)	$\lvert x \rvert$	返回 x 的绝对值
math. fmod(x,y)	x％y	返回 x/y 的余数，其值为浮点数
math. fsum([x,y,…])	x+y+…	对括号内每个元素求和，其值为浮点数
math. ceil(x)	$\lceil x \rceil$	向上取整，返回不小于 x 的最小整数
math. floor(x)	$\lfloor x \rfloor$	向下取整，返回不大于 x 的最大整数
math. factorial(x)	x!	返回 x 的阶乘，如果 x 是小数或负数，返回 ValueError
math. gcd(a,b)		返回 a 与 b 的最大公约数
math. frexp(x)	$x=m \times 2^e$	返回(m,e)，当 x=0 时，返回(0.0,0)
math. ldexp(x,i)	$x \times 2^i$	返回 x×2^i 的运算值，math. frexp(x)函数的反运算
math. modf(x)		返回 x 的小数和整数部分
math. trunc()		返回 x 的整数部分
math. copysign()	$\lvert x \rvert * \lvert y \rvert / y$	用数值 y 的正负号替换 x 的正负号
math. isclose(a,b)		比较 a 和 b 的相似性，返回 True 或 False
math. isfinite(x)		当 x 不为无穷大，则返回 True,否则返回 False
math. isinf(x)		当 x 为正数或负数无穷大，则返回 True,否则返回 False
math. isnan(x)		当 x 是 NaN,则返回 True,否则返回 False

附表 C.3　8 个幂对数函数

函　数	数学表示	描　　述
math. pow(x,y)	x^y	返回 x 的 y 次幂
math. exp(x)	e^x	返回 e 的 x 次幂
math. expml(x)	e^x-1	返回 e 的 x 次幂减 1
math. sqrt(x)	$\sqrt{x}$	返回 x 的平方根
math. log(x[,base])	$\log_{base} x$	返回 x 的对数值,只输入 x 时,返回 lnx
math. log1p(x)	$\ln(1+x)$	返回 1+x 的自然对数值
math. log2(x)	$\log_2 x$	返回 x 的以 2 为底的对数值
math. log10(x)	$\log_{10} x$	返回 x 的以 10 为底的对数值

附表 C.4　16 个三角运算函数

函　数	数学表示	描　　述
math. degree(x)		角度 x 的弧度值转为角度值
math. radians(x)		角度值转为弧度值
math. hypot(x,y)	$\sqrt{x^2+y^2}$	返回 (x,y) 坐标到原点 (0,0) 的距离
math. sin(x)	sin x	返回 x 的正弦函数值,x 是弧度值
math. cos(x)	cos x	返回 x 的余弦函数值,x 是弧度值
math. tan(x)	tan x	返回 x 的正切函数值,x 是弧度值
math. asin(x)	arcsin x	返回 x 的反正弦函数值,x 是弧度值
math. acos(x)	arccos x	返回 x 的反余弦函数值,x 是弧度值
math. atan(x)	arctan x	返回 x 的反正切函数值,x 是弧度值
math. atan2(y,x)	arctan y/x	返回 y/x 的反正切函数值
math. sinh(x)	sinh x	返回 x 的双曲正弦函数值
math. cosh(x)	cosh x	返回 x 的双曲余弦函数值
math. tanh(x)	tanh x	返回 x 的双曲正切函数值
math. asinh(x)	arcsinh x	返回 x 的反双曲正弦函数值
math. acosh(x)	arccosh x	返回 x 的反双曲余弦函数值
math. atanh(x)	arctanh x	返回 x 的反双曲正切函数值

附表 C.5　4 个高等特殊函数

函　数	数学表示	描　　述
math. erf(x)	$\frac{2}{\sqrt{\pi}}\int_0^x e^{-t^2}dt$	高斯误差函数
math. erfc(x)	$\frac{2}{\sqrt{\pi}}\int_0^\infty e^{-t^2}dt$	余补高斯误差函数
math. gamma(x)	$\int_0^\infty x^{t-1}e^{-x}dt$	伽马函数,也叫欧拉第二积分函数
math. lgamma(x)	ln(gamma(x))	伽马函数的自然对数

附录

字符串的基本操作与函数

Python 中字符串的基本操作包括字符串连接、字符串重复、查看字符串长度和判断字符串的内容等。Python 是面向对象的语言,所有数据类型都采用面向对象方式实现,封装为一个类,字符串也是一个类。

Python 中字符串的基本操作符与常用方法如附表 D.1 所示。

附表 D.1　字符串的基本操作符与常用方法

操作符/函数	描　　述	示　　例
+	连接	'hello'+'world' 运行结果:'helloworld'
*	重复	'Python'*2 或 2*'Python' 运行结果:'PythonPython'
<string>[n]	索引,n 值为从 0 到字符串长度−1	"python"[1] 运行结果:y
<string>[m:n]	切片,截取从 m 到 n−1 的子串	"python"[1:3] 运行结果:yt
for<var> in <string>	字符串迭代,var 依次取字符串中的每个字符	
string1 in string2	如果 string1 是 string2 的子串,则返回 True,否则返回 False	'is' in 'this' 运行结果:True 'is' in 'that' 运行结果:False
string1 not in string2	如果 string1 不是 string2 的子串,则返回 True,否则返回 False	'is' not in 'that' 运行结果:True 'is' not in 'this' 运行结果:False
capitalize()	将字符串的第一个字符转换为大写	"python".capitalize() 运行结果:Python

续表

操作符/函数	描　述	示　例
center(width,fillchar)	返回在指定宽度 width 居中的字符串，fillchar 为填充的字符,默认为空格	"python".center(10," * ") 运行结果：** python **
count(str,beg ＝ 0,end ＝ len(string))	返回 str 在 string 内出现的次数,如果 beg 或 end 指定则返回指定范围内 str 出现的次数,默认为搜索整个字符串	"pythonpp".count('p') 运行结果：3
encode(encoding＝'UTF-8', errors＝'strict')	以 encoding 指定的编码格式编码字符串,如果出错默认报一个 ValueError 的异常,除非 errors 指定的是 'ignore' 或 'replace'	
bytes. decode (encoding ＝ "utf-8",errors＝"strict")	Python3 中没有 decode 方法,但可以使用 bytes 对象的 decode()方法来解码给定的 bytes 对象,这个 bytes 对象可以由 str. encode()来编码返回	
endswith(suffix, beg ＝ 0, end＝len(string))	检查字符串是否以 suffix 结束,如果 beg 或 end 指定,则检查指定的范围内是否以 suffix 结束,如果是,则返回 True,否则返回 False	"python". endswith("thon") 运行结果：True
startswith(substr,beg＝0, end＝len(string))	检查字符串是否以指定子字符串 substr 开头,是则返回 True,否则返回 False。如果 beg 和 end 指定值,则在指定范围内检查	"python". startswith("py") 运行结果：True
find(str,beg＝0,end＝len (string))	检查 str 是否包含在字符串中,如果指定范围 beg 和 end,则检查是否包含在指定范围内,如果包含则返回第一个匹配的索引值,否则返回－1	"python". find("th") 运行结果：2
index(str, beg ＝ 0, end ＝ len(string))	与 find()方法类似,如果 str 不在字符串中,则会提示异常	
isalnum()	检查一个字符串是否由字母或数字组成。如果字符串至少含有一个字符,且所有字符都是字母或数字则返回 True,否则返回 False	"python3". isalnum() 运行结果：True
isalpha()	判断字符串中是否全都是字母。若所有字符都是字母则返回 True,否则返回 False	"python3". isalpha() 运行结果：False
isdigit()	如果字符串只包含数字则返回 True,否则返回 False	"123456". isdigit() 运行结果：True
isnumeric()	如果字符串中只包含数字字符,则返回 True,否则返回 False。（适用于 Unicode 对象）	

续表

操作符/函数	描　述	示　例
isdecimal()	检查字符串是否只包含十进制字符，如果是则返回 True，否则返回 False	"0x12". isdecimal() 运行结果：False
islower()	如果字符串中包含至少一个区分大小写的字符，且所有这些（区分大小写的）字符都是小写，则返回 True，否则返回 False	"python". islower() 运行结果：True
isspace()	如果字符串中只包含空白，则返回 True，否则返回 False	"python". isspace() 运行结果：False
istitle()	如果字符串是标题化的（见 title()）则返回 True，否则返回 False	
isupper()	如果字符串中包含至少一个区分大小写的字符，且所有这些（区分大小写的）字符都是大写，则返回 True，否则返回 False	"python". isupper() 运行结果：False
join(seq)	以指定字符串作为分隔符，将 seq 中所有的元素（字符串表示）合并为一个新的字符串	",". join("python") 运行结果：p,y,t,h,o,n
len(string)	返回字符串长度	len('python')，返回结果为：6
ljust(width[,fillchar])	返回一个原字符串左对齐，并使用 fillchar 填充至长度 width 的新字符串，fillchar 默认为空格	"python". ljust(10," * ") 运行结果：python ****
rjust(width[,fillchar])	返回一个原字符串右对齐，并使用 fillchar(默认为空格)填充至长度 width 的新字符串	"python". rjust(10," * ") 运行结果：**** python
zfill(width)	返回长度为 width 的字符串，原字符串右对齐，前面填充 0	"python". zfill(10) 运行结果：0000python
lower()	将字符串中所有大写字符转换为小写字母	"Python". lower() 运行结果：python
upper()	将字符串中的小写字母转换为大写字母	"python". upper() 运行结果：PYTHON
swapcase()	将字符串中大写字母转换为小写字母，小写字母转换为大写字母	"Python". swapcase() 运行结果：pYTHON
lstrip()	去掉字符串左边的空格或指定字符	" *** python". lstrip(" * ") 运行结果：python
rstrip()	删除字符串末尾的空格	"python *** ". rstrip(" * ") 运行结果：python
strip([chars])	在字符串上执行 lstrip()和 rstrip()	" *** python *** ". strip(" * ") 运行结果：python
max(str)	返回字符串 str 中最大的字母	max("python") 运行结果：y

续表

操作符/函数	描　述	示　例
min(str)	返回字符串 str 中最小的字母	min("python") 运行结果：h
replace(str1,str2 [,max])	将字符串中的 str1 替换成 str2,如果指定 max,则替换不超过 max 次	" ∗∗ python ∗∗ ". replace(" ∗ ", " ♯") 运行结果：♯♯python♯♯
rfind(str,beg＝0,end＝len (string))	类似 find()函数,从右边开始查找	
rindex(str,beg＝0,end＝ len(string))	类似 index(),从右边开始索引	
split (str = "", num = string. count(str))	以 str 为分隔符截取字符串,如果 num 有指定值,则仅截取 num＋1 个子字符串	"p y t h on". split(" ") 运行结果： ['p','y','t','h','o','n']

附录 E

random库

Python中用丁生成伪随机数的函数库是 random 库。random 库函数能够利用随机数种子产生"确定"的伪随机数，seed 函数用于生成种子，random 函数产生随机数。除了能够产生随机整数外，random 库还提供了对序列类型进行随机操作的函数。

random 库是 Python 的标准库，所以使用时只需要使用语句 import random 即可。random 库包含两类函数共 8 个，一类是基本随机函数，包括 seed() 和 random()，一类是扩展随机函数，包括 randint()、getrandbits()、uniform()、randrange()、choice()、shuffle()，如附表 E.1 所示。

附表 E.1　random 库函数

函　　数	描　　述	示　　例
seed(a＝None)	初始化给定的随机数种子，默认为当前系统时间	random.seed(5) 结果：产生种子 5 对应的序列
random()	生成一个[0.0,1.0)区间的随机小数	random.random() 0.6229016948897019 结果：随机数产生与种子有关，如果种子是 5，第一个数必定是这个数
randint(a,b)	生成一个[a,b]区间的整数	random.randint(1,100) 结果：生成一个[1,100]区间的整数
randrange(m,n[,k])	生成一个[m,n)区间以 k 为步长的随机整数	random.randrange(1,100,10) 结果：生成一个[1,100)区间以 10 为步长的随机整数
getrandbits(k)	生成一个 k 比特长的随机整数	random.getrandbits(8) 结果：34
uniform(a,b)	生成一个[a,b]区间的随机小数	random.uniform(1,10) 结果：6.606115254007317
choice(seq) 序列相关	从序列中随机选择一个元素	random.choice([1,2,3,4,5,6,7,8,9]) 结果：5

续表

函　数	描　述	示　例
shuffle(seq) 序列相关	将序列 seq 中元素随机排列，返回打乱后的序列	s=[1,2,3,4,5,6,7,8,9] random. shuffle(s) print(s) 结果：[5,3,9,8,2,4,7,1,6]

附录 F

NumPy库

NumPy库的常用函数说明如附表 F.1 所示。

附表 F.1　NumPy库的常用函数

函　数		描　述
创建数组	np. arange(x,y,i)	创建一个由 x 到 y,以 i 为步长的数组
	np. linspace(x,y,n)	创建一个由 x 到 y,等分成 n 个元素的数组
	np. indices((m,n))	返回 m×n 矩阵的索引
	np. random. rand(m,n)	创建一个 m×n 的随机数组,值为[0,1)区间,不包括 1
	np. random. randn(m,n)	创建服从标准正态分布的随机样本值
	np. ones((m,n),dtype)	创建一个 m×n 的元素全为 1 的数组,dtype 为数据类型
	np. zeros((m,n),dtype)	创建一个 m×n 的元素全为 0 的数组,dtype 为数据类型
数组切片	ax[start:stop:step]	获取数组 ax 为 start~stop 的切片,start 表示索引起始值;stop 表示索引终止值;step 表示步长
数组的形态操作	ax. reshape(m,n)	返回形态为(m,n)的新数组,原数组 ax 的形态保持不变
	ax. resize(m,n)	直接改变原数组 ax 的形态为(m,n),没有返回值
	ndarray. swapaxes()	将数组 ndarray 的两个维度进行调换,返回维度调换后的新数组,原数组 ndarray 的形态保持不变
	ax. flatten()	返回数组 ax 展开形成的一维新数组,原数组 ax 的形态保持不变
	ax. ravel()	返回数组 ax 展开形成的一维数组的视图,原数组 ax 的形态保持不变
数组的拼接与合并	concatenate(ax1,ax2)	将数组 ax1 和 ax2 按行拼接。提供了 axis 参数,用于指定拼接方向,默认 axis=0,行拼接
	append(ax1,ax2)	将数组 ax2 的值追加到数组 ax1 的末尾。默认先将 ax1 和 ax2 分别展开成一维数组,再进行追加
	stack(ax1,ax2)	沿某一轴拼接数组
	hstack(ax1,ax2)	水平拼接,对列进行拼接
	vstack(ax1,ax2)	垂直拼接,对行进行拼接
	dstack(ax1,ax2)	沿着第三个轴(深度方向)进行拼接

函 数		描 述
数组的切分	split(ax,m,axis)	将数组 ax 分割为 m 个子数组,axis 用来指定按行或按列,默认为 0
	hsplit(ax,m)	将数组 ax 沿水平方向分割为 m 个子数组(切分列)
	vsplit(ax,m)	将数组 ax 沿垂直方向分割为 m 个子数组(切分行)
数组的转置	ax. T	将数组 ax 转置,适用于一维、二维数组
	ax. transpose(1,0,2)	对三维数组 ax 进行转置
数组的翻转	fliplr(ax)	对数组 ax 进行左右翻转
	flipud(ax)	对数组 ax 进行上下翻转
数组运算	np. add(ax1,ax2)	加法运算,表示 ax1+ax2
	np. subtract(ax1,ax2)	减法运算,表示 ax1-ax2
	np. negative(ax)	负数运算,表示-ax
	np. multiply(ax1,ax2)	乘法运算,表示 a×1 和 a×2 对应位置元素相乘
	np. divide(ax1,ax2)	除法运算,表示 ax1/ax2
	np. floor_divide(ax1,ax2)	向下整除运算,表示 ax1//ax2,返回值向下取整
	np. power(ax1,ax2)	指数运算,表示 ax1 ** ax2
	np. mod(ax1,ax2)	取模运算/取余运算,表示 ax1%ax2
	np. absolute(ax)	对每个元素求绝对值
数组比较	np. equal(ax1,ax2)	y =ax1==ax2,返回值 y 是数据类型为 bool 型的数组
	np. not_equal(ax1,ax2)	y =ax1!=ax2,返回值 y 是数据类型为 bool 型的数组
	np. less(ax1,ax2)	y =ax1<ax2,返回值 y 是数据类型为 bool 型的数组
	np. less_equal(ax1,ax2)	y =ax1<=ax2,返回值 y 是数据类型为 bool 型的数组
	np. greater(ax1,ax2)	y =ax1>ax2,返回值 y 是数据类型为 bool 型的数组
	np. greater_equal(ax1,ax2)	y =ax1>=ax2,返回值 y 是数据类型为 bool 型的数组
	np. where(condition,ax1,ax2)	condition 表示条件,条件为 True,则返回 ax1;条件为 False,则返回 ax2
科学计算	np. sqrt(ax)	返回值为数组 ax 中每个元素的平方根
	np. square(ax)	返回值为数组 ax 中每个元素的平方
	np. sign(ax)	返回值为数组 ax 中每个元素的符号,正数返回1,负数返回-1,0 返回 0
	np. ceil(ax)	返回值为数组 ax 中大于或等于每个元素的最小整数
	np. floor(ax)	返回值为数组 ax 中小于或等于每个元素的最大整数
	np. rint(ax)	返回值为数组 ax 中每个元素最接近的整数
	np. exp(ax)	返回值为 e 的 ax 次幂
	np. log(ax)	返回值为数组 ax 以 e 为底的对数(自然对数)
	np. log10(ax)	返回值为数组 ax 以 10 为底的对数
	np. log2(ax)	返回值为数组 ax 以 2 为底的对数
	np. log1p(ax)	等价于:np. log(ax + 1)
	np. diff(ax)	返回值为数组 ax 的差分

续表

函　　数	描　　述
np. sum(ax [,axis＝])	求数组 ax 中所有元素的和,如果有 axis 参数,则求指定维的元素和
np. mean(ax [,axis＝0,1,…])	求数组 ax 中所有元素的算术平均值,如果有 axis 参数,则求指定维的元素平均值
np. amin(ax [,axis＝0,1,…])	求数组 ax 中所有元素的最小值,如果有 axis 参数,则求指定维的元素最小值
np. amax(ax [,axis＝0,1,…])	求数组 ax 中所有元素的最大值,如果有 axis 参数,则求指定维的元素最大值
np. ptp (ax [,axis＝0,1,…])	求数组 ax 中所有元素的最大值与最小值的差,如果有 axis 参数,则求指定维的元素最大值与最小值的差
np. std (ax [,axis＝0,1,…])	求数组 ax 中所有元素的标准差,如果有 axis 参数,则求指定维元素的标准差
np. var (ax [,axis－0,1,…])	求数组 ax 中所有元素的方差,如果有 axis 参数,则求指定维元素的方差

（表格左侧有竖排文字："统计函数"）

其中,ax、ax1、ax2 表示 ndarray 数据对象。

附录  G

Matplotlib库

Matplotlib 库的常用函数说明如附表 G.1 所示。

附表 G.1　Matplotlib 库 pyplot 子模块的常用函数

函　　　数	描　　　述
savefig('图片名',dpi＝)	按指定名称与像素保存图片
axis（[xmin，xmax，ymin，ymax]）	设定 x、y 轴的坐标范围,接受的参数是一个包含取值范围的列表。如 plt.axis([0,10,0,5]) 表示 x 轴起始于 0,终止于 10,y 轴起始于 0,终止于 5
legend(x,y,z)	用于设置图表图例,x 为图例名称列表,y 为图例显示的位置,z 为图例显示的列数
subplot(x,y,z)	划分绘图区域,并指定绘图区域,如 subplot(3,2,4) 表示将指定绘图区域分成 3 行 2 列,共 6 个绘图区域,在第 4 个区域绘图。排序为行优先
subplot2grid(GridSpec,CurSpec,colspan＝,rowspan＝)	设定网格,选中网格,确定选中行列区域数量,编号从 0 开始。如 subplot2grid((2,2),(1,0),colspan＝2),(2,2) 表示分为 2 行 2 列,(1,0) 表示选中第 1 行,第 0 列的区域进行绘图,colspan＝2 表示在选中区域的延伸
文本显示函数	xlabel()	对 x 轴增加文本标签,如 xlabel('横轴标签名',fontproperties＝'SimHei',fontsize＝15,color＝'green')
	ylabel()	与 xlabel() 同理
	title()	对图形整体增加文本标签,如 title(r'标题名',fontproperties＝'SimHei',fontsize＝25)
	text（x，y，string，weight,color)	在任意位置增加文本注释,x 为注释文本内容所在位置的横坐标,y 为注释文本内容所在位置的纵坐标,string 为注释文本内容,weight 为注释文本内容的粗细风格,color 为注释文本内容的字体颜色
	annotate(s, xy＝arrow_crd, xytext＝text_crd, arrowprops＝dict)	在图形中增加带箭头的注解。s 表示要注解的字符串,xy 对应箭头所在的位置,xytext 对应文本所在位置,arrowprops 定义显示的属性
图表函数	plot(x,y,format_string,**kwargs)	x 为 x 轴的数据,可为列表或数组;y 同理;format_string 为控制曲线的格式字符串;**kwargs 表示第二组或更多的(x,y,format_string)
	boxplot(x,notch,positions,widths)	绘制箱形图,x 指定要绘制箱线图的数据;notch 指定是否是凹口的形式展现箱线图,默认非凹口;positions 指定箱线图的位置,默认为 [0,1,2,…];widths 指定箱线图的宽度,默认为 0.5

函　　数	描　　述
图表函数 bar(left,height,width,color,align,yerr)	绘制条形图,left 为 x 轴的位置序列,(间隔多少画一个图),一般采用 arange 函数产生一个序列; height 为 y 轴的数值序列,即柱形图的高度,一般是需要展示的数据; width 为柱形图的宽度,一般为 1 即可; color 为柱形图填充的颜色;align 设置 plt. xticks()函数中的标签的位置;yerr 为柱形图添加垂直误差棒
barh (width, bottom, left,height)	绘制横向条形图,参数含义参照 bar()函数
polar(theta,r)	绘制极坐标图,theta 是用弧度制表示的角度,r 表示对应的半径
pie(x,explode,labels,colors,autopct,pctdistance,shadow, labeldistance,startangle,radius)	绘制饼图,x 为每一块的比例,labels 为每一块饼图外侧显示的说明文字,explode 为每一块离开中心的距离,startangle 起始绘制角度,默认图是从 x 轴正方向逆时针画起,shadow 表示是否有阴影,labeldistance 表示 label 标记的绘制位置,autopct 控制饼图内百分比设置,pctdistance 类似于 labeldistance,指定 autopct 的位置刻度,radius 表示饼图半径
scatter(x,y)	绘制散点图
hist(x,bins,normed)	x：为绘制直方图的数据。bins：默认为 None,若为整数值,则为直方图中柱形的个数,即将数据分成若干区域,每一柱形表示数据中有多少值落入该范围内。density：布尔值,默认为 False。若为 True,则绘制频率分布直方图,若为 False,则绘制频数分布直方图。

附录 H

Seaborn库

Seaborn 库的常用函数说明如附表 H.1 所示。

附表 H.1 Seaborn 库的常用函数

函 数	描 述
relplot（x，y，hue，data，style，size，col，row，kind）	用于绘制统计量间的关系图。x、y 一般为数值型数据，关注两个数值变量之间的关系；data 为数据集；hue 为在某一维度上分组；style 指定线的风格；size 用于控制数据点大小或线条粗细；col 为列上的子图个数；row 为行上的子图；kind 为作图类型
catplot(x,y,hue,data,kind,col)	用于分类型数据绘图，参数含义参见 replot()函数
kdeplot(data,data2,shade,kernel,cumulative,n_levels)	用于绘制核密度估计图。data：一维数组，单变量时，作为唯一的变量；data2 格式同 data，单变量时不输入，双变量作为第 2 个输入变量；shade 用于控制是否对核密度估计曲线下的面积进行色彩填充；kernel 用于控制核密度估计的方法，默认为'gau'，即高斯核；cumulative 用于控制是否绘制核密度估计的累计分布；n_levels 用于控制核密度估计的区间个数，反映在图像上的闭环层数

附录 I

常见格式化符号

常见格式化符号如附表 I.1 所示。

附表 I.1　常见格式化符号

符　　号	描　　述
%c	格式化字符及其 ASCII 码
%s	格式化字符串
%d	格式化整数
%u	格式化无符号整型
%o	格式化无符号八进制数
%x	格式化无符号十六进制数
%X	格式化无符号十六进制数（大写）
%f	格式化浮点数字，可指定小数点后的精度
%e	用科学记数法格式化浮点数
%E	作用同%e，用科学记数法格式化浮点数
%g	%f 和%e 的简写
%G	%f 和 %E 的简写
%p	用十六进制数格式化变量的地址

附录 J

Pandas库常用方法

Pandas 库常用方法如附表 J.1 所示。

附表 J.1 Pandas 库常用方法

	方　　　法	用　　　途
导入数据方法	pd. read_csv()	从 CSV 文件导入数据
	pd. read_table()	从限定分隔符的文本文件导入数据
	pd. read_excel()	从 Excel 文件导入数据
	pd. read_sql()	从 SQL 表/库导入数据
	pd. read_json()	从 JSON 格式的字符串导入数据
	pd. read_html()	解析 URL,字符串或 HTML 文件,抽取其中的 tables 表格
	pd. read_clipboard()	从剪贴板获取内容,并传给 read_table()
导出数据方法	df. to_csv()	导出数据到 CSV 文件
	df. to_excel()	导出数据到 Excel 文件
	df. to_sql()	导出数据到 SQL 表
	df. to_json()	以 JSON 格式导出数据到文本文件
查看检查数据	df. head(n)	查看 DataFrame 前 n 行数据
	df. tail(n)	查看 DataFrame 后 n 行数据
	df. shape()	查看数据行数和列数
	df. info()	查看索引、数据类型和内存信息
	df. describe()	查看数值型列的汇总统计
	s. value_counts()	查看 Series 对象的唯一值和计数
数据排序、分组查看等	df[df[col]>0.5]	选择 col 列的值大于 0.5 的行
	df. sort_values(col1)	按照列 col1 排序数据,默认升序排序
	df. sort_values(col1,ascending=False)	按照列 col1 降序排列数据
	df. sort_values([col1,col2], ascending=[True,False])	先按照列 col1 升序排列,再按照 col2 降序排列数据
	df. groupby(col)	返回一个按列 col 进行分组的 groupby 对象
	df. pivot_table(index = col1, values = [col2,col3],aggfunc=max)	创建一个按列 col1 进行分组,并计算 col2 和 col3 的最大值的数据透视表
	df. groupby(col1). agg(np. mean)	返回按列 col1 分组的所有列的均值
	df. apply(np. mean)	对 DataFrame 中的每一列应用函数 np. mean
	df. apply(np. max,axis=1)	对 DataFrame 中的每一行应用函数 np. max

续表

	方　　法	用　　途
数据合并	df1. append(df2)	将 df2 中的行添加到 df1 的尾部
	pd. concat([df1,df2],axis＝1)	将 df2 中的列添加到 df1 的尾部
	df1. join(df2,on＝col1,how＝'inner')	将 df1 的列和 df2 的列执行 SQL 形式的连接
	pd. merge(df1,df2)	将 df1 和 df2 按照数据库的风格合并
数据清洗	df. columns＝['x','y','z']	重命名列名
	pd. isnull(df) 或　df. isnull()	查看 df 中的空值,返回一个布尔型数组
	pd. notnull(df) 或 df. notnull()	查看 df 中的非空值,返回一个布尔型数组
	df. dropna()	删除包含空值的行或列
	df. fillna()	填补 DataFrame 中的空值
	df. rename()	重命名列或行
	df. set_index()	更改索引列
	s. astype('float')	将 Series 中的数据类型更改为 float
	s. replace()	替换 Series 中的某些值

其中,df、df1、df2 表示 DataFrame 数据对象,s 表示 Series 数据对象。

参 考 文 献

［1］ 董付国. Python 程序设计［M］. 2 版. 北京：清华大学出版社. 2016.

［2］ 嵩天. Python 语言程序设计基础［M］. 2 版. 北京：高等教育出版社，2017.

［3］ Zelle J. Python 程序设计［M］. 王海鹏，译. 3 版. 北京：人民邮电出版社，2018.

［4］ Sounders M. Python 趣味编程入门［M］. 姚军，译. 北京：人民邮电出版社，2018.

［5］ 王恺，王志，李涛. Python 语言程序设计［M］. 北京：机械工业出版社，2019.

［6］ 王国辉，李磊，冯春龙. Python 从入门到项目实践 ［M］. 长春：吉林大学出版社，2018.

［7］ McKinney W. 利用 Python 进行数据分析［M］. 唐学韬，等译. 北京：机械工业出版社，2017.

［8］ VanderPlas J. Python 数据科学手册［M］. 陶俊杰，陈小莉，译. 北京：人民邮电出版社，2018.

［9］ Briggs J. 趣学 Python 编程［M］. 尹哲，译. 北京：人民邮电出版社，2014.

［10］ 余本国. 基于 Python 的大数据分析基础及实战［M］. 北京：中国水利水电出版社，2018.

［11］ 黄红梅，张良均，等. Python 数据分析与应用［M］. 北京：人民邮电出版社，2018.

［12］ 张良均. Python 数据分析与挖掘实战［M］. 2 版. 北京：机械工业出版社，2019.

［13］ 刘大成. Python 数据可视化之 Matplotlib 实践［M］. 北京：电子工业出版社，2018.

［14］ Milovanovic I. Python 数据可视化编程实战［M］. 北京：人民邮电出版社，2020.

［15］ 欧高炎，晏晓东，高扬. 数据科学实战速查表［M］. 北京：科学出版社，2018.

［16］ 黄天羽，李芬芬. 高教版 Python 语言程序设计冲刺试卷［M］. 北京：高等教育出版社，2019.

图书资源支持

感谢您一直以来对清华版图书的支持和爱护。为了配合本书的使用,本书提供配套的资源,有需求的读者请扫描下方的"书圈"微信公众号二维码,在图书专区下载,也可以拨打电话或发送电子邮件咨询。

如果您在使用本书的过程中遇到了什么问题,或者有相关图书出版计划,也请您发邮件告诉我们,以便我们更好地为您服务。

我们的联系方式:

清华大学出版社计算机与信息分社网站: https://www.shuimushuhui.com/

地　　址: 北京市海淀区双清路学研大厦 A 座 714

邮　　编: 100084

电　　话: 010-83470236　010-83470237

客服邮箱: 2301891038@qq.com

QQ: 2301891038 (请写明您的单位和姓名)

资源下载: 关注公众号"书圈"下载配套资源。

资源下载、样书申请

书 圈

图书案例

清华计算机学堂

观看课程直播